"十三五"国家重点图书出版规划项目
国家自然科学基金重点项目（51838006）
中国工程院重点咨询项目（2019-XZ-029）

国家出版基金项目
NATIONAL PUBLICATION FOUNDATION

丛书编委会主任｜丁烈云

U0210912

数字建造｜运营维护卷

结构"健康体检"技术
——区域精准探伤与安全数字化评估

Structural "Health Diagnosis" Technology: Accurate Regional Inspection and Safety Digital Assessment

朱宏平
罗 辉 翁 顺 孙燕华 ｜ 著
Hongping Zhu
Hui Luo, Shun Weng, Yanhua Sun

中国建筑工业出版社

图书在版编目（CIP）数据

结构"健康体检"技术：区域精准探伤与安全数字化评估/朱宏平等著. — 北京：中国建筑工业出版社，2019.8
（数字建造）
ISBN 978-7-112-24045-6

Ⅰ.①结…　Ⅱ.①朱…　Ⅲ.①数字化技术—应用—土木工程—工程结构—探伤②数字化技术—应用—土本工程—工程结构—安全评价　Ⅳ.①TU317-39

中国版本图书馆CIP数据核字（2019）第158938号

本书详细介绍了土木工程结构安全诊断的诸多方法和研究现状，并结合多年研究成果，创造性地提出了大型土木结构"健康精准体检"新技术。全书共分8章，不仅系统、深入地介绍了健康精准体检的理论，还结合实际工程给出了相关的应用实例。内容具体包括大型土木结构安全诊断评估的意义和研究现状、基于子结构-有限元模型修正的整体结构安全诊断方法、结构动态测量参数损伤敏感性分析、混凝土内部微裂缝压电智能精准探测方法、钢结构磁电智能精准探伤方法、基于模糊理论的结构安全评估、基于人工智能的结构安全评估以及土木工程结构健康体检及安全评估系统集成。

期望通过本书，读者可全面了解当前大型土木结构"健康精准体检"技术体系的主要内容、方法和未来发展趋势，同时也希望读者在开展大型土木结构安全评估的学习和研究过程中有所收获。

本书系统性强，内容丰富且属学科前言，理论性与实用性兼顾，可作为土木工程专业技术人员与科研人员的参考资料，以及高校教师、研究生、高年级本科生的参考用书。

总　策　划：沈元勤
责任编辑：赵晓菲　朱晓瑜
责任校对：赵听雨
书籍设计：锋尚设计

数字建造 | 运营维护卷

结构"健康体检"技术——区域精准探伤与安全数字化评估
朱宏平　　　　　　著
罗　辉　翁　顺　孙燕华

*

中国建筑工业出版社出版、发行（北京海淀三里河路9号）
各地新华书店、建筑书店经销
北京锋尚制版有限公司制版
北京雅昌艺术印刷有限公司印刷

*

开本：787×1092毫米　1/16　印张：21¼　字数：372千字
2019年12月第一版　2019年12月第一次印刷
定价：150.00元
ISBN 978 - 7 - 112 - 24045 - 6
　　　　（34555）

DIGITAL CONSTRUCTION

《数字建造》丛书编委会

—————— 专家委员会 ——————

主任：钱七虎

委员（按姓氏笔画排序）：

丁士昭　王建国　卢春房　刘加平　孙永福　何继善　欧进萍

孟建民　胡文瑞　聂建国　龚晓南　程泰宁　谢礼立

—————— 编写委员会 ——————

主任：丁烈云

委员（按姓氏笔画排序）：

马智亮　王亦知　方东平　朱宏平　朱毅敏　李　恒　李一军

李云贵　吴　刚　何　政　沈元勤　张　建　张　铭　邵韦平

郑展鹏　骆汉宾　袁　烽　徐卫国　龚　剑

丛书序言

伴随着工业化进程，以及新型城镇化战略的推进，我国城市建设日新月异，重大工程不断刷新纪录，"中国制造、中国创造、中国建造共同发力，继续改变着中国的面貌"。

建设行业具备过去难以想象的良好发展基础和条件，但也面临着许多前所未有的困难和挑战，如工程的质量安全、生态环境、企业效益等问题。建设行业处于转型升级新的历史起点，迫切需要实现高质量发展，不仅需要改变发展方式，从粗放式的规模速度型转向精细化的质量效率型，提供更高品质的工程产品；还需要转变发展动力，从主要依靠资源和低成本劳动力等要素投入转向创新驱动，提升我国建设企业参与全球竞争的能力。

现代信息技术蓬勃发展，深刻地改变了人类社会生产和生活方式。尤其是近年来兴起的人工智能、物联网、区块链等新一代信息技术，与传统行业融合逐渐深入，推动传统产业朝着数字化、网络化和智能化方向变革。建设行业也不例外，信息技术正逐渐成为推动产业变革的重要力量。工程建造正在迈进数字建造，乃至智能建造的新发展阶段。站在建设行业发展的新起点，系统研究数字建造理论与关键技术，为促进我国建设行业转型升级、实现高质量发展提供重要的理论和技术支撑，显得尤为关键和必要。

数字建造理论和技术在国内外都属于前沿研究热点，受到产学研各界的广泛关注。我们欣喜地看到国内有一批致力于数字建造理论研究和技术应用的学者、专家，坚持问题导向，面向我国重大工程建设需求，在理论体系建构与技术创新等方面取得了一系列丰硕成果，并成功应用于大型工程建设中，创造了显著的经济和社会效益。现在，由丁烈云院士领衔，邀请国内数字建造领域的相关专家学者，共同研讨、组织策划《数字建造》丛书，系统梳理和阐述数字建造理论框架和技术体系，总结数字建造在工程建设中的实践应用。这是一件非常有意义的工作，而且恰逢其时。

丛书涵盖了数字建造理论框架，以及工程全生命周期中的关键数字技术和应用。其内容包括对数字建造发展趋势的深刻分析，以及对数字建造内涵的系统阐述；全面探讨了数字化设计、数字化施工和智能化运维等关键技术及应用；还介绍了北京大兴国际机场、凤凰中心、上海中心大厦和上海主题乐园四个工程实践，全方位展示了数字建造技术在工程建设项目中的具体应用过程和效果。

丛书内容既有理论体系的建构，也有关键技术的解析，还有具体应用的总结，内容丰富。丛书编写者中既有从事理论研究的学者，也有从事工程实践的专家，都取得了数字建造理论研究和技术应用的丰富成果，保证了丛书内容的前沿性和权威性。丛书是对当前数字建造理论研究和技术应用的系统总结，是数字建造研究领域具有开创性的成果。相信本丛书的出版，对推动数字建造理论与技术的研究和应用，深化信息技术与工程建造的进一步融合，促进建筑产业变革，实现中国建造高质量发展将发挥重要影响。

期待丛书促进产生更加丰富的数字建造研究和应用成果。

中国工程院院士
2019年12月9日

丛书前言

我国是制造大国，也是建造大国，高速工业化进程造就大制造，高速城镇化进程引发大建造。同城镇化必然伴随着工业化一样，大建造与大制造有着必然的联系，建造为制造提供基础设施，制造为建造提供先进建造装备。

改革开放以来，我国的工程建造取得了巨大成就，阿卡迪全球建筑资产财富指数表明，中国建筑资产规模已超过美国成为全球建筑规模最大的国家。有多个领域居世界第一，如超高层建筑、桥梁工程、隧道工程、地铁工程等，高铁更是一张靓丽的名片。

尽管我国是建造大国，但是还不是建造强国。碎片化、粗放式的建造方式带来一系列问题，如产品性能欠佳、资源浪费较大、安全问题突出、环境污染严重和生产效率较低等。同时，社会经济发展的新需求使得工程建造活动日趋复杂。建设行业亟待转型升级。

以物联网、大数据、云计算、人工智能为代表的新一代信息技术，正在催生新一轮的产业革命。电子商务颠覆了传统的商业模式，社交网络使传统的通信出版行业备感压力，无人驾驶让人们憧憬智能交通的未来，区块链正在重塑金融行业，特别是以智能制造为核心的制造业变革席卷全球，成为竞争焦点，如德国的工业4.0、美国的工业互联网、英国的高价值制造、日本的工业价值网络以及中国制造2025战略，等等。随着数字技术的快速发展与广泛应用，人们的生产和生活方式正在发生颠覆性改变。

就全球范围来看，工程建造领域的数字化水平仍然处于较低阶段。根据麦肯锡发布的调查报告，在涉及的22个行业中，工程建造领域的数字化水平远远落后于制造行业，仅仅高于农牧业，排在全球国民经济各行业的倒数第二位。一方面，由于工程产品个性化特征，在信息化的进程中难度高，挑战大；另一方面，也预示着建设行业的数字化进程有着广阔的前景和发展空间。

一些国家政府及其业界正在审视工程建造发展的现实，反思工程建造面临的问题，探索行业发展的数字化未来，抢占工程建造数字化高地。如颁布建筑业数字化创新发展路线图，推出以BIM为核心的产品集成解决方案和高效的工程软件，开发各种工程智能机器人，搭建面向工程建造的服务云平台，以及向居家养老、智慧社区等产业链高端拓展等等。同时，工程建造数字化的巨大市场空间也吸引众多风险资本，以及来自其他行业的跨界创新。

我国建设行业要把握新一轮科技革命的历史机遇，将现代信息技术与工程建造深度融合，以绿色化为建造目标、工业化为产业路径、智能化为技术支撑，提升建设行业的建造和管理水平，从粗放式、碎片化的建造方式向精细化、集成化的建造方式转型升级，实现工程建造高质量发展。

然而，有关数字建造的内涵、技术体系、对学科发展和产业变革有什么影响，如何应用数字技术解决工程实际问题，迫切需要在总结有关数字建造的理论研究和工程建设实践成果的基础上，建立较为完整的数字建造理论与技术体系，形成系列出版物，供业界人员参考。

在时任中国建筑工业出版社沈元勤社长的推动和支持下，确定了《数字建造》丛书主题以及各册作者，成立了专家委员会、编委会，该丛书被列入"十三五"国家重点图书出版计划。特别是以钱七虎院士为组长的专家组各位院士专家，就该丛书的定位、框架等重要问题，进行了论证和咨询，提出了宝贵的指导意见。

数字建造是一个全新的选题，需要在研究的基础上形成书稿。相关研究得到中国工程院和国家自然科学基金委的大力支持，中国工程院分别将"数字建造框架体系"和"中国建造2035"列入咨询项目和重点咨询项目，国家自然科学基金委批准立项"数字建造模式下的工程项目管理理论与方法研究"重点项目和其他相关项目。因此，《数字建造》丛书也是中国工程院战略咨询成果和国家自然科学基金资助项目成果。

《数字建造》丛书分为导论、设计卷、施工卷、运营维护卷和实践卷，共12册。丛书系统阐述数字建造框架体系以及建筑产业变革的趋势，并从建筑数字化设计、工程结构参数化设计、工程数字化施工、建筑机器人、建筑结构安全监测与智能评估、长大跨桥梁健康监测与大数据分析、建筑工程数字化运维服务等多个方面对数字建造在工程设计、施工、运维全过程中的相关技术与管理问题进行全面系统研究。丛书还通过北京大兴国际机场、凤凰中心、上海中心大厦和上海主题乐园四个典型工程实践，探讨数字建造技术的具体应用。

《数字建造》丛书的作者和编委有来自清华大学、华中科技大学、同济大学、东南大学、大连理工大学、香港科技大学、香港理工大学等著名高校的知名教授，也有中国建筑集团、上海建工集团、北京市建筑设计研究院等企业的知名专家。从2016年3月至今，经过诸位作者近4年的辛勤耕耘，丛书终于问世与众。

衷心感谢以钱七虎院士为组长的专家组各位院士、专家给予的悉心指导，感谢各位编委、各位作者和各位编辑的辛勤付出，感谢胡文瑞院士、丁士昭教授、沈元勤编审、赵晓菲主任的支持和帮助。

将现代信息技术与工程建造结合，促进建筑业转型升级，任重道远，需要不断深入研究和探索，希望《数字建造》丛书能够起到抛砖引玉作用。欢迎大家批评指正。

《数字建造》丛书编委会主任
2019年11月于武昌喻家山

本书前言

近几十年来，我国基础设施建设正处于高速发展期，并进入建养并重的时代，精确的安全诊断评估已被证明是确保结构长期安全的有效途径。大型工程结构由于具有体量大、结构复杂、检测环境恶劣等特点，传统结构内埋传感器存活率低、耐久性差，给监测工作造成一定的困难。作者结合多年研究成果，创造性地提出大型土木结构"健康精准体检"新技术体系，即关键区域混凝土内部微裂缝压电智能精准探测技术、钢结构磁电智能精准探伤技术，进而依据关键区域精准探伤信息精确诊断评估整体结构安全性能。土木工程结构"健康精准体检"技术由局部精准探伤—区域安全诊断—整体安全动态评估构成，并融合新型无线传感和机器人探伤技术，不受环境因素影响精密探测关键区域内部微裂纹损伤，精确诊断整体结构损伤状态，并全寿命期动态评估结构安全。将从根本上解决现有土木工程结构监测/检测方法中整体结构安全精确诊断评估可靠性差、恶劣环境下结构检测难、传感器无法记录结构全寿命期数据等一系列问题，是未来工程结构安全评估的重要途径。本书主要章节包括基于关键区域子结构探伤信息的整体结构安全诊断方法，结构动态测量参数损伤敏感性及损伤识别，混凝土内部微裂缝压电智能探测技术，钢结构磁电智能精准探伤技术，基于改进模糊理论的结构安全数字化评估方法，基于人工智能的结构安全数字化评估方法以及结构健康体检与安全数字化评估系统集成，每章均结合实际工程，列出具体的实例应用，方便读者理解相关理论。

由于作者水平有限，结构安全诊断及评估不断有新方法更迭出现，书中难免有不足之处，热忱欢迎读者批评指正。

朱宏平

2019年5月于武昌喻家山

目录│Contents

第 1 章

绪 论

1.1　土木工程结构安全监测与评估的意义

地震、洪水、台风等严重自然灾害的频繁发生使得人们对土木工程结构的安全性普遍地感到担忧，载荷状况的变化、环境和使用年限的影响也使结构的安全性大为减弱。近些年来，伴随着大型工程结构的不断兴建，工程事故也频繁发生。2007年，美国明尼苏达州明尼阿波利斯市的一座桥梁在交通高峰期间发生坍塌[1]，数辆汽车跌入水中；2010年，云南省昆明新机场航站区停车楼及高架桥工程引桥发生了坍塌，事故造成多人伤亡。此外，在2010年青海省玉树地震中，一些土木工程结构在遭受主震后并未立即倒塌，但结构已经存在的严重损伤却未能及时发现，在后来的余震中，这些土木工程结构却倒塌了。对重大工程结构进行实时健康监测，及时识别结构的累积损伤并评估其使用性能和寿命，对可能出现的灾害提前预警并建立相应的安全预警机制，不仅对于提高结构的安全性和可靠性具有重大的科学意义，而且可以降低结构的运行和维护费用，具有可观的经济价值。实时监测结构的健康状况并评估其安全性已经成为未来工程建设的必然要求，也是21世纪人类亟待解决的重要课题。目前发达国家非常重视这一问题，投入了大量的人力、物力和财力用于该领域的研究。以桥梁为例：据美国交通部的统计，每年约有200000座桥梁会发生性能退化或失效，政府每年以超过100亿美元的投入用于这些桥梁的监测和评估；而加拿大每年会有30000座这样的桥梁。在我国，20世纪50年代以来修建的多数的重大工程结构目前也逐步进入设计寿命的服役中期和后期，即使是近10年修建的工程结构，由于自然灾害的影响或施工质量达不到要求，也会存在缺陷。因此，适时而又准确地对这些结构进行损伤检测和健康状况评估，能有效地保证土木工程结构的安全性，同时具有十分重要的社会效益和经济效益。

21世纪，土木工程结构体系发展到了一个重要的转折关头。人类社会所需要的承载能力更高的结构系统，建造跨度更大的桥梁和社会公共设施结构、容纳100万人居住的沙漠城市结构、海洋机场结构等高承载力结构已经提上研究、设计日程。材料科学和计算技术的成就，为发展高承载力结构创造了条件。发展高承载力结构必须使用高强材料，使用高强材料又往往导致结构刚度过小，不能满足正常使用要求，这突出了结构承载能力和正常使用这两类极限状态间的矛盾。这一矛盾将成为21世纪土木工程结构持续发展的重要动力。迄今的研究表明，这一矛盾难以在传统的结构概念、体系和技术路线框架内加以解决，必须在结构体系等方面取得重大创新和突破。"具有损伤自诊断、自监测与自控制的结构"的概念、体系为实现这一创新和突破带来了希望。

传统的损伤检测与安全评估方法有外观目测法和基于仪器设备的局部损伤检测方法，如超声检测等。外观目测的检测结果与检测人员的水平和经验密切相关，而且只能发现外部损伤，结构的内部损伤无法检测。超声法是应用最广泛的局部无损检测方法，超声波可以检测由于材料属性和裂缝引起的材料阻抗的变化，其主要优点是可以检测远离结构表面的内部裂缝，并且确定裂缝位置。但是，传统的损伤检测方法均需要预先大致了解损伤的位置，这就要求实际结构的这些位置易于接近，而且检测所需的周期长，检测费用昂贵，会引起结构使用的中断，因此在实际工程中其应用受到了限制。

近年来，基于测量得到的动态或静态信息的土木工程结构损伤检测与安全评估的研究受到了广泛关注，比如自1997年起每两年在Stanford大学定期召开国际工程结构损伤识别与健康监测会议，而在国际上召开的关于结构振动控制或智能结构的大会上，有关结构损伤识别与健康监测的报告也占相当大的比例，我国自20世纪90年代中期在国家"攀登计划"和国家自然科学基金等的资助下也开始了这方面的研究。更为可喜的是，随着现代计算机技术、现代信息处理与分析技术和智能材料的发展，这方面的研究取得了阶段性的成果，表现为在一些工程结构上建立了损伤识别与健康监测系统，如明石海峡大桥、徐浦大桥、渤海JZ20-2MUQ平台和虎门大桥等。尽管已有的监测系统在硬件方面积累了大量的实践经验，但大型土木工程结构的特殊性（如结构的大型化和复杂化、材料特性和约束条件的不确定性给结构数学模型的建立带来的困难）使其对大量数据和信息的适当选择、处理、分析、评价的理论研究和软件开发相对滞后，另外，工程结构损伤的特殊性和复杂性也导致结构监测存在着许多关键科学与技术问题尚待解决。

随着我国经济建设的发展，特别是三峡工程、南水北调、青藏铁路、港珠澳大桥等重大工程以及西部大开发的实施，一批高坝、高边坡、大跨越高输电塔、重要房屋建筑（超高层建筑等）和大跨度桥梁等重大工程结构已经或将在我国建成。随着我国城市化的发展，人口、财富和基础设施向城市高度集中，地震、风暴和恐怖袭击等灾害造成的结构倒塌、破坏带来的生命、财产损失将更趋严重。同时，土木工程结构在长达几十年，甚至上百年的服役过程中，受到环境侵蚀、材料老化和荷载效应、人为的或自然的突变效应等灾害因素的耦合作用，从而不可避免地导致结构的损伤累积和抗力衰减，使得结构抵抗自然灾害、正常荷载以及环境作用的能力下降，引发灾难性的突发事故。因此，揭示土木工程结构的损伤机理和破坏倒塌机制，研究有效的土木工程结构安全监测与评估技术，具有重要的社会与经济价值。

1.2 土木工程结构损伤识别方法与技术

基于动态测量参数变化的结构损伤方法可分为损伤指标法、直接柔度（刚度）法、有限元模型修正法、智能算法、基于监测数据的损伤识别法等。结构的动态测量数据可分为三类：时域数据、频域数据和模态数据。时域测试数据包括时程响应和脉冲响应函数等；频域测试数据包括傅立叶谱和频率响应函数等；固有频率、振型和模态阻尼比是三个典型的模态参数，这些参数能够从测得的频率响应函数中提取。结构的时域、频域和模态参数被广泛地应用于损伤检测中。

1.2.1 损伤指标法

1. 基于固有频率变化的损伤检测研究

Lifshitz和Rotem[2]早在1969年就提出了通过结构频率的变化进行损伤检测，到目前，关于利用频率的改变来进行损伤检测已发表了大量的文献。Cawley和Adams[3]在理论上推导得出结构在单损伤的情况下，损伤导致的两阶结构频率改变的比值仅仅是损伤位置的函数，而与损伤程度无关。Morassi和Rovere[4]通过使结构前几阶计算频率和测试频率相吻合，用优化算法对钢框架的切口损伤进行了损伤定位，指出在优化过程中设定一些合理的约束条件的重要性。Stubbs和Osegueda[5, 6]结合敏感性分析方法提出了利用结构的频率改变进行结构损伤位置和程度的识别方法，还对所提出的理论进行了数值模拟和实验验证，试验结果表明，所有的损伤位置均得到正确的判别，但存在将一些未损伤的单元误判为损伤单元的情况。Gardner–Morse和Huston[7]利用斜拉桥索固有频率的变化来估计索的张力，当估计值明显小于设计值时，表明索发生了张力损失。已有的研究还表明，将频率作为损伤指标有一些难以克服的缺点：频率作为广义刚度和广义质量的瑞利商，反映的是结构整体动态特性，难以反映结构局部损伤，因此，用单一或少数不完整的频率数据难以获得结构损伤的空间信息；高阶频率比低阶频率对损伤敏感，但对于大型复杂结构其高阶频率难以获得或难以准确进行识别；对于对称结构，对称位置发生损伤引起的结构频率变化完全相同，从而不能确定损伤位置等。

2. 基于振型变化的损伤检测研究

虽然振型的测试精度低于固有频率，但振型也包含了与结构状态有关的信息。

利用振型变化的损伤识别多采用模态保证准则（Modal Assurance Criteria, MAC）[8]和坐标模态保证准则（Coordinate Modal Assurance Criteria, COMAC）[9]。Salawu对一实际桥梁修复前后进行了修复位置的判别，利用MAC能够判别出结构修复前后的动态特性发生了变化，利用COMAC判别了修复位置。Ndambi等[10]比较了利用频率、MAC、COMAC、柔度矩阵、模态应变能变化识别钢筋混凝土梁损伤的能力，试验研究发现MAC的变化只能检测出结构发生了损伤，不能检测出损伤发生的位置，而且MAC并不随着损伤程度的加剧而单调变化，因此难以用来检测损伤程度。

3. 基于振型曲率变化的损伤检测研究

梁板式结构主要是承担横向外力和由外力引起的弯矩，结构在弯矩作用下的曲率会由于结构损伤发生改变，因此，曲率的改变可作为损伤检测的信息。Pandey等[11]首先提出用损伤前后振型曲率变化的绝对值来判断损伤位置，即曲率变化最大处为损伤位置。同时，振型曲率变化大小还和损伤程度有关，损伤越大，曲率变化越大，由此可鉴别损伤程度。Ratcliffe[12]认为结构在小损伤情况下直接利用振型曲率难以判别结构损伤的情况，提出对判别点相邻点的振型二阶差分值进行三次多项式插值，然后计算判别点处插值函数和二阶差分的差，该值能够较好地反映梁结构损伤的大致位置。

4. 基于应变模态的损伤检测研究

应变模态是指相对于结构位移模态下的结构应变状态。对于超静定结构，当结构发生损伤后，在结构内部会发生应力重分布，这种应力重分布可通过损伤前后应变模态的变化表现出来，应变模态变化的大小反映了应力重分布的程度。通常情况下，应力重分布程度在损伤区域附近最大，而远离损伤位置的应力重分布程度较小，由此，可由应变模态变化的程度来确定损伤位置。Yao等[13]对一个5层的钢框架结构进行了损伤试验，结果表明位移模态的变化能够反映出发生了损伤，但不敏感，应变模态对损伤的敏感程度远远高于位移模态，且损伤位置附近的模态应变改变远远大于远离损伤位置的模态应变改变。Yam等[14]推导了应变模态和位移模态的关系，并通过开洞悬臂薄板的试验表明，应变模态的改变能够很好地反映出开洞造成的局部应力集中。

5. 基于单元模态应变能变化率的损伤检测研究

Shi等[15, 16]提出了单元模态应变能的概念，并推导出损伤单元损伤前后的模态应变能变化率很大，与损伤单元相邻单元的模态应变能变化率较小，而远离损伤单元的模态应变能变化率很小的结论。因此，可将损伤前后单元模态应变能的变化率作为损伤定位的指标，并成功地运用上述结论分别对一平面桁架和框架结构损伤进行了数值分析和试验研究。针对上述方法在损伤识别过程中需要完备的分析模态振型，而在实际计算中由于仅用部分模态振型而存在截断误差的问题，一些学者推导了仅用部分低阶模态来确定结构损伤的方法，减小了模态截断所带来的计算误差。Stubbs和Kim[17]通过试验仔细观察发现：结构在损伤前后未损伤处的相对振型变化很小，而在损伤处的相对振型变化较大，由此提出假设，即结构在损伤前后各个单元模态应变能占整个结构的模态应变能比例不变。大量的数值模拟结果表明在一定的损伤程度范围内该假设是成立的。Wang等[18]对一座5跨预应力钢筋混凝土梁桥采用上述方法进行了损伤数值分析，表明该方法对跨中区域出现的损伤能够正确检测，而对于支座区域的损伤则难以识别，研究认为这是由于支座区域的模态应变能较小的原因。

1.2.2 直接柔度（刚度）法

1. 柔度矩阵法

基于柔度变化损伤识别方法的主要原理是：在模态满足归一化的条件下，柔度矩阵是频率的倒数和振型的函数，即低阶振动的模态和频率信息在柔度矩阵中所占的影响成分很大。随着频率的增大，柔度矩阵中高频率的倒数影响可以忽略不计，这样只要测量前几个低阶模态参数和频率就可获得精度较好的柔度矩阵。根据获得的损伤前后的两个柔度矩阵的差值矩阵，求出差值矩阵中各列的最大元素，通过对比每列中的最大元素就可找出损伤的位置。Pandey和Biswas[19]首先提出基于结构测量柔度矩阵的变化进行结构损伤检测和定位的方法。Doebling等[20]提出一种计算不可测量的柔度矩阵残差的方法，提高静态柔度矩阵的计算精度，从而提高损伤识别位置的准确性。Zhao等[21]对用于损伤诊断的模态参数进行了灵敏度分析，表明模态柔度矩阵比频率、振型更适用于损伤识别。大量研究表明，结构柔度矩阵在低阶模态条件下包含了结构特性的丰富信息，为低阶模态条件下的结构损伤识别提供了一种新的有效途径。但是在数据不完整、不精确的条件下，基于柔度矩阵的结构损伤识别方法的研究目前还是比较少的。为了充分利用柔度矩阵的低阶模态敏感特性，仍需要进一步更深入地开展基于柔度矩阵的结构损伤识别研究。

2. 刚度矩阵法

当一个结构发生损伤时，刚度矩阵一般提供的信息比柔度矩阵多，因为结构发生较大的损伤时，其刚度将发生显著的变化，根据刚度变化的大小进行结构损伤直接定位。与总体柔度矩阵不同，总体刚度矩阵是叠加量，总体刚度矩阵的变化必然意味着观测节点的邻域有损伤存在。也就是说，总体刚度矩阵的变化比总体柔度矩阵的变化在理论上更适合于定位损伤。董聪等[22]通过理论和仿真结果证实，要确保基于刚度变化的结构损伤定位方法不存在错误定位的问题，总体刚度矩阵的计算必须采用完整的模态数据。但是，应当指出的是：由于结构高阶振型对结构刚度矩阵的贡献更大，要精确识别结构损伤，就要利用高阶振型，但高阶振型的准确获取难度较大，因此这种方法在工程实际中应用较少。

1.2.3 有限元模型修正法

模型修正方法实际上是一种系统识别方法，主要是利用试验获得的结构振动响应数据对质量、刚度和阻尼矩阵进行修正得到一组新的矩阵，使其更好地与实测数据相匹配，即得到一个更精确的有限元模型的过程。基于模型修正的结构损伤识别法的基本思想是：通过采用某种特定的模型缩聚技术或向量扩充技术，使修正的模型和原始模型的自由度数相同，通过直接修正质量、刚度和阻尼等结构系统矩阵，或者通过修正物理参数间接修正系统矩阵，使修正模型的预测响应尽可能地接近结构的静力或动力观测响应数据。模型修正本质上是一个求解约束最优化问题的过程。不同的模型修正方法只是在基本方程和求解方法上有所差异，这些差异可以根据最优化目标函数、约束条件以及优化方法等几个方面来进行分类。模型修正法可分为：矩阵型修正法、参数型修正法、混合法和特征结构配置法。

1. 矩阵型修正法

矩阵型修正法是20世纪60年代发展起来的，发展较早的是参考基准法，该方法的思路是假定结构的质量、刚度、实测模态参数三者中的一项是不变的，然后修正其余两项。修正方法是利用最小二乘原理构造目标函数，通过Lagrange乘子法加入一定约束条件，来实现对参数矩阵的摄动[23]。Baruch和Bar-Itzhack[24]、Berman和Nagy[25]先后提出了最优矩阵修正法的一般形式，使用零模态力和特性矩阵的对称性作为约束条件，通过求解总体结构矩阵的扰动矩阵在Forbneius范数意义下的极小值问题而得到了结构特性修正矩阵。Kabe[26]在修正有限元模型过程中，将保证结构初始载荷路径作为一种约束，引入了结构连接矩阵，使修正的有限元模型刚度矩阵保持了原有的稀疏性，使修正的结果更具实际意义。Chen等[27]为了解决修正的整体结构矩阵不易识别单元结构参数的缺点，提出了一种通过最小化结构特性扰动矩阵范数来进行结构损伤识别的方法。这种方法得到的是结构单元参数水平的修正结果，与前面的方法相比，有利于对结构损伤的位置和程度做出准确的判断。Zimmerman和Kaouk[28]建立了基于秩扰动理论（Minimum Rank Perturbation Theory，MRPT）的结构损伤识别算法，这种方法不是将扰动矩阵的范数定义为最小目标函数，而是对结构扰动矩阵的秩进行优化以寻找满足约束条件的秩最小的修正矩阵。矩阵型修正方法的修正参数是整个矩阵，有时修正后参数主对角元上会出现虚元和负刚度值，并不符合实际物理意义。对于某些工程结构，其原始分析模型中只有少量的模型参数需要修正，如果能够确定这些参数的位置，仅把这些参数作为未知参数，这样就可以降低未知量的数目，提高计算效率和计算精度，于是出现了参数型修正法。

2. 参数型修正法

参数型模型修正方法的基本思路与结构优化理论相类似，通过构造理论模型与实际模型之间在同一激励下的动力特性的误差（目标函数），然后选择一定的修正量使该误差满足最小化来达到修正的目的。修正参量可以在质量、刚度或阻尼矩阵中选取，而不必像矩阵型修正法那样需设定某一参数矩阵为不变量。但由于所构造的目标函数往往是非线性的，使得多数情况下对目标函数的优化采用迭代算法。在这些方法中，通过特征灵敏度分析来修正模型参数的方法应用最为广泛。Fox等[29]通过对模型特征方程求导，利用正交性条件，首次推导了线性结构特征向量和特征值的一阶灵敏度计算公式，但这种方法的计算公式繁琐。Ojalvo等[30]、Sutter等[31]从数值计算角度简化了该计算公式，Nelson[32]和Lim等[33]则从差分的角度进行简化，提供了较实用的基于特征灵敏度分析的模型修正的方法。在基于灵敏度的有限元模型修正方法中，首先要建立目标函数（Objective Function）用以表示一个物理系统响应的解析解和试验数据之间的差异（Discrepancy）。这种差异用目标函数里的残差（Residual）来表示，即结构模态特性的相对变化量，其次通过求解目标函数的灵敏度矩阵，为参数摄动提供最优的搜索方向，最后再通过某种优化算法最小化上述差异。Jaishi和Ren[34]利用模态柔度残差建立了目标函数，用于修正一根钢筋混凝土梁的有限元模型并识别其损伤。Ricles等[35]在基于有限元模型修正的灵敏度分析法的基础上，采用特征值及特征向量对结构参数的加权灵敏度的分析方法，通过结构损伤产生的残余力向量，进行了框架结构损伤识别。Messina等[36]利用不完整的测试振型数据，通过灵敏度分析和统计方法对结构的损伤进行了定位和检测。从反演问题的基本理论出发，Sohn等[37]将贝叶斯定理引入求解过程并用损伤的最大可能性反映结构损伤状态。张立涛等[38]提出了一种基于加速度时域信息的结构损伤识别方法，首先利用加速度响应的计算值和测试值构造残差量，再结合加速度响应对参数的灵敏度矩阵求解参数的变化量，最后依据这些变化量识别损伤的位置和程度。在求解参数变化量的过程中，采用截断奇异值分解技术。

3. 混合法

矩阵型修正法修正后不能保证实际模型的物理连接特性，但一般不用优化迭代计算，灵敏度分析法可以保证连接信息、物理意义明确，但是往往需要优化迭代算法，计算量大，于是出现了将两种或者多种其他方法结合起来的混合修正法，以提高算法的计算效率和准确程度。Halevi等[39]将两种方法结合起来，引入了连接信息亏损（Connectivity Cost）函数，利用多重修正广义加权参考基准法研究了仅修正模型刚度矩阵的情况，他们首先利用矩阵型修正法得到一个无约束条件的修正刚度矩阵，然后按照参数型修正法获取第二个修正矩阵，最终的修正结果为两个修正刚度矩阵之和。Kim等[40]提出了两步损伤识别法，第一步使用优化模型修正法识别结构发生损伤的可能位置，第二步根据灵敏度分析确定结构损伤的准确位置，该方法可用于有限观测条件下的大型结构。Law等[41]提出了结构损伤识别的三步法：首先使用振型扩展技术获取完备模态数据，然后使用模态应变能变化率估计可能损伤的位置，最后使用灵敏度分析法确定具体的损伤位置和程度，该方法可适用于观测数据不完备和噪声水平较大的情况。随后他们发展了多损伤定位保证准则，该方法是基于统计方法和灵敏度分析的两步识别方法，可处理不完备模态数据。

4. 特征结构配置法

特征结构配置法（Eigenstructure Assignment Method）是一类通过虚拟控制器最小化模态力残差，进而将求解结果转化为模型修正结果的修正方法。Zimmerman和Kaouk[28]首次将特征结构配置技术直接运用至结构损伤识别问题中，在对已修正的有限元模型基础上采用对称特征结构配置法对结构损伤进行定位。Lim[42]和Schultz等[43]提出了类似特征结构配置技术的频响函数配置法，该方法采用频响函数测量数据进行结构损伤识别，相比提取结构振型更加直接有效，并可拓展用于测试信息不完备的损伤识别问题。然而，利用特征结构配置法进行结构识别时要求特征向量空间完备，这对于一般结构，尤其是土木结构是很难实现的，而且这种方法不能保证结构刚度及阻尼扰动矩阵的对称性，破坏了实际结构特征矩阵的对称特性。另外，特征结构配置技术修正的是结构整体特征矩阵，而修正后的物理参数矩阵，没有明确的物理意义，因此不易于进行结构模型误差或损伤的正确定位。

1.2.4 智能算法

1. 支持向量机

支持向量机是AT&T贝尔实验室的Vapnik教授于1992年基于统计学习理论提出的一种通用学习方法[44]。支持向量机是基于统计学习理论，针对样本数量有限的情况，借助内积函数定义的非线性变换将输入空间变换到一个高维空间，并遵循结构风险最小原则在高维空间中求解最优分类面，求得问题的全局最优解[45]。支持向量机具有结构较为简单、全局最优性及泛化能力强等优点，在结构损伤识别中已得到了广泛深入的研究。孙卫泉[46]对支持向量机方法的基本理论和方法进行了系统的介绍，并对支持向量机在桥梁损伤识别应用中的相关问题进行了深入的讨论，以某铁路连续梁桥模型试验为例证明了：与优化识别方法相比，支持向量机方法更具可靠性。付春雨等[47]结合结构静力测试数据和支持向量机提出了结构损伤的分布识别方法，并与优化识别方法进行了对比，表明了支持向量机在结构识别中的优势。单德山等[48]对基于支持向量机的桥梁震后损伤识别进行了深入的探索，将地震易损性分析和HHT方法与支持向量机相结合，提出了桥梁地震损伤识别方法：先利用主震进行地震易损性分析以确定桥梁地震损伤模式，再以余震激励损伤桥梁并结合HHT方法获得足够的损伤样本，最后以支持向量机实现损伤识别。Farooq等[49]以结构归一化应变为输入值，运用支持向量机及人工神经网络对板的损伤进行识别，结果表明支持向量机的识别准确率较高。Hasni等[50]利用支持向量机对钢桥箱梁疲劳裂缝的识别进行了研究，其所提出的识别方法在裂缝大于10mm时识别效果良好。Ren等[51]对支持向量机在铁路简支梁桥损伤识别中的应用进行了深入研究，讨论了在不同噪声水平下支持向量机方法的表现。

2. 神经网络法

神经网络方法是另一种人工智能算法，其在编程实现上相对容易，同时具有良好的非线性映射性能，通常采用由结构输出（结构物理性能的改变）和输入（结构响应）所构成的数值样本来训练和验证一个神经网络，这些数值样本是基于预先设计的损伤（Damage Scenario）并通过数值计算（如有限元分析）得到的。然后，对未知的损伤情况，可以通过对网络的反向求解得到结构的损伤情况。最早将神经网络用于结构损伤识别的是美国Purdue大学的Venkatasubramanian和Chan[52]，他们于1989年第一次运用BP网络进行了结构的损伤识别与健康诊断。BP网络结构简单，学习、训练算法较为成熟，对多层BP网络，采用适当的权值和激活函数，可以对任意非线性映射进行任意程度的近似，这对于模拟结构物理参数和结构模态参数之间的非线性关系极为重要。其后有许多研究人员开发了不同的网络模型，对结构进行了损伤识别和健康监测。Suresh等[53]提出了一种模块化的神经网络方法，用于逐步定位并量化一根悬臂梁的损伤，通过比较反向传播和径向基函数（Radial Basis Function）神经网络在上述悬臂梁问题上的损伤识别效果，发现在模块化策略下，径向基函数网络能更好地识别梁的损伤。在另一个实例中，地震破坏性试验所生成的损伤被引入到一个土木工程结构中，并结合反向传播神经网络识别了该损伤。该分析过程采用了经过主成分分析（Principal Component Analysis，PCA）方法压缩的频响函数作为网络的输入。Luo和Hanagud[54]提出动态学习最速下降法（Dynamic Learning Rating Steepest Descent Method，DSD）来训练神经网络，并用于复合结构的损伤检测。该方法被证明其学习能力比传统的最速下降法好得多。徐宜桂[55]提出一种基于神经网络的结构动力修正的方法，其基本思想是通过神经网络建立结构的模型参数与结果模态参数之间的非线性映射关系，然后依据这种非线性映射关系，通过实测的结构模态参数，得到结构与之相应的物理、几何及边界条件，完成结构动力模型的修正。国防科技大学的韩小云和刘瑞岩[56]将模糊推理和神经网络相结合研究了梁的损伤识别。郭杏林和陈建林[57]采用结构低阶固有频率的变化作为特征参数，对结构的固有频率改变量进行相应处理，分别构造判断结构损伤位置和结构损伤程度的神经网络输入向量，通过首先判断损伤位置，然后识别损伤程度，可大大减小网络的训练样本数量。对于大型结构，待识别的参数很多，如果直接将各个待识别参数进行变化组合，会造成以下后果：训练样本数庞大，形成训练样本需要大量的正问题分析，计算量巨大；网络输入输出节点数很多，网络结构复杂，收敛困难。

3. 深度学习

深度学习由加拿大多伦多大学教授Hinton[58]在2006年提出，属于机器学习的范畴，作为第三代神经网络，其具有较强的从少量样本中提取特征的能力，且多层的复杂结构及网络训练的稳定性能够对海量数据样本进行训练，顺应了大数据时代潮流。近年来，深度学习的快速发展更是为机器学习开启了新篇章，促进了以"深度学习+大数据"为主流的研究的形成，人工智能和人机交互也得到了空前发展。张鑫[59]利用深度信念网络对风机叶片结构模态参数进行特征抽取，将模态参数特征向量作为BP神经网络训练的输入信号，叶片损伤状态为输出信号，建立风机叶片结构损伤识别网络，以减小噪声等干扰对于损伤识别结果的影响，提高风机叶片结构损伤识别的精度。李贵凤[60]以深度学习理论技术为基础，对桥梁结构健康监测领域中的数据预处理和损伤识别关键技术进行了深入分析和研究，针对桥梁结构监测数据具有时序关联性特征，构建出基于长短期记忆网络（LSTM）模型的结构损伤识别模型。谭超英[61]提出基于深度信念网络模型和深度自编码网络模型的桥梁健康诊断方法，以重庆马桑溪长江大桥监测数据为实例，针对提出的基于深度信念网络和基于深度自编码网络的桥梁健康诊断方法进行实际应用。

4. 遗传算法

遗传算法（Genetic Algorithm，GA）是由美国密歇根大学的Holland教授于1975年首次提出的，其基本思想是基于达尔文的进化论和孟德尔的遗传学说。遗传算法是一种仿生算法，它通过对群体中的个体施加选择、交叉和变异遗传操作，实现全局优化搜索。与传统的优化方法相比，遗传算法有其自身特点：自组织、自适应和自学习。在应用遗传算法求解问题时，当编码方案、适应度函数和遗传算子确定后，算法将利用进化过程中获得的信息自行组织搜索。遗传算法的这种自组织、自适应的特性，使它具有根据环境变化来自动发现环境特性和规律的能力。遗传算法只需要计算各可行解的目标值而不要求目标函数的连续性，不需要梯度信息，并采用多线索的并行搜索方式进行优化，因而不仅不会陷入局部最小，而且使用方便，具有很强的鲁棒性。结构损伤大小的识别可以归结为参数识别问题，采用优化方法进行求解。遗传算法采用种群的方法组织搜索，即在潜在解空间中同时从多个样本点开始搜索，而非单点寻优，由于搜索的范围广，大大减少了陷入局部最优解的可能性，由于"优胜劣汰"原则的保证，即使在随机操作上破坏了某个优良解，群体中将有更多的优良解被复制补充进来，使整个种群的适应值仍能不断提高。Mares等[62]首先将GA算法引入结构损伤诊断中，基于模态残余力向量构造目标函数，进行了桁架结构数值模拟分析，结果表明GA可以识别损伤的位置和程度。一些学者分别采用浮点型杂交GA算法[63]、实数编码的GA算法[64]、组合模拟退火算法和自适应实参数GA算法[65]、多父体变量级杂交和变量微调[66]等策略，进行不同结构的损伤检测，结果表明遗传算法识别结果好，抗噪能力强。郭惠勇等[67]提出了一种基于遗传算法的两阶段损伤探测方法。首先利用基于频率的多损伤定位准则和基于位移模态的多损伤定位准则分别计算出有关损伤的初步决策，然后利用信息融合技术中的证据理论方法，将两者的初步决策进行融合，从而获得较为精确的损伤位置估计，最后在已识别出的可能损伤单元的基础上，利用改进的遗传算法进行更精确的损伤位置和程度估计。数值仿真结果表明，采用证据理论进行融合可以获得较为精确的损伤位置估计，比单纯采用多损伤定位准则识别效果更好，而采用改进的遗传算法则可以更为精确地判定损伤的程度，优于简单的遗传算法。邹大力等[68]提出一种基于修正测试模态的损伤识别方法，即将基于测试频率和修正后的测试振型组成的函数作为优化目标，由具有鲁棒性及易于处理非确定性信息能力的遗传算法和局部搜索算法组成的混合遗传算法作为优化工具。基于桁架的分析结果表明，即使在测试数据包含误差的情况下，采用该方法也能获得满意的识别结果。

1.2.5 基于监测数据的损伤识别方法

1. 基于小波变换方法

结构损伤会造成损伤处的响应发生变化（扰动），因此研究人员希望通过直接分析结构响应的时间历程数据来发现上述扰动。小波分析是一种信号的时间-频率分析方法，是近来得到迅速发展并形成研究热潮的信号分析新技术，被认为是对傅里叶分析方法的突破性进展，在图像处理、分析、奇异性检测等方面已有很成功的应用。它具有多分辨率分析的特点，而且在时频域都具有表征信号局部特征的能力，很适合探测正常信号中夹带的瞬态反常现象并显示其成分，而信号中的突变信号往往对应着结构的损伤，利用连续小波变换进行系统故障检测与诊断具有良好的效果。20世纪90年代以来，国内外利用小波对机械系统中的故障诊断有较多研究。随后，小波在土木工程结构的损伤识别中也有大量研究。Al-Khalidy[69]发表了大量采用小波分析进行损伤识别的文章，主要研究目标是发展一种识别结构损伤变化的在线系统，以确保结构在恶劣环境荷载下的安全性。估计低周疲劳荷载作用下结构损伤的特性对于确保结构安全是非常重要的，但从监测信号中识别疲劳信号和估计结构的损伤变化是一个难题，采用正交离散小波变换可从噪声污染的观测信号中成功地分离出疲劳信号。Hou等[70]应用德比契斯（Daubechies）小波对简单动力结构模型和三层框架基准（Benchmark）模型的损伤识别进行了研究，证明了小波分析在结构损伤识别领域的巨大潜力，能够有效地对结构损伤进行预警。Liew[71]、Wang[72]和Ovanesova等[73]把小波分析应用到结构空间域分解，推导了结构力学变量的小波方程，通过对简支梁、简单框架结构的数值模拟分析，认为基于小波分析的方法在沿外边的非扩散性结构破裂损伤识别中比传统方法优越。但是他们的研究都是在一种假定的基础上实现的，即构件上的位移等力学变量是可以连续获得的，至少要有足够的测点密度。这在目前实际的结构健康监测系统中是不可能得到的，因此该方法还只是处于理论和实验室研究阶段。Patsias等[74]还把结构光学测试的图像信号通过小波分析来进行结构的损伤检测，试图从图像处理的角度给出结构损伤的信息。这也给小波分析在结构损伤识别中的应用指出了一个新的方向。Yam等[75]把小波包分解信号能量与神经网络结合，对一个四边简支的复合材料层合板的破裂损伤进行了损伤识别研究，他们用数值模拟的结果来训练网络，用试验数据来识别损伤，得到了较为满意的分析结果。但他们的研究仅布置了一个测点，而且试验结构较为简单，仅对于复合材料板结构的损伤识别具有较大意义。郭健[76]针对桥梁结构健康监测具有实时性和数据量大的特点，提出了采用小波分析对实时测试数据进行分解和重构表达信号特征的方法，定义了损伤指标，并以一个发生损伤的两跨连续梁为例，对结构损伤进行了数值模拟，分析了在不同损伤位置及不同损伤率的情况下损伤指标系数的敏感性。小波分析将响应信号沿时间轴分解为一系列具有高分辨率的局部基函数方程（又叫小波，Wavelet），然后损伤所导致的响应扰动可以由基小波（Basis Wavelet）的变化反映出来。小波基函数有很多种，这是它优于Fourier三角基函数的方面，但由于每一种小波基函数都有自己的特性，采用不同的小波基进行结构的损伤识别研究，其效果也有所不同，用一种小波基为手段去分析不同的问题不是上策。因此，对一个具体问题选用何种小波基函数，是一项值得深入研究的课题。

2. 基于HHT方法

希尔伯特-黄变换（Hilbert-Huang Transform，HHT）是由美籍华裔Norden E.Huang教授于1998年的一次国际会议上提出的一种新的处理非平稳信号的方法。它是一种两步骤信号处理方法，首先用经验模态分解方法（Empirical Mode Decomposition，EMD）获得有限数目的固有模态函数（Intrinsic Mode Function，IMF），然后再利用Hilbert变换和瞬时频率方法获得信号的时-频谱——Hilbert谱。该方法从本质上讲是对一个信号进行平稳化处理，其结果是将信号中不同尺度的波动或趋势逐级分解开来，产生具有不同特征尺度的数据系列，因此基于这些分量进行的Hilbert变换得到的结果能够反映真实的物理过程，即信号能量在空间（或时间）各种尺度上的分布规律。Huang[77]分析了1999年中国台湾地区Chi-Chi地震TCU 129台站的加速度记录，提出HHT处理地震加速度记录所得到的Hilbert谱能够精确地刻画地震动能量在时频平面的分布的特点，这种特点在对结构具有潜在破坏性的低频范围内尤为突出。Zhang等[78]分析了美国德克萨斯州的TRR大桥两个子结构现场振动试验结果，并且提出了一种基于HHT方法的结构损伤检测方法，与其他传统方法相比，该方法具有两个特点：①它需要传感器的数量少，而且不需要结构破坏前的数据，这使得数据的采集非常简单、有效；②它使用HHT方法分析数据并揭示结构振动记录中不同固有振动模态的能量时频分布的变化，这使该方法对于某一特定固有模态相关的结构局部破坏非常的敏感，从而能够识别结构的局部破坏。Yang等[79]提出两种基于HHT变换的结构损伤识别方法：①利用EMD分解加速度响应信号，通过IMF的突变来识别损伤时刻和位置，该方法受噪声影响较大；②根据EMD分解和HHT变换获取Hilbert谱，利用谱频率的突变来识别损伤时刻和获取损伤前后的频率和阻尼比，此方法抗噪性能较强。Lin等[80]对由国际结构控制协会与美国土木工程学会（IASC-ASCE）提出的Benchmark框架结构模型进行损伤识别，结合NExT技术（Natural Excitation Technique）和HHT方法处理结构的振动响应，获得结构模态参数和刚度矩阵，利用刚度矩阵的变化可以有效识别损伤，且抗噪能力较强。由于损伤结构的振动将表现为一定的非线性，作为能够处理非线性非平稳信号的算法，HHT在识别结构损伤方面有一定的优势，但HHT主要识别结构的突然损伤时刻和位置，对于累计损伤尚难以识别，一般需要与其他算法相结合才能识别损伤程度。

1.2.6 其他新分析方法在损伤识别中的应用

1. 基于子结构的损伤识别方法

子结构识别算法结合子结构技术和结构系统识别方法，用以解决大型复杂结构系统识别问题，将大型结构分成若干个适合控制管理的子结构进行分析，提高了算法的收敛速度和准确性。对于大型复杂结构，很难利用有限测点进行整体结构的损伤识别，但有时候只需关注其中若干关键的局部子结构，因此只利用局部测点响应实现对子结构损伤的准确识别，具有重要的实际意义。将子结构方法应用于大型复杂土木工程结构系统识别或损伤识别有如下优势：①各子结构可以采用不同的方法独立分析、独立存储，并行计算；②将对整体结构的分析转换为对独立子结构的分析，不仅减少结构识别过程中模型的存储空间，而且减少模型分析时间，从而降低对分析计算设备的需求；③独立子结构识别参数的数量远小于整体结构识别参数的数量，从而加速识别过程的收敛，提高计算效率。

Park等[81]、Reich等[82]将整体结构的柔度矩阵分解成多个子结构的柔度矩阵，再由其柔度矩阵的变化定位损伤。Weng等[83]提出一种基于逆向子结构的损伤识别方法，该方法建立了整体结构与独立子结构之间的关系，将整体结构模态参数分解为独立子结构模态参数，利用子结构柔度矩阵建立以频率和振型为损伤指标的子结构损伤识别方法。通过数值算例和试验验证了该子结构识别方法的精度和效率。Koh和Shankar[84]将子结构技术和结构的时域识别方法（EK-WGI）结合起来对结构参数进行识别，这种时域子结构方法加快识别参数的收敛速度，极大地减小了计算时间。Yun和Lee[85]采用序列预测误差法和自回归随机输入下的移动平均模型（ARMAX）在时域内进行子结构物理参数识别。随后Yun和Bahng[86]利用神经网络技术（频率和振型作为神经网络的输入模式）对拥有众多未知参数的大型结构进行子结构系统识别。

子结构识别算法属于结构系统识别的范畴，由于传感器数量的限制和场地实地测量的困难，输出信息的不完备对子结构参数识别也是需要解决的难题。通常情况下，子结构识别算法需要测量相邻子结构之间的界面响应，作为所计算的目标子结构的等效输入，然而实际工程情况中一般不能获取全部的界面响应测量值，特别是转角自由度的测量值。许多学者就解决这一问题作了一系列的研究，例如，Koh和Shankar[84]提出了通过在频域内子结构在相同动力荷载作用下不同组的测量值来消除界面力，然后利用GA算法对结构参数进行识别。Li等[87]提出了基于频响函数的结构动力响应重构方法，并将传递函数的概念扩展到小波域内，利用基于灵敏度分析的模型修正方法进行子结构损伤识别，通过响应重构技术不需要子结构间的界面响应或界面力的测量信息。Hou等[70]利用虚拟变形法（VDM）和力的扭转将目标子结构从整体结构中隔离出来成为约束子结构，作为独立结构的约束子结构可采用整体结构的系统识别方法进行识别。张青霞等[88]针对大型土木结构损伤识别优化效率低的问题，提出了子结构虚拟变形方法。该方法利用子结构的特征变形模拟子结构的损伤，扩展了虚拟变形方法的适用范围，可以将方法更有效地应用于实际复杂结构。雷鹰等[89]提出一种适用于大型结构在激励与响应部分观测情况下进行结构损伤诊断的方法，相邻子结构间的作用，视为对子结构的"附加未知激励"，依次采用扩展卡尔曼估计和最小二乘估计识别扩展状态向量和未知外部激励，在子结构界面响应未观测的情况下，对各子结构的单元动力参数分别进行识别。林湘等[90]基于子结构的有限元模型，把子结构技术与分解反演算法相结合，通过引入广义逆，直接求得系统参数的极小范数最小二乘解。在不经过迭代计算的情况下，可一次完成非线性参数系统的参数识别和荷载反演，特别适用于大型现役结构的损伤检测。张坤[91]利用动力响应对结构参数和等效力正交参数的联合灵敏度矩阵实现了子结构损伤和外界输入力以及界面力的同步识别。

2. 卡尔曼滤波法

卡尔曼（R.E.Kalman）于1960年首先提出基于状态方程和测量方程完整描述的线性结构系统运动过程，并引入可控性和可观性的概念，称为卡尔曼滤波法。卡尔曼滤波理论以状态方程为其数学工具，主要内容包括多变量控制、最优控制与估计以及自适应控制，该方法基于系统的输入和输出数据，可以预测满足系统状态方程的状态变量，识别出时变结构的物理参数，是一种线性的、基于模型的、统计递归的时域方法。1970年，Jazwinski[92]提出了扩展卡尔曼滤波方法（Extended Karlman Filter，EKF）并将其应用至系统识别研究之中。周丽等[93]通过对一个3层框架结构的实验，分析了自适应卡尔曼滤波方法在结构损伤识别中的有效性和准确性。研究结果表明，自适应卡尔曼滤波方法能够有效地追踪结构参数的变化，从而识别出结构的损伤，包括损伤的位置、程度和发生时刻。杜飞平等[94]以传统卡尔曼滤波理论为基础，得到了基于衰减记忆的广义卡尔曼滤波算法公式，利用该算法对所得到的地震响应信号进行分析，辨识结构的参数，并从中判断结构损伤发生的时刻、位置及程度，改善了广义卡尔曼滤波的效果。雷鹰和李青[95]通过一个6层钢框架试验表明采用静力凝聚和扩展卡尔曼滤波算法相结合的算法可准确识别出地震激励下梁柱节点损伤的位置和程度。

3. 统计学分析方法

统计学分析方法作为数据处理的工具在损伤识别中一直得到了很大的重视，其中自回归模型分析、时序分析、贝叶斯理论分析等在结构损伤识别中应用较多。总的来讲，基于统计分析方法是以大量具有先天不确定性的信号为基础的，统计模型的确定需要较多的试验验证和先验知识[96]。Katafygiotis等[97]用贝叶斯理论来分析结构测试数据，应用贝叶斯概率框架进行模型修正，并用分析实例验证了该方法。Sohn等[98]人在结构健康监测中用一个统计过程控制技术来实现基于振动的损伤识别，他们根据未损结构时程测试数据建立一个自回归模型（AR Model），拟合出模型系数，当新的测试数据超出模型控制范围时，在概率意义上认为结构发生了损伤。

1.3 土木工程结构损伤探测方法与技术

1.3.1 传统的土木工程结构损伤探测方法

传统的结构损伤探测方法主要包括外观检查、无破损或微破损检测、现场荷载试验以及在特殊情况下进行抽样破坏性试验等。破坏性损伤检测方法由于会对结构造成或多或少的影响，已基本上被非破损检测方法（NDT）所取代。但是很多非破损检测方法需要人工现场操作，在人员不宜到达的结构隐蔽部位开展工作有相当的难度，因此难以获得结构的全面信息，而且检查结果的准确程度往往依赖于检查者的工程经验和主观判断，难以对结构的安全储备及退化途径做出客观而系统的评估。

结构的损伤可能由下列几种因素导致：组成材料发生了不可逆转的改变（如钢筋的锈蚀、混凝土的侵蚀）、物理形态发生改变（如塑性变形、屈曲变形）、结构完整性发生变化（如结构出现裂缝、构件连接失效）等，这些变化会对结构的整体性能产生有害的影响，可以定义为结构的损伤。在结构损伤识别时，可以将这些不同的损伤形式转化为结构整体或局部的刚度降低，这样有利于统一评估损伤状况。根据已有的成果，结构损伤识别大致可分为四个层次：判断结构是否发生了损伤；识别结构损伤发生的位置；确定结构的损伤程度；评估结构的健康状况及剩余寿命。目前，通过国内外众多学者的研究，结构损伤识别已经取得大量成果，对于第一层次，几乎所有方法都能比较容易实现；对于第四层次，在实现了前三个层次的前提下，自然水到渠成。因此，最困难也是最核心的是第二和第三层次，这里吸引了大量专家学者的目光。

结构响应反映了结构的特性，是结构物理参数的函数；一旦结构发生损伤，其物理参数（如：刚度、阻尼等）必然发生变化，这些变化又引起结构响应的改变。因此，如何能够准确地测量结构的响应信号，如何从这些测试数据中提取反映结构特性的信息，如何利用这些信息识别结构损伤，成为结构损伤识别的关键。由此可见，结构损伤识别以测试数据为基础，所有的识别方法、理论、技术的对象都是测试数据，即结构的响应信号。从测试数据类型上可以把结构损伤识别分为基于静态测量数据的结构损伤识别方法和基于动态测量数据的结构损伤识别方法。

1.3.2 土木工程结构整体损伤探测方法

1. 基于静态测量数据的结构损伤探测方法

基于静态测量数据的结构损伤探测方法是以静态测量数据（如静态位移、应变等）为基础，识别结构损伤，基于动态测量数据的结构损伤识别方法则是利用动态测量数据（如加速度、位移、动应变等）对损伤进行识别。静态损伤识别方法主要存在以下一些问题：①相比于动态测量数据而言，静态测量数据包含的结构信息量少，因此，利用静态测量数据识别结构损伤难以得到理想的识别结果；②由于静态加载工况有限，可能导致在某个载荷工况作用下，对结构变形影响很小的那些损伤构件难以识别；③由于测量数据是静态的，在测量时一般要求中断结构的正常使用；④一般情况下，静态测量只能在现场进行间断测量，不能对现役结构实施连续的测量，因此，基于静态测量数据的损伤识别方法只能用于检测结构的损伤，而不能对结构进行实时的、在线的健康监测；⑤由于静态测量需要特别的静态加载设备，一般还需进行多种荷载工况实验，费时费力；⑥通过静态测试数据不能得到结构的模态特性，例如，固有频率、阻尼、振型等，迄今为止，大部分损伤识别研究基于这些参数，另外，这些参数也是衡量结构模型的正确与否的重要依据。

2. 基于动态测量数据的结构损伤探测方法

相对于基于静态测量数据的结构损伤识别方法而言，基于动态测量数据的结构损伤识别方法由于测量信息量大，可以实施实时、在线测试，无需中断结构的正常使用，因此广泛应用于结构的损伤检测与健康监测中。基于此，动态损伤识别方法受到广大科研工作者和工程技术人员的关注和青睐，在过去的20多年里得到快速发展和广泛应用，其中，基于振动的频域损伤识别方法尤为突出，在整个损伤识别研究领域占据了主导地位。频率损伤识别方法利用结构的动态测试数据分析得到频域参数，包括频响函数、模态参数（模态频率、振型、阻尼等）及它们的导出量（柔度矩阵、振型斜率、振型曲率、模态保证准则等），再直接利用这些指标进行结构损伤识别，或将这些指标与模型修正、智能优化等方法结合起来识别损伤。

1.3.3　土木工程结构局部损伤探测方法

智能材料的发展为土木工程结构长期、实时的健康监测提供了新的途径。这些智能材料具有传感、驱动，或者两者兼有的功能，能够与工程结构融为一体，组成智能健康监测系统。智能健康监测系统的基本要素之一是智能传感器。好的传感器应该具有高效，耐久性良好，成本低廉，与主体结构协同工作性良好等性能。智能材料的出现，比如压电材料、磁致伸缩材料、形状记忆材料、光导纤维、导电高分子材料等，为健康监测注入了新的血液。由于智能材料在损伤检测和识别中显现出非常优越的特性，大量研究正着眼于将智能传感器技术融入健康监测系统中。智能材料品种多、功效高，能安放在结构的任何位置，比如结构中的隙缝或人员不宜到达的地方，来实现各种类型结构在各种环境下的主动或被动监测。主动检测方法和被动监测方法作为损伤检测的两种主要方法，它们的区别在于有无输入信号：被动监测系统不对结构输入激发信号，只是测量传感器在荷载和环境效应作用下的结构响应；而主动监测系统可由激发器以设定的信号对结构进行激发，再由传感器接收结构响应。采用主动监测方法有很多优势：可以在任何必要的时候进行在线监测，而无须持续监测，因此更节省能源；可以针对结构损伤的敏感参数优化传感器布置和改变激励信号，由于输入信号已知，接收信号与输入信号的对比更具针对性，能更直接地反应结构物理性质的改变，比如动弹模或损伤程度。用传感器进行主动监测分为四个阶段：①产生激励信号激发结构；②信号在结构中传播；③传感器进行信号测量；④信号分析。被动监测主要应用于结构整体损伤识别，而主动监测能够进行局部损伤诊断。以下介绍两种主要的主动的结构安全监测方法。

1. 基于压电陶瓷的损伤探测

PZT压电陶瓷由于对初始损伤敏感，近年来获得了长足发展，为结构的非破坏性评估（Nondestructive Evaluation，NDE）提供了一种新途径。PZT压电陶瓷是压电材料中应用最多的品种之一，它具有自然频率高、频响范围宽、功耗低、稳定性好、重复使用性能好、较好的线性关系、输入输出均为电信号、可操作温度范围广、易于测量和控制等特点。作为传感器，它的工作频率相当高，远远超过结构的自然频率，加上质量轻，对本体结构影响很小，可以粘贴在已有结构的表面或埋入新建结构的内部对结构进行监测。利用压电智能材料作为传感器和驱动器对结构进行损伤识别与健康监测近年来一直受到国内外研究者们的关注，早期的研究主要集中在航空和机械领域。利用压电材料实现结构损伤检测的方法主要有三种：①利用压电材料作为应变传感器来检测结构的微小应变来识别损伤。如Dilena等[99]学者用PZT元件来感测结构应变变化，并通过进一步分析预测结构的损伤。Keisuke 和 Shiro[100]则研究了用压电聚合物（如PVDF）作为传感器来测量结构构件平面静应变的可行性，结果证明该方法是可行的，而且测量精度很高。在国内，以重庆大学黄尚廉院士为代表的学者在这一领域开展了一系列的研究，并且把压电应变传感技术应用到土木工程结构健康监测领域，取得了一定的成果[101~103]。②压电材料的另一类应用主要是波动检测方法。该方法采用压电材料分别作为驱动器和传感器来激发和接受声波或超声波，典型的有平面Lamb波。由于损伤的散射效应会引起声波信号的衰减，因而通过分析结构损伤前后传感器信号的差异来识别缺陷。波动检测方法也是目前基于压电智能材料的结构健康监测研究方向之一。③利用压电阻抗技术来进行结构健康监测。压电阻抗是结构的动态阻抗信息在PZT压电阻抗上的反映，结构的微变使得PZT电阻抗发生变化，反之，可由电阻抗的信息得知结构的变化情况，统计归纳电阻抗信息能得出结构的变化趋势，如裂纹扩展等。压电阻抗技术的优点是对结构出现的小损伤反应灵敏，有利于检测出结构初期故障，而且压电阻抗技术中常使用的压电材料PZT只对其附近局部范围内的变化敏感，有助于分离出结构整体的质量加载、结构刚度和边界条件变化与PZT附近结构损伤对测量结果的影响，所以这种技术适用于跟踪监测那些对结构完整性要求严格或对结构寿命影响很大且损伤不容易检测的薄弱环节。

2. 声–超声技术

传统的超声脉冲回波法能快速地检测缺陷，但要把检测结果相关成被测件的性能很困难；声发射技术能用来鉴定材料的整体性，但检测时必须把材料结构置于一定的压力环境中，这对于某些成品构件和装配好的产品来说是不现实的，而且其检测结果多数是获得与强度有关的定性数据。所以近年来，在超声检测和声发射检测的基础上发展起来了一种新的检测方法——声–超声检测技术。它是一种能部分反映材料的总体损伤、能监视损伤发展和提供定量参数的检测方法。因为传输通道上总的损伤状态会影响其所发射的超声脉冲调制信号的传播，所以会对调制信号产生影响。声发射传感器接收到传来的被损伤状态影响的调制信号，然后进行一定的处理与分析，这样就能得到在声–超声信号传播路径上复合材料总体损伤的判别。这种方法在探测衰减很大的各向异性复合材料胶接结构形式的机械力学性能方面尤有意义。声–超声技术检测时需要两个能转换器，一个用于发射，另一个用于接收。它的信号分析主要有两种方法：一种是应力波因子分析方法，它主要是根据缺陷部位对能量的衰减作用来进行材料性能的判别；另一种是现在正在加紧研究的频谱分析方法，它不但通过时域来分析信号，而且还在频域对信号进行分析，会对声信号的散射、衰减和模式变换的影响进行全面分析，提供较详细的检测信息。

1.4 土木工程结构安全评估方法与技术

20世纪80年代初期，安全系统工程引入我国，受到许多大中型企业和行业管理部门的高度重视，机械、冶金、化工、航空、航天等行业的有关企业开始应用安全检查表（Safety Checklist，SCL）、故障树分析（Fault Tree Analysis，FTA）及预先危险性分析（Preliminary Hazard Analysis，PHA）等多种安全分析评估方法。1986年，原劳动人事部分别向有关科研单位下达了机械工厂危险程度分级、化工厂危险程度分级、冶金工厂危险程度分级等科研项目以推动和促进安全评估方法在我国企业安全管理中的实践和应用。1988年1月1日，原机械电子部颁布了第一部安全评估标准《机械工厂安全性评估标准》，并于1997年进行了修订。1991年，国家"八五"科技攻关课题中，安全评估方法研究列为重点攻关项目。2003年3月31日，国家安全生产监督管理局根据《中华人民共和国安全生产法》有关规定编制印发了《安全评估通则》，以规范安全评估行为，确保安全评估的科学性、公正性和严肃性。国内外有关安全评估的研究与应用领域主要包括化工、机械、冶金、矿山企业的生产、管理，航空航天领域、高层建筑、水库大坝等的建设、管理等方面，近年来安全评估的内容更多地涉及人们工作、生活安全的各个方面。

1.4.1 基于外观调查的评估方法

结构安全评估的最简单的方法就是根据外观调查进行安全评定，主要是由有经验的技术人员对结构进行详细检查，根据用文字描述的定性和定量检测结果对结构质量进行分类、评分。目前在评分标准、方法上已有大量的研究，此类评定技术已逐渐成熟，其主要根据的仍是大量的定量信息和检测工程师的经验，不同评定者有可能得出不同甚至截然相反的结论。这类方法的局限性在于：①隐蔽结构很难甚至无法进行检查；②评定方法的效能往往与检查人员的经验和知识密切相关；③从结构局部位置得到的结果并不能反映全部结构性能；④必须设置较多的测量点以便获取全部结构性能；⑤该类评定方法费时、费力、代价昂贵。

1.4.2 专家经验评定法

根据解决问题的方式，专家经验评定方法又可分为专家系统和专家意见调查两种类型。专家系统是用计算机模拟有经验专家的决策机理，对损伤的结构进行综合评估。专家意见调查，是指直接收集、分析、归纳专家意见，对结构的安全性能做出评估的方法。在土木工程领域，无论是在设计、施工还是管理方面，均存在一些不确定的因素或理论研究还未涉及的因素，这些因素大多难以用数值模型进行计算，但采用专家经验评定法可以得到很好的解决。专家系统在评估方面的应用，国内外做了大量的研究，并研制了一些评估专家系统。同济大学研发的"桥梁安全性与耐久性评定的神经网络专家系统"，正是综合了专家经验法、层次分析法、模糊理论与综合评定法的知识开发出来的。

1.4.3 层次分析与模糊综合评估法

1. 层次分析法

作为安全评估的层次分析方法认为，影响结构安全性的因素非常多，有主因有从因，但其又相互制约。有些因素影响虽小，但积累到一定的程度就会由量变引发质变，从而危及整个结构的使用状况。所以结构的安全性评估不能单纯地考虑重要构件，也要兼顾次要构件，以及它们的共同作用对结构的影响。但也不能主次不分，使评估工作量大而繁杂。采用层次分析得到各个构件重要程度及相互影响的关系，通过多级模糊评判及打分法，简化量大繁杂的评估工作，科学、简捷而又实用。

2. 模糊综合评估法

为考虑多种因素对结构安全性的影响，将影响因素分为施工质量、材料和环境等三个方面及多个影响因素，建立评价结构安全性的指标体系，对各因素分别建立其对结构安全性影响的隶属函数，把模糊数学与层次分析法结合起来，应用模糊数学进行单因素评价，用层次分析法计算确定各层次因素间相对权重，最后对结构各个构件进行模糊综合评价。许多学者将模糊综合评价方法运用到土木工程结构物的健康评价当中来。禹智涛和韩大建[104]将桥梁可靠性（包括安全性、耐久性和适用性）影响因素类型按照结构的三个组成部分——上部结构、下部结构以及桥面铺装进行分类和细化，并按照层次分析法得到评价体系，通过构建隶属函数和考虑权重构建模糊评价模型，最终形成了桥梁可靠性模糊综合评价方法。马福恒等[105]选取混凝土大坝安全性的影响因素，通过层次分析法构建评价体系，并根据常年的监控数据得到各因素的概率分布函数，依此为依据确定各因素与各等级之间的隶属函数，计算得到判定矩阵，根据专家意见综合大坝实际情况确定各因素权重值，选取大模糊算子计算各因素对应各个健康等级的隶属度，并依据最大隶属原则判定最终的整体健康等级。

1.4.4 基于设计规范的评估方法

国内外的结构设计规范普遍依据结构可靠度理论对结构的可靠性进行评估。结构失效用两类极限状态表示：承载能力极限状态和正常使用极限状态。具体实现方法有两种：其一是直接计算结构的可靠指标，与目标可靠指标进行对比；其二是应用基于可靠度的结构评估规范。对于重要、复杂结构可应用直接计算方法，其主要的工作包括失效模式、结构分析模型、荷载和抗力模型、目标可靠度的确定，以及可靠指标的计算和结构安全判别等。

基于设计规范的评定方法以分析计算为主，通过对实体结构进行详尽的外观调查，以及设计、施工、维修和加固资料的收集整理，根据设计规范的计算理论来分析结构的损伤状况。这种方法易为评估者接受和理解，但在对结构失效模式的判断以及对结构非线性的处理上存在一定的困难，另外，还有必要对设计准则的调整、安全系数的取值、结构损伤的确定以及分析方法的选择等做进一步的研究。

1.4.5 基于损伤力学和疲劳断裂的评估方法

作为固体力学分支学科的损伤力学主要研究固体材料在荷载作用下性能衰减的机理和规律，并且往往是通过力学变量的变化来表征损伤过程中的性能衰退。损伤力学引入多层次的缺陷几何结构，在材料的宏观元中引入细观或微观的缺陷结构，试图在材料细观结构的演化和宏观力学响应之间建立起某种联系，对材料的本构行为进行宏观、细观、微观相结合的描述。这种研究正在成为追踪材料从变形、损伤到失稳或破坏的全过程的。损伤力学认为材料内部某点出现损伤是由于该点的应变值超过了门槛值，所造成的变形不能愈合，由此带来能量耗散。目前，损伤力学在复合材料中应用比较成功，但用损伤能量释放率来评定混凝土材料的失效，尚需更细致的试验和理论研究。

断裂力学是近几十年才发展起来的一门新兴学科，它从宏观的连续介质力学的角度出发，研究含缺陷或裂纹的物体在外界条件（荷载、温度、介质腐蚀、中子辐射等）作用下宏观裂纹的扩展、失稳开裂、传播和止裂规律。疲劳是用来表达材料或构件在循环荷载作用下产生的损伤和破坏的专业术语。金属材料的疲劳是金属构件工作过程中由于循环荷载引起的局部损伤的过程。循环加载期间，零部件会在最高应力区域发生局部塑性变形，这种塑性变形会引起零件的永久损伤，萌生疲劳裂纹，导致裂纹扩展。随着零件所承受的加载循环次数不断增加，裂纹长度（损伤）随之增加，在达到一定的循环次数之后，裂纹将导致零件失效（断裂）。相比于损伤力学，断裂力学在钢结构安全评定中的应用则成熟得多。其原因除了弹塑性断裂力学分析技术已经比较成熟外，主要是钢结构的失效大多是由一条主裂纹失稳增长而造成的，并且钢结构设计也比较多地考虑了线性损伤累积规则，这与断裂力学的理论基础是一致的。也有人提出将损伤力学和断裂力学结合起来进行安全评估，用损伤力学去解决断裂力学无法估算疲劳寿命的问题，仍用断裂力学去估算裂纹的扩展寿命。

1.4.6 基于概率的安全评估法

概率安全评估（Probabilistic Safety Assessment，PSA）采用基于事故场景的思路研究实际系统，通过综合运用多种技术，分析系统的危险状态、潜在的事故可能发生和发展的过程以及各种危险因素导致事故的发生概率，从而在系统的设计、制造、使用和维护过程中有力地支持安全风险的管理决策。概率安全评估是一种定性与定量相结合，以定量评估为主的工作。在进行定量评估之前，需要做很多辅助性的工作，如识别初始事件、确定可能后果等，其中所需要用到的有主逻辑框图（Master Logic Diagrams，MLD）、SCL、预先危险性分析（PHA）、失效模式影响及危害度分析（Failure Mode，Effect and Criticality Analysis，FMECA）、危险与运行性研究（Hazard and Operability Study，HAZOP）等几种有效方法。概率安全评估方法主要分为静态评估方法和动态评估方法两大类。

1. 静态评估方法

静态评估方法分为事件树或故障树方法（Event Tree/Fault Tree，ET/FT）、基于二元决策图（Binary Decision Diagrams，BDD）和基于贝叶斯网络的安全评估方法。

事件树或故障树方法是目前最常用的概率安全评估方法。该方法首先要建立描述事故发展过程的事件树，并利用故障树对事件树中的各个安全环节进行建模；然后采用布尔逻辑函数来描述各个事件序列，计算发生概率；最后通过综合相应事件序列的概率得到各后果发生的概率。由于在计算过程中需要首先将布尔表达式不交化，求解最小割集，然后才能计算各事件序列发生的概率，因此事件树或故障树方法在本质上是一种基于割集的评估方法，该方法具有简单直观、容易理解的特点，但也存在如下明显的不足：

（1）对于大型系统，由于基本事件和最小割集数量庞大，必须进行近似和截断，从而会导致评估结果、基本事件的重要度大小及排序存在偏差；

（2）对重要度的定义仅适用于单调系统，并不适用于一般系统；

（3）目前的事件树或故障树方法还仅限于分析单调系统，对于非单调系统难以操作；

（4）尽管多态事件树和多态故障树均已有所研究，但如何将两者结合以解决多态系统概率安全评估仍然是一个难题。

基于BDD的安全评估方法最早应用于数字电路测试，1993年，Coudert等[106]将BDD引入故障树分析，给出了一种基于BDD的割集求解方法，并开发了软件MetaPrime。Rauzy等[107]研究了基于BDD的故障树分析方法，并指出节点的顺序直接影响到转化后的BDD规模的大小以及定性定量计算的效率。此后很多学者致力于寻求最优或近似最优的BDD节点排序算法。Dutuit等[108]研究了基于BDD的部件、逻辑门重要度以及联合重要度计算方法，提出可以采用BDD来求解大型事件树，但并未给出具体的算法和实例。Andrews等[109]在综合已有研究成果的基础上，给出了一种基于BDD的概率安全评估方法。该方法首先将各安全环节的故障树和成功树转化为BDD；然后将每一事件序列中各安全环节状态对应的BDD进行整合得到该事件序列对应的BDD，并利用BDD计算事件序列出现的概率；最后通过综合所有相应事件序列的概率得到各后果发生的概率。基于BDD的概率安全评估方法最大的不足在于计算效率与BDD节点的顺序存在显著的关联关系，而寻求最优或近似最优的BDD节点顺序却是异常困难的。

贝叶斯网络技术具备描述事件多态性和故障逻辑关系非确定性的能力，既能用于推理，还能用于诊断，非常适合于安全性分析。Bobbio等[110]研究了故障树向贝叶斯网络的转化，并通过一个冗余多处理器系统的实例对二者的建模能力进行了比较。伦敦城市大学软件可靠中心研究了基于贝叶斯网络的核电站软件系统安全性评估框架，但却没有给出具体的方法。周忠宝[111]提出了一种基于静态贝叶斯网络的概率安全评估方法，首先将事件树和故障树分别转化为贝叶斯网络，然后按照一定的规则进行整合，最后对整合的贝叶斯网络进行分析。通过对NASA航天飞机运载器丢失的分析表明，该方法无须计算最小割集，能够有效地提高计算效率，而且还能获得其他有价值的信息。更为重要的是，该方法不仅适用于二态系统，还适用于非单调系统、多态系统以及存在非确定型逻辑关系的复杂系统，有很强的建模分析能力。基于贝叶斯网络的概率安全评估方法的不足在于其推理效率与网络连接的复杂度密切相关。近年来出现的各种近似推理算法为解决这一难题提供了可行的思路。

2. 动态评估方法

事件树或故障树等静态方法是目前最常用的概率安全评估方法，但对于动态系统，尤其是存在过程变量的动态复杂系统，虽然静态方法可以引入正确的失效逻辑，但不能为正确地计算动态事件序列发生概率提供足够的信息，也不能用于估计序列最终状态到达时间的分布。基于上述原因，各种动态概率安全评估方法应运而生，其中，动态方法主要包括：GO-FLOW、Petri网、Markov状态转移法、连续事件树（Continuous Event Tree，CET）、动态逻辑分析法（Dynamic Logic Analytical Methodology，DYLAM）、动态事件树（Dynamic Event Tree，DET）、事件序列图（Event Sequence Diagrams，ESD）等。动态评估方法中用到的基本方法与静态评估方法类似，通过在静态分析法中植入时间变量，考虑动态变化过程。

1.5 大型土木结构"健康精准体检"新技术体系

土木工程结构损伤探测与安全评估方法已经取得了长足的发展。在损伤探测方面，研发了各类新型局部探测仪器，利用高频波和低频波在钢筋混凝土中的传播特性，在一定程度上能探测到均匀结构内部的变化；在损伤识别方面，针对不同类型的结构提出了多种损伤指标和损伤识别方法；在安全评估方面，遵循主观判断和客观规律建立了较客观的评价体系。然而，大型结构体量大、形式复杂、检测环境恶劣，这些方法和技术在应用于大型实际工程中面临许多难题，导致现有技术和装备无法实现结构内部损伤精准探测和整体安全精确诊断评估。①结构内部传感器安装难且耐久性差。既有结构无法内埋传感器，而新建结构内埋传感器成活率低、耐久性差。许多大型土木结构在施工期安装了健康监测系统，施工期预埋的传感器在使用期存活率约一半左右。更重要的是，重要结构设计年限一般为100年而传感器寿命20年，待结构进入"中老年期"需要关注安全状况的时候，多数传感器已损坏，广泛应用的健康监测系统无法全寿命期记录结构安全状况。②恶劣环境下大型结构检测难。长大跨桥梁跨越江、海、峡谷，由于强风等恶劣环境及全天候车流运行，高墩、高塔、桥面板底部及超长斜拉索等关键区域无法接近、探测困难；超高层建筑高度几百米，人工检测危险且很多区域无法接近。③结构内部微损伤精准探测难。土木工程材料（钢筋混凝土、钢绞线等）为各向异性非匀质材料，在荷载、环境等复杂因素影响下，现有外置传感器工作频率低、超声等外部探测受环境噪声影响大，不能实现内部微损伤的精准识别。④结构整体损伤精确诊断难。土木工程结构体量大、病害多，各局部损伤对结构整体性能影响差异大（关键区域的微小损伤将威胁整体结构安全），主次区域不清晰。因此，以整体模型为对象的损伤识别方法无法精确诊断评估结构安全状况。

土木工程结构"健康精准体检"技术，与人类健康体检体系类似，通过关键区域微米级损伤精准探测实现整体安全精确诊断评估，包括依据关键区域精准探伤信息的整体结构安全精确诊断评估方法、混凝土内部微裂缝压电智能精准探测、结构体内部钢损伤磁电智能精准探测技术。该"健康精准体检"技术无须内埋传感器即可精准探测结构内部微损伤，仅需关键区域探伤信息即可精确诊断评估结构安全性能，全寿命期记录并动态评估长大跨桥梁各个时期安全状况。从根本上解决了整体结构安全精确诊断评估难、恶劣环境下桥梁检测难、内埋传感器难且耐久性低、内部微损伤探测精度低等技术难题。"健康精准体检"技术将具体介绍如下三方面内容：

（1）区域子结构—整体结构安全诊断评估方法：首先，依据整体结构与独立子结构的动态相似原理及力平衡、位移协调模式，建立区域子结构与整体结构特征参数的定量关系；然后，依据基于子结构的动态灵敏度及其概率分布，科学地划分子结构并确定大型土木工程关键区域；最后，建立基于关键区域子结构模型修正的整体结构损伤识别方法和结构安全数字化评估方法。通过集成大型土木工程全寿命期区域探伤数据和整体安全性能的数据库云平台，实现大型结构多情境区域探测、全过程安全诊断、长寿命动态评估。

（2）混凝土内部微裂缝压电智能精准探测技术：首先，基于表面粘贴式PZT与胶粘剂、多相非均质混凝土材料的作用机理，建立表征三者复杂机电耦合作用的"压电片—粘结层—主体结构"耦合动力阻抗模型和具有统计特性的损伤指标；然后，对PZT传感器采用基于水泥基—本征型防水封装材料进行封装，对测量的阻抗数据采用基于神经网络的温度和拉力补偿技术，获取高灵敏度的混凝土微裂缝压电阻抗测量方法；最后，通过无线便携式多参量同步测量阻抗数据解析仪，实现表面粘贴传感器精准探测混凝土内部微裂缝。

（3）结构体内部钢损伤磁电智能精准探测技术：首先，本书将论述各向异性、非匀质钢（钢绞线等）的自磁化现象和双层C型开环通电导线的电磁聚控物理原理，阐述新型C型开环电流的空间域磁场的聚集和调控特性，并介绍作者在此基础上研发的开环式电磁磁化装置；然后，通过各向异性、非匀质钢缺陷漏磁场受背景磁场排挤而缩小的磁压缩现象，阐述磁真空泄漏漏磁检测技术，用于钢筋混凝土结构体的内部钢筋、斜拉索套管综合体的内部钢丝探伤；最后，为了减少大型土木工程人工作业，本书将引入自适应调节系统的软轴驱动爬行机器人，用于恶劣环境下斜拉索、吊杆等钢构件的高效高精机器人爬行探伤。

土木工程结构"健康精准体检"技术，通过对关键区域损伤精准探测实现整体安全精确诊断评估，并充分利用无线传感和机器人技术，减少大型结构人工高空作业的危险。"健康精准体检"技术与传统的健康监测、人工检测相比具有如下优势：

（1）无须内埋传感器即可精准探测结构内部微损伤。现有健康监测系统需要内埋大量传感器，不仅花费大量的人力、物力成本，而且内埋传感器存活率低、耐久性差。新建工程内埋传感器在混凝土浇筑过程中很容易损坏，且损坏是不可修复的，初期存活的传感器在设计使用年限20年后也大部分损坏，结构中后期的安全保障无法关注。既有工程无法内埋传感器，导致难以建立健康监测系统。健康监测系统虽然在工作期内时刻关注结构状态，但是其有效工作期短、有效工作传感器少且位置固定，无法记录结构全寿命期的安全状态。"健康精准体检"技术通过外部设备定期高精度探测结构局部损伤，能实现全寿命期记录并动态评估结构安全状况。

（2）仅需关键区域探伤信息即可精确诊断评估结构安全性能。现有健康监测系统不分主次，对整体结构各个区域一视同仁地近乎均匀布置传感器，海量的监测数据导致数据采集、传输和分析存在各种困难，难以准确评估结构安全状况；人工检测对局部区域进行排查，通过经验或半经验方法评估整体结构状态，犹如"管中窥豹"难以准确掌握整体结构状况。"健康精准体检"技术通过科学方法确立关键区域，并建立关键区域与整体结构的定量关系，通过关键区域的精密探伤精确评价整体结构安全状况，精度高且效率高。

（3）恶劣环境下机器人高精高效探伤。土木工程体积庞大，现有人工检测方法很多是高空作业，例如高层建筑、桥梁的桥面板底部、桥塔、斜拉索等部位检测困难，一些危险区域甚至是放弃检测的。"健康精准体检"技术结合无线传感、机器人、云平台等技术，由机器人携带测量设备进入结构的关键区域，可保证恶劣环境下高精高效探伤。

因此，"健康精准体检"技术体系由局部精准探伤、区域安全诊断、整体安全动态评估构成，并融合新型无线传感和机器人探伤技术，不受环境因素影响精密探测关键区域内部微裂纹损伤，精确诊断整体结构损伤状态，并全寿命期动态评估结构安全。将从根本上解决了现有土木工程结构监测或检测方法中整体结构安全精确诊断评估可靠性差、恶劣环境下结构检测难、传感器无法记录结构全寿命期数据等一系列问题，是未来土木工程结构安全评估的重要途径。

CHAP
2

第 2 章

基于关键区域子结构探伤信息的
整体结构安全诊断方法

2.1 引言

精确的有限元模型是结构健康与安全评估、损伤识别以及动态分析的基础。作为结构无损评估的一种重要方法，有限元模型修正方法通过优化迭代过程、重复修正模型参数，使有限元模型的动态响应和实测响应相吻合，实现模型修正、损伤识别与健康监测。结构特征灵敏度是结构响应对结构物理参数的一阶偏导，给优化过程提供了一个快速的搜索方向。有限元模型修正过程是一个优化计算过程，结构的特征解和特征灵敏度矩阵需被反复地计算，大型土木工程结构通常有成千上万的自由度和未知的修正参数。传统的针对大型结构的模型修正需要耗费大量的计算时间和内存。

子结构方法能够非常高精、高效地处理大型结构，通过动态相似原理以及位移协调、力平衡条件，将对整体结构的分析转换为对独立子结构的分析。子结构灵敏度系数反映了局部区域对整体结构性能的影响大小，可以用来确定关键区域子结构。本章所论述大型土木工程中的正向子结构方法和逆向子结构方法，首先将整体结构划分成若干个独立的小的子结构，通过动态相似原理以及位移协调、力平衡条件建立整体结构与子结构关系模型；然后，推导基于子结构的动态响应和灵敏度计算方法，依据子结构灵敏度系数确定待修正的关键区域子结构；最后，以关键区域子结构为对象，完成基于子结构的有限元模型修正过程。子结构方法只需要重复计算分析少数局部子结构，避免对大型结构模型的重复计算分析，有效提高计算效率；子结构方法只需要依据结构局部关键区域子结构探伤信息诊断整体结构状况，这样意味着在实际监测中，只需要监测待修正关键区域的局部信息，避免了对整个结构进行监测，科学地减少了探伤区域，节约了试验成本。

2.2 基于有限元模型修正的结构损伤识别方法

有限元模型修正过程如图2-1所示。首先定义结构设计参数，建立有限元模型；然后通过比较模型模态参数和试验模态参数定义目标函数，并求解目标函数对修正参数的灵敏度矩阵；最后通过优化迭代过程，重复修正模型参数，使有限元模型的动态响应和现场测试响应吻合，实现结构的损伤识别[114, 115]。

结构的损伤会引起其刚度的改变，因此可采用模型修正的方法来实现结构的损伤诊断。基于有限元模型修正的损伤识别技术除能精确地识别结构的损伤位置外，

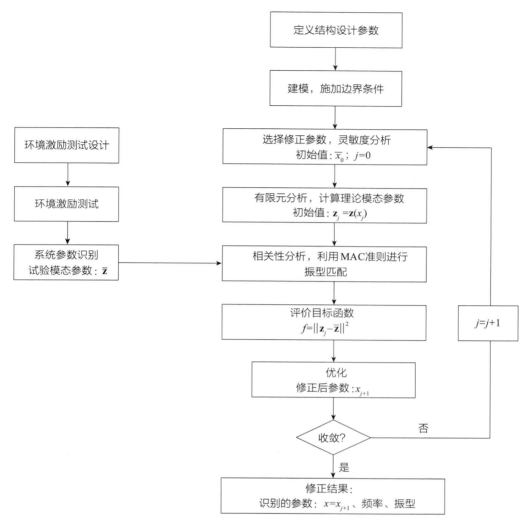

图2-1 有限元模型修正过程

还能根据单元刚度的变化对结构的损伤程度做出判断。通常将刚度选为损伤变量，来描述结构或构件的损伤程度。

基于有限元模型修正的损伤识别过程可用图2-2的两阶段模型修正方法来描述。第一阶段，首先通过实验或试验方法测得结构的试验模态参数，建立结构的有限元基准（未损）模型。同时为避免将初始有限元模型误差误判为损伤，需对原始的基准模型进行有限元修正，从而建立精确的有限元基准模型。第一阶段的模型修正主要针对原始有限元模型结构参数的不确定性，因此修正的参数包括刚度、质量、阻尼、支座约束等多种结构参数。第二阶段，在第一阶段修正后的有限元基准模型的基础上，通过实验或试验方法测得结构损伤后的试验模态参数，然后以损伤后结构

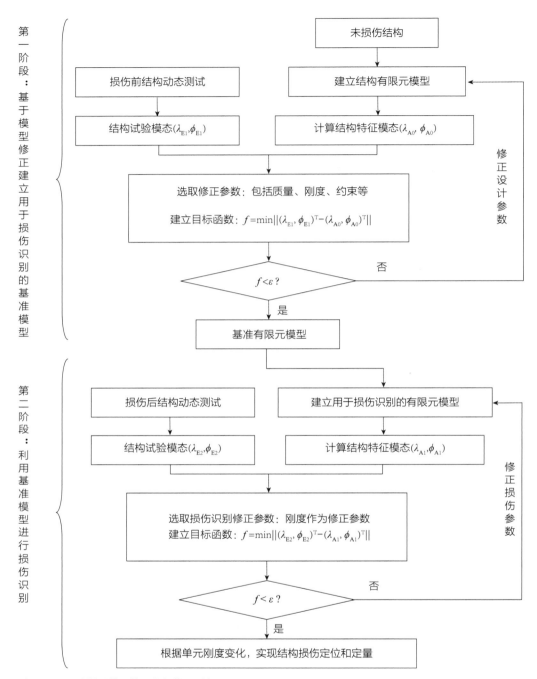

未损伤结构

损伤前结构动态测试

建立结构有限元模型

结构试验模态(λ_{E1}, ϕ_{E1})

计算结构特征模态(λ_{A0}, ϕ_{A0})

选取修正参数：包括质量、刚度、约束等

建立目标函数：$f = \min \|(\lambda_{E1}, \phi_{E1})^T - (\lambda_{A0}, \phi_{A0})^T\|$

$f < \varepsilon$?

否

修正设计参数

是

基准有限元模型

损伤后结构动态测试

建立用于损伤识别的有限元模型

结构试验模态(λ_{E2}, ϕ_{E2})

计算结构特征模态(λ_{A1}, ϕ_{A1})

选取损伤识别修正参数：刚度作为修正参数

建立目标函数：$f = \min \|(\lambda_{E2}, \phi_{E2})^T - (\lambda_{A1}, \phi_{A1})^T\|$

$f < \varepsilon$?

否

修正损伤参数

是

根据单元刚度变化，实现结构损伤定位和定量

图2-2 基于有限元模型修正的损伤识别方法

试验模态参数为基准，完成有限元模型修正过程。由于第一阶段已对结构质量、阻尼、支座约束参数等进行了修正，可以认为在发生损伤的过程中结构质量和约束状态保持不变，因此在第二阶段的模型修正过程中可将刚度参数作为修正对象，通过改变结构刚度，使其有限元动力分析的结果与实测结构损伤状态下的响应尽量吻合。通过修正前后结构单元刚度的变化，判断结构损伤发生的位置和损伤程度。

实际工程中，基于有限元模型修正的损伤识别基本过程如下：首先，对在役（或新建）土木工程结构进行有限元建模，预测结构动力特性。然后，将实测动力特性与有限元模型分析得到的相应数据比较，修正有限元模型，建立能正确反映土木工程结构实际刚度、质量、阻尼分布的有限元基准模型。最后，不定期测量结构动力特性，修正有限元基准模型，通过结构刚度参数的改变识别结构损伤的发生、分布与演化，实现长期在线健康监测的目的。

2.2.1 有限元模型修正的参数选取

有限元模型修正的第一步即如何选取待修正参数和结构响应的特征。一般来说，和结构刚度有关的特性如杨氏模量和截面惯性矩都适合作为修正参数，因为他们具有直观的、清晰的物理意义。此外，有时也可以采用结构或构件的几何特性，比如Mottershead等[114]利用单元的节点偏移量和有效高度作为一片悬臂板的焊接节点和边界条件修正问题的修正参数，因为此时模态参数对和刚度有关的特性所发生的变化并不敏感。

2.2.2 有限元模型修正的目标函数

在基于灵敏度分析的模型修正过程中，将有限元模型的响应与实测响应的残差作为目标函数。例如，将固有模态同结构试验模态的残差作为目标函数可表示为[115]：

$$J(r) = \sum_i W_{\lambda i}^2 \left[\lambda_i(\{r\})^A - \lambda_i^E \right]^2 + \sum_i W_{\phi i}^2 \sum_j \left[\phi_{ji}(\{r\})^A - \phi_{ji}^E \right]^2 \qquad （2-1）$$

式中，λ_i^A 为有限元模型第 i 阶特征值，为结构圆频率的平方 $\lambda_i^A = (\omega_i^A)^2 = (2\pi f_i^A)^2$；$\phi_{ji}^A$ 是第 j 个自由度对应的第 i 阶特征向量。λ_i^A 和 ϕ_{ji}^A 是设计参数 $\{r\}$ 的函数，λ_i^E 和 ϕ_{ji}^E 分别表示结构试验模态的特征值和特征向量。$W_{\lambda i}$ 和 $W_{\phi i}$ 是结构试验频率和振型在不同测量精度下的权重系数。基于设计参数型的有限元模型修正过程，利用优化搜索技术不断调整结构设计参数 $\{r\}$ 来最小化目标函数。

2.2.3 基于灵敏度分析的优化方法

在灵敏度方法中，首先要建立目标函数用以表示一个物理系统响应的解析解和试验数据之间的差异。这种差异用目标函数里的残差来表示，即结构模态特性的相对变化量，然后再通过某种优化算法最小化上述差异。该优化算法使目标函数简化到一个置信区间内。二阶模型$Z(r)$可以定义为关于$J(r)$的泰勒级数[115]，如下：

$$Z(r) = J(r) + \left[\nabla J(r)\right]^{\mathrm{T}} \{\Delta r\} + \frac{1}{2} \{\Delta r\}^{\mathrm{T}} \left[\nabla^2 J(r)\right] \{\Delta r\} \tag{2-2}$$

其中$\{\Delta r\}$为$\{r\}$的变化量。$\nabla J(r)$和$\nabla^2 J(r)$分别为$J(r)$的梯度和Hessian矩阵。经过一个迭代过程，$\nabla J(r) \approx 0$时得到最优化的$\{r^*\}$。$\nabla J(r)$和$\nabla^2 J(r)$可用灵敏度矩阵表示为：

$$\nabla J(r) = \left[S(r)\right]^{\mathrm{T}} \{2f(r)\}, \quad \nabla^2 J(r) \approx S(r)^{\mathrm{T}} S(r) \tag{2-3}$$

其中$\{f(r)\}$包括加权残值$W_\lambda\left(\lambda(\{r\})^{\mathrm{A}} - \lambda^{\mathrm{E}}\right)$和$W_\phi\left(\phi(\{r\})^{\mathrm{A}} - \phi^{\mathrm{E}}\right)$。每次迭代中，优化算法都要根据灵敏度矩阵在当前的$\{r\}$附近建立一个函数$Z(r)$，并在当前$\{r\}$附近确定一个置信区间。在当前迭代中的优化值$\{r^*\}$可通过在置信区间内对$Z(r)$取最小值得到。

为找到最优的搜索方向，灵敏度分析通常用来计算一个物理参数变化时特定模态参数变化对设计参数变化量的比值。例如，特征值和振型对单元参数r的灵敏度可表示为：

$$\left[S_\lambda(r)\right] = \frac{\partial \lambda(r)}{\partial r}, \quad \left[S_\phi(r)\right] = \frac{\partial \phi(r)}{\partial r} \tag{2-4}$$

对于所有单元参数的$\left[S(r)\right]$都可通过有限差分法、模态综合法或直接数值法计算得到。

得到优化目标函数和模态参数灵敏度矩阵后，可由图2-2所示迭代过程实现模型修正。每一次循环都要计算目标函数和灵敏度矩阵，然后根据灵敏度矩阵修正结构设计参数，并以新的设计参数代入模型中，进入下一个循环，直到目标函数满足迭代收敛条件。

近年来，我国兴建了大量的高层建筑、大跨结构、地铁隧道等土木工程结构。为了精确地描述这些大型复杂结构的特征，由此建立的有限元模型通常由大量单元组成，并且包含大量待修正结构设计参数。大型复杂结构的有限元模型修正过程通常很耗时，尤其是在有限元模型庞大的系统矩阵中提取结构特征解和特征灵敏度时。本章提出了基于子结构的有限元模型修正方法，并将此方法应用于实际结构的损伤识别与安全监测。此方法把整体结构划分为若干个子结构，将对整体结构的分析转换为对局部子结构的分析。基于子结构的分析一方面减小了有限元模型的尺寸，从而减小了结构系统矩阵的大小；另一方面减小了模型修正过程中未知参数的数量，极大地提高了模型修正和损伤识别的精度与效率，有助于实现大型复杂结构长期实时的损伤识别与健康监测。

根据子结构分解和组集的方式，子结构方法可分为正向子结构方法和逆向子结构方法。本章将详细介绍这两种子结构方法，并将其应用于有限元模型修正过程。

2.3 基于关键区域子结构的有限元模型修正方法

2.3.1 正向子结构方法

正向子结构算法源于电子工程学中的分块集成算法。基本思想是通过位移协调条件组合独立自由的子结构模态参数，求解整体结构模态参数（图2-3）。在此基础上，研究基于子结构的置信区间优化算法，实现基于正向子结构的模型修正过程。

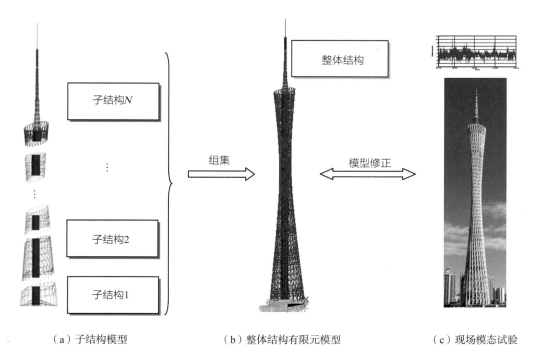

（a）子结构模型　　　　　　（b）整体结构有限元模型　　　　　　（c）现场模态试验

图2-3　基于正向子结构算法的有限元模型修正

在模型修正过程中，结构局部参数发生改变时，只需要重新分析一个或几个子结构，其他子结构保持不变，从而极大地提高了有限元模型修正效率[116~118]。

将有 N 个自由度的整体结构划分成 N_S 个子结构。第 j（$j=1, 2, \cdots, N_S$）个子结构可视为独立结构，其自由度数记为 $n^{(j)}$，刚度矩阵为 $K^{(j)}$，质量矩阵为 $M^{(j)}$，第 j 个子结构有 $n^{(j)}$ 对特征值和特征向量：

$$\boldsymbol{\Lambda}^{(j)} = \mathrm{Diag}\left[\lambda_1^{(j)}, \lambda_2^{(j)}, \cdots, \lambda_{n^{(j)}}^{(j)}\right], \quad \boldsymbol{\Phi}^{(j)} = \left[\phi_1^{(j)}, \phi_2^{(j)}, \cdots, \phi_{n^{(j)}}^{(j)}\right] \qquad (2-5)$$

$$\left[\boldsymbol{\Phi}^{(j)}\right]^{\mathrm{T}} \boldsymbol{K}^{(j)} \boldsymbol{\Phi}^{(j)} = \boldsymbol{\Lambda}^{(j)}, \quad \left[\boldsymbol{\Phi}^{(j)}\right]^{\mathrm{T}} \boldsymbol{M}^{(j)} \boldsymbol{\Phi}^{(j)} = \boldsymbol{I}^{(j)}, \quad (j=1, 2, \cdots, N_S) \qquad (2-6)$$

基于虚功原理及几何兼容原则，子结构方法通过在连接处施加约束对整体结构的特征方程重组如下：

$$\begin{bmatrix} \boldsymbol{\Lambda}^{\mathrm{p}} - \bar{\lambda} \boldsymbol{I} & -\boldsymbol{\Gamma} \\ -\boldsymbol{\Gamma}^{\mathrm{T}} & \boldsymbol{0} \end{bmatrix} \begin{Bmatrix} z \\ \tau \end{Bmatrix} = \begin{Bmatrix} \boldsymbol{0} \\ \boldsymbol{0} \end{Bmatrix} \qquad (2-7)$$

式中：

$$\boldsymbol{\Gamma} = \left[\boldsymbol{C}\boldsymbol{\Phi}^{\mathrm{p}}\right]^{\mathrm{T}}, \quad \boldsymbol{\Lambda}^{\mathrm{p}} = \mathrm{Diag}\left[\boldsymbol{\Lambda}^{(1)}, \boldsymbol{\Lambda}^{(2)}, \cdots, \boldsymbol{\Lambda}^{(N_S)}\right], \quad \boldsymbol{\Phi}^{\mathrm{p}} = \mathrm{Diag}\left[\boldsymbol{\Phi}^{(1)}, \boldsymbol{\Phi}^{(2)}, \cdots, \boldsymbol{\Phi}^{(N_S)}\right] \qquad (2-8)$$

其中 C 是一个矩形连接矩阵，用来约束相邻子结构的连接自由度，使其位移相同。在矩阵 C 中，每一行只包含两个非零元素，他们是代表刚性连接的 1 和 −1。τ 是相邻子结构的内部连接力。$\bar{\lambda}$ 是整体结构的特征值。z 为子结构特征模态的参与系数，整体结构的扩展特征向量可以通过 $\bar{\boldsymbol{\Phi}} = \boldsymbol{\Phi}^{\mathrm{p}}\{z\}$ 得到，进而整体结构的特征向量 $\boldsymbol{\Phi}$ 可通过舍弃 $\bar{\boldsymbol{\Phi}}$ 中连接自由度处相同的数值得到。上标 "p" 表示子结构矩阵在对角线处组装，表示对各独立子结构施加约束前原始矩阵。

从能量守恒的观点出发，所有的子结构的模态都会对整体结构的特征模态产生影响。也就是说，要组装得到 $\boldsymbol{\Lambda}^{\mathrm{p}}$ 和 $\boldsymbol{\Phi}^{\mathrm{p}}$ 原始形式需要求出所有子结构的完整特征解。但是求解所有子结构的全部模态要花费很长时间，效率很低。为了克服这个困难，本章引入一种模态截断方法来提高子结构方法的效率。在每个子结构中，选取对应于低阶振型前若干阶特征解为"主模态"，剩下的高阶模态作为"从模态"。在组装整体结构的特征方程时只需要计算主模态，从模态的作用则在后面的计算中用剩余柔度矩阵来补偿。

假设第 j 个子结构的前 $n_{\mathrm{m}}^{(j)}$（$j=1, 2, \cdots, N_S$）阶模态为主模态，剩余的高阶模态为从模态。下标 m 和 s 分别表示主模态和从模态。第 j 个子结构的模态可划分为如下的主模态和从模态：

$$\boldsymbol{\varLambda}_{\mathrm{m}}^{(j)} = \mathrm{Diag}\left[\lambda_1^{(j)}, \lambda_2^{(j)}, \cdots, \lambda_{n_{\mathrm{m}}^{(j)}}^{(j)}\right], \quad \boldsymbol{\varPhi}_{\mathrm{m}}^{(j)} = \left[\phi_1^{(j)}, \phi_2^{(j)}, \cdots, \phi_{n_{\mathrm{m}}^{(j)}}^{(j)}\right]$$

$$\boldsymbol{\varLambda}_{\mathrm{s}}^{(j)} = \mathrm{Diag}\left[\lambda_{n_{\mathrm{m}}^{(j)}+1}^{(j)}, \lambda_{n_{\mathrm{m}}^{(j)}+2}^{(j)}, \cdots, \lambda_{n_{\mathrm{m}}^{(j)}+n_{\mathrm{s}}^{(j)}}^{(j)}\right], \quad \boldsymbol{\varPhi}_{\mathrm{s}}^{(j)} = \left[\phi_{n_{\mathrm{m}}^{(j)}+1}^{(j)}, \phi_{n_{\mathrm{m}}^{(j)}+2}^{(j)}, \cdots, \phi_{n_{\mathrm{m}}^{(j)}+n_{\mathrm{s}}^{(j)}}^{(j)}\right]$$

$$n_{\mathrm{m}}^{(j)} + n_{\mathrm{s}}^{(j)} = n^{(j)}, \quad \left(j = 1, 2, \cdots, N_S\right) \tag{2-9}$$

将各个子结构的主模态和从模态组装得到：

$$\boldsymbol{\varLambda}_{\mathrm{m}}^{\mathrm{p}} = \mathrm{Diag}\left[\boldsymbol{\varLambda}_{\mathrm{m}}^{(1)}, \boldsymbol{\varLambda}_{\mathrm{m}}^{(2)}, \cdots, \boldsymbol{\varLambda}_{\mathrm{m}}^{(j)}, \cdots, \boldsymbol{\varLambda}_{\mathrm{m}}^{(N_S)}\right], \quad \boldsymbol{\varPhi}_{\mathrm{m}}^{\mathrm{p}} = \mathrm{Diag}\left[\boldsymbol{\varPhi}_{\mathrm{m}}^{(1)}, \boldsymbol{\varPhi}_{\mathrm{m}}^{(2)}, \cdots, \boldsymbol{\varPhi}_{\mathrm{m}}^{(j)}, \cdots, \boldsymbol{\varPhi}_{\mathrm{m}}^{(N_S)}\right]$$

$$\boldsymbol{\varLambda}_{\mathrm{s}}^{\mathrm{p}} = \mathrm{Diag}\left[\boldsymbol{\varLambda}_{\mathrm{s}}^{(1)}, \boldsymbol{\varLambda}_{\mathrm{s}}^{(2)}, \cdots, \boldsymbol{\varLambda}_{\mathrm{s}}^{(j)}, \cdots, \boldsymbol{\varLambda}_{\mathrm{s}}^{(N_S)}\right], \quad \boldsymbol{\varPhi}_{\mathrm{s}}^{\mathrm{p}} = \mathrm{Diag}\left[\boldsymbol{\varPhi}_{\mathrm{s}}^{(1)}, \boldsymbol{\varPhi}_{\mathrm{s}}^{(2)}, \cdots, \boldsymbol{\varPhi}_{\mathrm{s}}^{(j)}, \cdots, \boldsymbol{\varPhi}_{\mathrm{s}}^{(N_S)}\right]$$

$$NP_{\mathrm{m}} = \sum_{j=1}^{N_S} n_{\mathrm{m}}^{(j)}, \quad NP_{\mathrm{s}} = \sum_{j=1}^{N_S} n_{\mathrm{s}}^{(j)}, \quad NP = \sum_{j=1}^{N_S} n^{(j)}, \quad \left(j = 1, 2, \cdots, N_S\right) \tag{2-10}$$

令 $\boldsymbol{\varGamma}_{\mathrm{m}} = \left[\boldsymbol{C}\boldsymbol{\varPhi}_{\mathrm{m}}^{\mathrm{p}}\right]^{\mathrm{T}}$，$\boldsymbol{\varGamma}_{\mathrm{s}} = \left[\boldsymbol{C}\boldsymbol{\varPhi}_{\mathrm{s}}^{\mathrm{p}}\right]^{\mathrm{T}}$，特征方程（2-7）可以表示为：

$$\begin{bmatrix} \boldsymbol{\varLambda}_{\mathrm{m}}^{\mathrm{p}} - \bar{\lambda}\boldsymbol{I} & \boldsymbol{0} & -\boldsymbol{\varGamma}_{\mathrm{m}} \\ \boldsymbol{0} & \boldsymbol{\varLambda}_{\mathrm{s}}^{\mathrm{p}} - \bar{\lambda}\boldsymbol{I} & -\boldsymbol{\varGamma}_{\mathrm{s}} \\ -\boldsymbol{\varGamma}_{\mathrm{m}}^{\mathrm{T}} & -\boldsymbol{\varGamma}_{\mathrm{s}}^{\mathrm{T}} & \boldsymbol{0} \end{bmatrix} \begin{Bmatrix} \boldsymbol{z}_{\mathrm{m}} \\ \boldsymbol{z}_{\mathrm{s}} \\ \boldsymbol{\tau} \end{Bmatrix} = \begin{Bmatrix} \boldsymbol{0} \\ \boldsymbol{0} \\ \boldsymbol{0} \end{Bmatrix} \tag{2-11}$$

由式（2-11）的第二行可知，模态参与系数 z_{s} 可以表示为：

$$\boldsymbol{z}_{\mathrm{s}} = \left(\boldsymbol{\varLambda}_{\mathrm{s}}^{\mathrm{p}} - \bar{\lambda}\boldsymbol{I}\right)^{-1} \boldsymbol{\varGamma}_{\mathrm{s}} \boldsymbol{\tau} \tag{2-12}$$

将式（2-12）代入式（2-11）中得到：

$$\begin{bmatrix} \boldsymbol{\varLambda}_{\mathrm{m}}^{\mathrm{p}} - \bar{\lambda}\boldsymbol{I} & -\boldsymbol{\varGamma}_{\mathrm{m}} \\ -\boldsymbol{\varGamma}_{\mathrm{m}}^{\mathrm{T}} & -\boldsymbol{\varGamma}_{\mathrm{s}}^{\mathrm{T}} \left(\boldsymbol{\varLambda}_{\mathrm{s}}^{\mathrm{p}} - \bar{\lambda}\boldsymbol{I}\right)^{-1} \boldsymbol{\varGamma}_{\mathrm{s}} \end{bmatrix} \begin{Bmatrix} \boldsymbol{z}_{\mathrm{m}} \\ \boldsymbol{\tau} \end{Bmatrix} = \begin{Bmatrix} \boldsymbol{0} \\ \boldsymbol{0} \end{Bmatrix} \tag{2-13}$$

在式（2-13）中，非线性项 $\left(\boldsymbol{\varLambda}_{\mathrm{s}}^{\mathrm{p}} - \bar{\lambda}\boldsymbol{I}\right)^{-1}$ 的泰勒展开式为：

$$\left(\boldsymbol{\varLambda}_{\mathrm{s}}^{\mathrm{p}} - \bar{\lambda}\boldsymbol{I}\right)^{-1} = \left(\boldsymbol{\varLambda}_{\mathrm{s}}^{\mathrm{p}}\right)^{-1} + \bar{\lambda}\left(\boldsymbol{\varLambda}_{\mathrm{s}}^{\mathrm{p}}\right)^{-2} + \bar{\lambda}^2 \left(\boldsymbol{\varLambda}_{\mathrm{s}}^{\mathrm{p}}\right)^{-3} + \cdots \tag{2-14}$$

通常，如果能合理地选取主模态，并选取子结构的低阶模态为主模态，那么整体结构的特征值 $\bar{\lambda}$ 将远远小于 $\boldsymbol{\varLambda}_{\mathrm{s}}^{\mathrm{p}}$。这样，可以只保留上面泰勒展开式中的第一项，那么就有：$\boldsymbol{\varGamma}_{\mathrm{s}}^{\mathrm{T}} \left(\boldsymbol{\varLambda}_{\mathrm{s}}^{\mathrm{p}} - \bar{\lambda}\boldsymbol{I}\right)^{-1} \boldsymbol{\varGamma}_{\mathrm{s}} \approx \boldsymbol{\varGamma}_{\mathrm{s}}^{\mathrm{T}} \left(\boldsymbol{\varLambda}_{\mathrm{s}}^{\mathrm{p}}\right)^{-1} \boldsymbol{\varGamma}_{\mathrm{s}}$，因此式（2-13）可简化为：

$$\begin{bmatrix} \boldsymbol{\Lambda}_{\mathrm{m}}^{\mathrm{p}} - \bar{\lambda}\boldsymbol{I} & -\boldsymbol{\Gamma}_{\mathrm{m}} \\ -\boldsymbol{\Gamma}_{\mathrm{m}}^{\mathrm{T}} & -\boldsymbol{\Gamma}_{\mathrm{s}}^{\mathrm{T}}\left(\boldsymbol{\Lambda}_{\mathrm{s}}^{\mathrm{p}}\right)^{-1}\boldsymbol{\Gamma}_{\mathrm{s}} \end{bmatrix}\begin{Bmatrix} \boldsymbol{z}_{\mathrm{m}} \\ \boldsymbol{\tau} \end{Bmatrix} = \begin{Bmatrix} \boldsymbol{0} \\ \boldsymbol{0} \end{Bmatrix} \qquad (2-15)$$

通过式（2-15）的第二行，将 τ 用 $\boldsymbol{z}_{\mathrm{m}}$ 代替，则式（2-15）的第一行可转化为：

$$\left[\left(\boldsymbol{\Lambda}_{\mathrm{m}}^{\mathrm{p}} - \bar{\lambda}\boldsymbol{I}_{\mathrm{m}}\right) + \boldsymbol{\Gamma}_{\mathrm{m}}\varsigma^{-1}\boldsymbol{\Gamma}_{\mathrm{m}}^{\mathrm{T}}\right]\boldsymbol{z}_{\mathrm{m}} = \boldsymbol{0} \qquad (2-16)$$

其中：

$$\varsigma = \boldsymbol{\Gamma}_{\mathrm{s}}^{\mathrm{T}}\left(\boldsymbol{\Lambda}_{\mathrm{s}}^{\mathrm{p}}\right)^{-1}\boldsymbol{\Gamma}_{\mathrm{s}} \qquad (2-17)$$

简化后的特征方程（2-16）的尺寸为 $NP_{\mathrm{m}} \times NP_{\mathrm{m}}$，比原始特征方程（2-7）的维度 $NP \times NP$ 要小得多。$\bar{\lambda}$ 和 $\boldsymbol{z}_{\mathrm{m}}$ 可以利用常规方法[119]，通过此简化的特征方程求出。整体结构的特征值为 $\bar{\lambda}$，整体结构的特征向量可以通过 $\bar{\boldsymbol{\Phi}} = \boldsymbol{\Phi}_{\mathrm{m}}^{\mathrm{p}}\boldsymbol{z}_{\mathrm{m}}$ 得到。式（2-17）中 $\varsigma = \boldsymbol{\Gamma}_{\mathrm{s}}^{\mathrm{T}}\left(\boldsymbol{\Lambda}_{\mathrm{s}}^{\mathrm{p}}\right)^{-1}\boldsymbol{\Gamma}_{\mathrm{s}}$ 为子结构的一阶剩余柔度矩阵，可以通过子结构的主模态计算出来：

$$\boldsymbol{\Gamma}_{\mathrm{s}}^{\mathrm{T}}\left(\boldsymbol{\Lambda}_{\mathrm{s}}^{\mathrm{p}}\right)^{-1}\boldsymbol{\Gamma}_{\mathrm{s}} = \boldsymbol{C}\boldsymbol{\Phi}_{\mathrm{s}}^{\mathrm{p}}\left(\boldsymbol{\Lambda}_{\mathrm{s}}^{\mathrm{p}}\right)^{-1}\left[\boldsymbol{\Phi}_{\mathrm{s}}^{\mathrm{p}}\right]^{\mathrm{T}}\boldsymbol{C}^{\mathrm{T}} \qquad (2-18)$$

$$\boldsymbol{\Phi}_{\mathrm{s}}^{\mathrm{p}}\left(\boldsymbol{\Lambda}_{\mathrm{s}}^{\mathrm{p}}\right)^{-1}\left[\boldsymbol{\Phi}_{\mathrm{s}}^{\mathrm{p}}\right]^{\mathrm{T}} = \begin{bmatrix} \left(\boldsymbol{K}^{(1)}\right)^{-1} - \boldsymbol{\Phi}_{\mathrm{m}}^{(1)}\left(\boldsymbol{\Lambda}_{\mathrm{m}}^{(1)}\right)^{-1}\left[\boldsymbol{\Phi}_{\mathrm{m}}^{(1)}\right]^{\mathrm{T}} & \boldsymbol{0} & \boldsymbol{0} \\ \boldsymbol{0} & \boldsymbol{0} & \boldsymbol{0} \\ \boldsymbol{0} & \boldsymbol{0} & \left(\boldsymbol{K}^{(N_S)}\right)^{-1} - \boldsymbol{\Phi}_{\mathrm{m}}^{(N_S)}\left(\boldsymbol{\Lambda}_{\mathrm{m}}^{(N_S)}\right)^{-1}\left[\boldsymbol{\Phi}_{\mathrm{m}}^{(N_S)}\right]^{\mathrm{T}} \end{bmatrix} \qquad (2-19)$$

通过子结构方法求解结构的特征解（特征值和特征向量）以及特征解对设计参数的灵敏度矩阵。将结果应用于图2-2的模型修正过程即可完成基于子结构算法的模型修正过程。由于子结构方法计算特征解灵敏度矩阵时，只需要通过求解一个子结构的灵敏度矩阵来求解整体结构的灵敏度，因而极大地提高了求解灵敏度矩阵的效率。

另外，结构损伤通常发生在局部区域或几个子结构中。在基于子结构方法的模型修正中，只需要分析少数子结构而其他子结构保持不变，即可完成对整体结构的模型修正。根据对少数子结构的分析完成对整体结构的模型修正和损伤识别，能极大地提高模型修正的精度和效率。将该子结构方法求得的特征解和特征解灵敏度应用于基于有限元模型修正的损伤识别过程（图2-1），即可完成结构损伤识别。

基于正向子结构算法的有限元模型修正的过程如图2-4所示。其基本步骤为：

（1）将整体结构依据结构特征分解为若干个子结构。

（2）将子结构视为独立自由子结构求解每个子结构的特征解、剩余柔度和灵敏度。

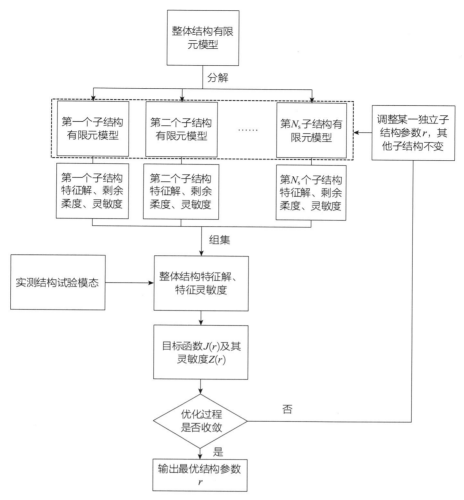

图2-4 基于正向子结构算法的有限元模型修正流程图

（3）将所有子结构的特征解、特征灵敏度及剩余柔度组集并根据2.3.1节中的方法计算得到整体结构的特征解与特征灵敏度。

（4）然后结合实测结构试验模态构造目标函数和灵敏度。

（5）引入优化算法优化目标函数。如果优化过程不收敛，调整某一独立子结构参数r，其他子结构不变。重复步骤（2）~（5）直到优化过程收敛，最终即可得到最优结构参数。

2.3.2 逆向子结构方法

逆向子结构方法（图2-5）通过研究力和位移的相似、协调条件，建立约束独立自由子结构模态参数和整体结构模态参数的充分必要条件。然后将整体结构的试

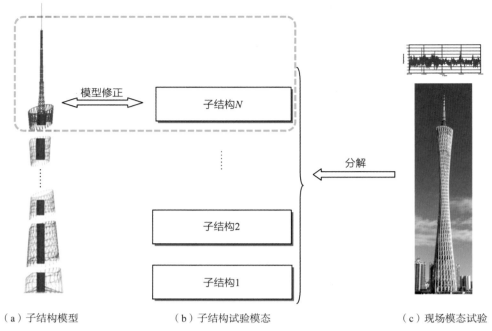

|（a）子结构模型|（b）子结构试验模态|（c）现场模态试验|

图2-5　基于逆向子结构算法的有限元模型修正过程

验模态参数分解为独立子结构的试验模态参数，将子结构完全从整体结构中分离出来，成为独立自由的个体。模型修正针对个别独立自由的子结构，其他子结构并不参与模型修正过程[120]。

假设将一个结构分解为两个独立的子结构，为了说明逆向子结构方法的广泛适用性，分解后的子结构一个为有约束的固定子结构，另一个为没有约束的自由子结构。例如将一个悬臂梁划分为两个子结构，可以得到一个带约束的固定子结构和一个不带约束的自由子结构。

将独立子结构的节点位移、外部荷载、刚度矩阵、柔度矩阵和刚体模态分别组合为如下原始形式：

$$\{x^{\mathrm{p}}\} = \begin{Bmatrix} x^{(1)} \\ x^{(2)} \end{Bmatrix}, \quad \{f^{\mathrm{p}}\} = \begin{Bmatrix} f^{(1)} \\ f^{(2)} \end{Bmatrix} \tag{2-20}$$

$$\mathbf{K}^{\mathrm{p}} = \begin{bmatrix} \mathbf{K}^{(1)} & \mathbf{0} \\ \mathbf{0} & \mathbf{K}^{(2)} \end{bmatrix}, \quad \mathbf{F}^{\mathrm{p}} = \begin{bmatrix} \mathbf{F}^{(1)} & \mathbf{0} \\ \mathbf{0} & \overline{\mathbf{F}}^{(2)} \end{bmatrix} \tag{2-21}$$

$$\mathbf{R}^{\mathrm{p}} = \begin{bmatrix} \mathbf{R}^{(1)} & \mathbf{0} \\ \mathbf{0} & \mathbf{R}^{(2)} \end{bmatrix} = \begin{bmatrix} \mathbf{0} \\ \mathbf{R}^{(2)} \end{bmatrix} \tag{2-22}$$

式中，K，F，x，和f分别表示刚度矩阵、柔度矩阵、节点位移和外部荷载。第一个子结构是固定子结构，它的刚体模态为空值。上标"p"定义为原始矩阵或向量，表示在不施加任何约束的情况下，其直接包含独立子结构的变量。原始矩阵或向量的维度为NP。

令$\{x_g\}$和$\{f_g\}$分别表示整体结构的节点位移和外部荷载，整体结构和子结构的位移可通过几何协调矩阵建立联系[121]：

$$\{x^p\} = \boldsymbol{L}^p\{x_g\} \tag{2-23}$$

$$[\boldsymbol{L}^p]^T\{f^p\} = \{f_g\} \tag{2-24}$$

式中，$\boldsymbol{L}^p$是维度为$NP \times N$的几何协调矩阵，由整体结构和子结构的几何对应关系决定。例如，如果整体结构的第j个自由度与独立子结构的第i个自由度相对应，那么$\boldsymbol{L}_{ij}^p = 1$。

独立子结构的位移可以表示成其变形模态和刚体模态的叠加，如下：

$$\{x^p\} = \boldsymbol{F}^p\{f^p\} + \boldsymbol{R}^p\{\alpha^p\} \tag{2-25}$$

式中，$\{f^p\}$为作用在独立子结构上的外力，它包括结构外荷载作用力以及相邻子结构作用的界面力。刚体模态和外力满足力的平衡协调方程：

$$[\boldsymbol{R}^p]^T\{f^p\} = \{0\} \tag{2-26}$$

作用在一个独立子结构上的力可写为外部荷载和相邻子结构间的界面力的叠加，即：

$$\{f^p\} = ([\boldsymbol{L}^p]^T)^+\{f_g\} + \boldsymbol{C}\{\tau\} = \{\tilde{f}_g\} + \boldsymbol{C}\{\tau\} \tag{2-27}$$

式中，$\{\tilde{f}_g\} = ([\boldsymbol{L}^p]^T)^+\{f_g\} = \tilde{\boldsymbol{L}}^p\{f_g\}$，$\tilde{\boldsymbol{L}}^p = ([\boldsymbol{L}^p]^T)^+$是$[\boldsymbol{L}^p]^T$的广义逆矩阵；$\{\tau\}$是相邻子结构间的界面力；$\boldsymbol{C}$矩阵定义了独立子结构的约束。$\boldsymbol{C}$矩阵每行包含两个非零元素。对于刚性连接，该非零元素为1和−1。$\boldsymbol{C}$矩阵满足位移协调条件：

$$\boldsymbol{C}^T\{x^p\} = \{0\} \tag{2-28}$$

将式（2-27）代入式（2-25），得到：

$$\{x^p\} = \boldsymbol{F}^p(\{\tilde{f}_g\} + \boldsymbol{C}\{\tau\}) + \boldsymbol{R}^p\{\alpha^p\} \tag{2-29}$$

由式（2-23），整体结构位移可以用子结构的变量表示为：

$$\{x_g\} = [\boldsymbol{L}^p]^+\{x^p\} = [\tilde{\boldsymbol{L}}^p]^T\boldsymbol{F}^p(\{\tilde{f}_g\} + \boldsymbol{C}\{\tau\}) + [\tilde{\boldsymbol{L}}^p]^T\boldsymbol{R}^p\{\alpha^p\} \tag{2-30}$$

整体结构位移和外力可由整体结构柔度矩阵联系起来，整体结构的位移可表示为$\{x_g\} = \boldsymbol{F}_g\{f_g\}$；式（2-30）用子结构的柔度矩阵来表示整体结构的位移。基于式（2-30）可建立子结构柔度矩阵$\boldsymbol{F}^p$和整体结构柔度矩阵$\boldsymbol{F}_g$的关系。

式（2-44）中相邻子结构间的界面力$\{\tau\}$和独立自由子结构刚体模态参与系数$\{\alpha^p\}$为未知量。力的协调条件式（2-26）和位移协调条件式（2-28）被用来求解式（2-30）中未知量$\{\tau\}$和$\{\alpha^p\}$。将式（2-27）代入式（2-26），得到：

$$\left[\boldsymbol{R}^p\right]^T\left(\left\{\tilde{f}_g\right\} + \boldsymbol{C}\{\tau\}\right) = \{\boldsymbol{0}\} \tag{2-31}$$

将式（2-29）代入式（2-28），得到：

$$\boldsymbol{C}^T\left[\boldsymbol{F}^p\left(\left\{\tilde{f}_g\right\} + \boldsymbol{C}\{\tau\}\right) + \boldsymbol{R}^p\left\{\alpha^p\right\}\right] = \{\boldsymbol{0}\} \tag{2-32}$$

根据式（2-32），$\{\tau\}$可表示为：

$$\{\tau\} = -\boldsymbol{F}_C^{-1}\left(\boldsymbol{C}^T\boldsymbol{F}^p\left\{\tilde{f}_g\right\} + \boldsymbol{R}_C\left\{\alpha^p\right\}\right) \tag{2-33}$$

式中：

$$\boldsymbol{F}_C = \boldsymbol{C}^T\boldsymbol{F}^p\boldsymbol{C}, \boldsymbol{R}_C = \boldsymbol{C}^T\boldsymbol{R}^p \tag{2-34}$$

将式（2-33）代入式（2-31），得到：

$$\left\{\alpha^p\right\} = \boldsymbol{K}_R^{-1}\left(\left[\boldsymbol{R}^p\right]^T - \boldsymbol{R}_C^T\boldsymbol{F}_C^{-1}\boldsymbol{C}^T\boldsymbol{F}^p\right)\left\{\tilde{f}_g\right\} \tag{2-35}$$

式中$\boldsymbol{K}_R = \boldsymbol{R}_C^T\boldsymbol{F}_C^{-1}\boldsymbol{R}_C$。将式（2-35）代入式（2-33），可以求得$\{\tau\}$：

$$\{\tau\} = -\boldsymbol{F}_C^{-1}\boldsymbol{C}^T\boldsymbol{F}^p\left\{\tilde{f}_g\right\} + \boldsymbol{F}_C^{-1}\boldsymbol{R}_C\boldsymbol{K}_R^{-1}\left(\boldsymbol{R}_C^T\boldsymbol{F}_C^{-1}\boldsymbol{C}^T\boldsymbol{F}^p - \left[\boldsymbol{R}^p\right]^T\right)\left\{\tilde{f}_g\right\} \tag{2-36}$$

由于$\{\tau\}$和$\{\alpha^p\}$已经求解得到，式（2-30）可以表示成：

$$\begin{aligned}\left\{x_g\right\} &= \left[\tilde{\boldsymbol{L}}^p\right]^T\left(\boldsymbol{F}^p - \boldsymbol{F}^p\boldsymbol{K}_C\boldsymbol{F}^p + \boldsymbol{F}^p\boldsymbol{K}_C\boldsymbol{F}_R\boldsymbol{K}_C\boldsymbol{F}^p - \boldsymbol{F}^p\boldsymbol{K}_C\boldsymbol{F}_R - \boldsymbol{F}_R\boldsymbol{K}_C\boldsymbol{F}^p - \boldsymbol{F}^p\boldsymbol{H}\boldsymbol{F}^p + \boldsymbol{F}_R\right)\left\{\tilde{f}_g\right\}\\ &= \left[\tilde{\boldsymbol{L}}^p\right]^T\left(\boldsymbol{F}^p - \boldsymbol{F}^p\boldsymbol{H}\boldsymbol{F}^p - \boldsymbol{F}^p\boldsymbol{K}_C\boldsymbol{F}_R - \boldsymbol{F}_R^T\boldsymbol{K}_C^T\boldsymbol{F}^p + \boldsymbol{F}_R\right)\tilde{\boldsymbol{L}}^p\left\{f_g\right\}\end{aligned} \tag{2-37}$$

式中：

$$\boldsymbol{F}_R = \boldsymbol{R}^p\left(\left[\boldsymbol{R}^p\right]^T\boldsymbol{K}_C\boldsymbol{R}^p\right)^{-1}\left[\boldsymbol{R}^p\right]^T, \quad \boldsymbol{H} = \boldsymbol{K}_C - \boldsymbol{K}_C\boldsymbol{F}_R\boldsymbol{K}_C, \quad \boldsymbol{K}_C = \boldsymbol{C}\boldsymbol{F}_C^{-1}\boldsymbol{C}^T$$

由于整体结构位移也可表示为$\{x_g\} = \boldsymbol{F}_g\{f_g\}$，因此，整体柔度矩阵和子结构柔度矩阵可建立如下联系：

$$\boldsymbol{F}_g = \left[\tilde{\boldsymbol{L}}^p\right]^T\left(\boldsymbol{F}^p - \boldsymbol{F}^p\boldsymbol{H}\boldsymbol{F}^p - \boldsymbol{F}^p\boldsymbol{K}_C\boldsymbol{F}_R - \boldsymbol{F}_R^T\boldsymbol{K}_C^T\boldsymbol{F}^p + \boldsymbol{F}_R\right)\tilde{\boldsymbol{L}}^p \tag{2-38}$$

即

$$\boldsymbol{L}^p\boldsymbol{F}_g\left[\boldsymbol{L}^p\right]^T = \boldsymbol{F}^p - \boldsymbol{F}^p\boldsymbol{K}_C\boldsymbol{F}_R - \boldsymbol{F}_R^T\boldsymbol{K}_C^T\boldsymbol{F}^p - \boldsymbol{F}^p\boldsymbol{H}\boldsymbol{F}^p + \boldsymbol{F}_R \tag{2-39}$$

式（2-39）中，如果已知整体结构柔度矩阵，需要通过迭代的方法来求得子结构柔度矩阵 F_p。如果将一个整体结构分解为两个子结构，可通过以下程序将整体结构柔度矩阵 F_g 分解为两个子结构的子结构柔度矩阵：

（1）整体结构柔度矩阵 F_g 可以通过几何算子 L^p 扩展为：

$$\widehat{F}_g = L^p F_g \left[L^p \right]^{\mathrm{T}} \tag{2-40}$$

式中 $\widehat{F}_g$ 大小为 $NP \times NP$。

（2）由整体结构柔度矩阵可以得到 F^p 的初始值：

$$\left[F^p \right]^{[0]} = \begin{bmatrix} \widehat{F}_g \left(0 : N^{(1)} \quad , \quad 0 : N^{(1)} \right) & 0 \\ 0 & \widehat{F}_g \left(\left(N^{(1)} + 1 \right) : NP \quad , \quad \left(N^{(1)} + 1 \right) : NP \right) \end{bmatrix} \tag{2-41}$$

（3）根据式（2-39）进行迭代，第 k 次（$k = 1, 2, \cdots$）迭代中：

$$\left[F_0^p \right]^{[k]} = \widehat{F}_g + \left[F^p \right]^{[k-1]} K_C^{[k-1]} F_R^{[k-1]} + \left[F_R^{[k-1]} \right]^{\mathrm{T}} \left[K_C^{[k-1]} \right]^{\mathrm{T}} \left[F^p \right]^{[k-1]}$$
$$+ \left[F^p \right]^{[k-1]} H^{[k-1]} \left[F^p \right]^{[k-1]} - F_R^{[k-1]} \tag{2-42}$$

为保持 F^p 的分块对角属性，相应于两个子结构的 $\left[F_0^p \right]^{[k]}$ 的对角分块被用于后续的迭代过程，对角块以外的部分置为 0。

$$\left[F^p \right]^{[k]} = \begin{bmatrix} \left[F_0^p \right]^{[k]} \left(0 : N^{(1)} \quad , \quad 0 : N^{(1)} \right) & 0 \\ 0 & \left[F_0^p \right]^{[k]} \left(\left(N^{(1)} + 1 \right) : NP \quad , \quad \left(N^{(1)} + 1 \right) : NP \right) \end{bmatrix} \tag{2-43}$$

（4）重复步骤（2）~（3）直到连续两次迭代的相对差值小于一个预定义的限值：

$$e = \frac{\mathrm{norm} \left(\left[F^p \right]^{[k]} - \left[F^p \right]^{[k-1]} \right)}{\mathrm{norm} \left(\left[F^p \right]^{[k]} \right)} < \mathrm{Tol} \tag{2-44}$$

循环结束后，子结构的柔度矩阵就是 $\left[F^p \right]^{[k]}$ 的对角分块。

对于自由体子结构，一方面刚体模态只和结构的形状和位置有关，和结构的材料特性、损伤状况等无关。另一方面，刚体运动会导致子结构位移趋于无穷大，导致刚度矩阵为非正定矩阵，柔度矩阵不存在。因此，有必要屏蔽自由体结构的刚体模态，只提取自由体结构的变形模态，用于结构的损伤识别。通过本节方法提取的子结构柔度矩阵包含刚体模态和变形模态共同的作用，因此，根据结构特征向量互为正交化向量的特点，可构造正交投影算子[122]：

$$P = I - MRR^{\mathrm{T}} = M\boldsymbol{\Phi}_{\mathrm{d}}\boldsymbol{\Phi}_{\mathrm{d}}^{\mathrm{T}} \qquad (2\text{--}45)$$

该正交投影算子满足：

$$P^2 = P\left(I - MRR^{\mathrm{T}}\right) = \left(I - MRR^{\mathrm{T}}\right)P = P, \ \left(MR\right)^{\mathrm{T}}P = 0, \ PMR = 0 \qquad (2\text{--}46)$$

基于逆向子结构算法的有限元模型修正过程如图2-6所示。首先通过逆向子结构方法，将整体结构试验模态分解为独立子结构的模态参数，其基本步骤如下：

（1）依据整体结构的试验模态计算得到整体结构的试验柔度矩阵。

（2）依据逆向子结构方法，将整体结构的试验柔度矩阵分解为各子结构分块柔度矩阵。该过程为迭代逼近过程，直到连续两次子结构分块柔度矩阵的残差小于预先设定的允许值。

（3）对自由体子结构，将子结构分块柔度矩阵投影，获取子结构变形体柔度矩阵。

（4）建立独立子结构的有限元模型，求解独立子结构有限元模型柔度矩阵的灵敏度，由此构建目标函数及其灵敏度。

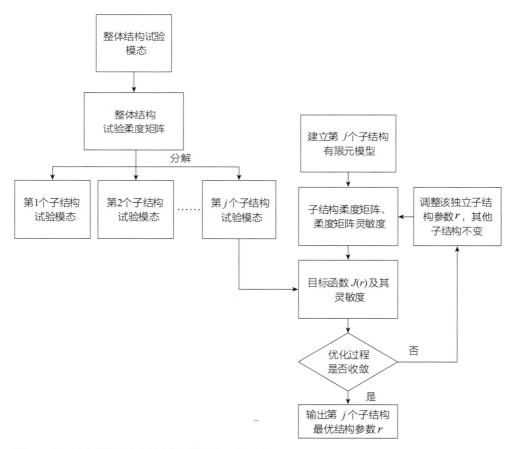

图2-6 基于逆向子结构算法的有限元模型修正流程图

通过上述过程计算得到独立子结构柔度矩阵后，修正独立子结构的有限元模型。在模型修正过程中，以独立子结构的有限元模型柔度矩阵和试验模态分解后的子结构柔度矩阵的残差为目标函数。对独立子结构的模型修正过程如下：

（1）由于独立自由子结构包含刚体模态，刚体运动会导致结构位移趋于无穷大，柔度矩阵不存在，因此我们需要提取自由子结构的变形模态对应的柔度矩阵。根据独立子结构节点的位置组建刚体模态 $\boldsymbol{R}_{\mathrm{a}}^{(2)}$，然后求解正交投影算子 $\boldsymbol{P}_{\mathrm{a}}^{(2)}$。该算子和刚体模态正交 $\boldsymbol{R}_{\mathrm{a}}^{(2)}\boldsymbol{P}_{\mathrm{a}}^{(2)}=\boldsymbol{0}$。

（2）用 $\boldsymbol{P}_{\mathrm{a}}^{(2)}$ 从广义柔度矩阵 $\left(\bar{\boldsymbol{F}}_{\mathrm{aa}}^{(2)}\right)^{\mathrm{E}}$ 中移除刚体模态：$\left(\tilde{\boldsymbol{F}}_{\mathrm{aa}}^{(2)}\right)^{\mathrm{E}}=\left[\boldsymbol{P}_{\mathrm{a}}^{(2)}\right]^{\mathrm{T}}\left(\bar{\boldsymbol{F}}_{\mathrm{aa}}^{(2)}\right)^{\mathrm{E}}\boldsymbol{P}_{\mathrm{a}}^{(2)}$。

（3）将子结构视为一个独立结构，对其有限元模型进行修正。在每一次迭代中计算被测自由度上的子结构柔度矩阵 $\left(\boldsymbol{F}_{\mathrm{aa}}^{(2)}\right)^{\mathrm{A}}$ 并与正交投影算子相乘：$\left(\tilde{\boldsymbol{F}}_{\mathrm{aa}}^{(2)}\right)^{\mathrm{A}}=\left[\boldsymbol{P}_{\mathrm{a}}^{(2)}\right]^{\mathrm{T}}\left(\boldsymbol{F}_{\mathrm{aa}}^{(2)}\right)^{\mathrm{A}}\boldsymbol{P}_{\mathrm{a}}^{(2)}$。由牛顿置信区间优化算法，通过独立子结构有限元模型的柔度矩阵和试验模态分解后的柔度矩阵的残差，建立目标函数 $\Delta\boldsymbol{F}=\mathrm{norm}\left[\left(\tilde{\boldsymbol{F}}_{\mathrm{aa}}^{(2)}\right)^{\mathrm{E}}-\left(\tilde{\boldsymbol{F}}_{\mathrm{aa}}^{(2)}\right)^{\mathrm{A}}\right]$，求解目标函数对修正参数灵敏度矩阵，修正子结构2的单元参数，使其值最优，完成模型修正过程。

2.4　基于子结构灵敏度分析的关键区域确定准则和方法

子结构灵敏度系数反映了局部区域对整体结构性能的影响大小，可以用来确定关键区域子结构。因此，本章将首先推导基于子结构的一阶和高阶灵敏度快速计算方法，求解特征解对子结构的灵敏度，通过子结构灵敏度大小确定关键区域子结构。

2.4.1　基于子结构的一阶灵敏度快速算法

将子结构特征方程（2-16）表达为第 i 阶模态的形式：

$$\left[\left(\boldsymbol{\Lambda}_{\mathrm{m}}^{\mathrm{p}}-\bar{\lambda}_i\boldsymbol{I}_{\mathrm{m}}\right)+\boldsymbol{\Gamma}_{\mathrm{m}}\boldsymbol{\varsigma}^{-1}\boldsymbol{\Gamma}_{\mathrm{m}}^{\mathrm{T}}\right]\{\boldsymbol{z}_i\}=\{\boldsymbol{0}\} \tag{2-47}$$

将式（2-47）两边对设计参数 r 求偏导可得：

$$\left[\left(\boldsymbol{\Lambda}_{\mathrm{m}}^{\mathrm{p}}-\bar{\lambda}_i\boldsymbol{I}_{\mathrm{m}}\right)+\boldsymbol{\Gamma}_{\mathrm{m}}\boldsymbol{\varsigma}^{-1}\boldsymbol{\Gamma}_{\mathrm{m}}^{\mathrm{T}}\right]\frac{\partial\{\boldsymbol{z}_i\}}{\partial r}+\frac{\partial\left[\left(\boldsymbol{\Lambda}_{\mathrm{m}}^{\mathrm{p}}-\bar{\lambda}_i\boldsymbol{I}_{\mathrm{m}}\right)+\boldsymbol{\Gamma}_{\mathrm{m}}\boldsymbol{\varsigma}^{-1}\boldsymbol{\Gamma}_{\mathrm{m}}^{\mathrm{T}}\right]}{\partial r}\{\boldsymbol{z}_i\}=\{\boldsymbol{0}\} \tag{2-48}$$

由于 $\left[\left(\boldsymbol{\Lambda}_{\mathrm{m}}^{\mathrm{p}}-\bar{\lambda}_i\boldsymbol{I}_{\mathrm{m}}\right)+\boldsymbol{\Gamma}_{\mathrm{m}}\boldsymbol{\varsigma}^{-1}\boldsymbol{\Gamma}_{\mathrm{m}}^{\mathrm{T}}\right]$ 对称，将式（2-48）两边同时左乘 $\{\boldsymbol{z}_i\}^{\mathrm{T}}$ 可以得到第 i 阶模态的特征值偏导：

$$\frac{\partial \overline{\lambda}_i}{\partial r} = \{z_i\}^{\mathrm{T}} \left[\frac{\partial \boldsymbol{\Lambda}_{\mathrm{m}}^{\mathrm{p}}}{\partial r} + \frac{\partial \left(\boldsymbol{\Gamma}_{\mathrm{m}} \varsigma^{-1} \boldsymbol{\Gamma}_{\mathrm{m}}^{\mathrm{T}} \right)}{\partial r} \right] \{z_i\} \tag{2-49}$$

其中：

$$\frac{\partial \left(\boldsymbol{\Gamma}_{\mathrm{m}} \varsigma^{-1} \boldsymbol{\Gamma}_{\mathrm{m}}^{\mathrm{T}} \right)}{\partial r} = \frac{\partial \boldsymbol{\Gamma}_{\mathrm{m}}}{\partial r} \varsigma^{-1} \boldsymbol{\Gamma}_{\mathrm{m}}^{\mathrm{T}} - \boldsymbol{\Gamma}_{\mathrm{m}} \varsigma^{-1} \frac{\partial \varsigma}{\partial r} \varsigma^{-1} \boldsymbol{\Gamma}_{\mathrm{m}}^{\mathrm{T}} + \boldsymbol{\Gamma}_{\mathrm{m}} \varsigma^{-1} \frac{\partial \boldsymbol{\Gamma}_{\mathrm{m}}^{\mathrm{T}}}{\partial r} \tag{2-50}$$

式（2-50）中，偏导矩阵$\frac{\partial \boldsymbol{\Lambda}_{\mathrm{m}}^{\mathrm{p}}}{\partial r}$、$\frac{\partial \boldsymbol{\Gamma}_{\mathrm{m}}}{\partial r}$和$\frac{\partial \varsigma}{\partial r}$分别从独立子结构的特征值偏导、特征向量偏导以及剩余柔度偏导中求出。因为各子结构是相互独立的，这些偏导矩阵仅需在某一个子结构中求解，而在其他子结构中为0。例如，设计参数r在第R个子结构中，那么只需求解第R个子结构对参数r的特征值偏导、特征向量偏导和剩余柔度偏导[123]，即：

$$\frac{\partial \boldsymbol{\Lambda}_{\mathrm{m}}^{\mathrm{p}}}{\partial r} = \begin{bmatrix} 0 & 0 & 0 \\ 0 & \frac{\partial \boldsymbol{\Lambda}_{\mathrm{m}}^{(j)}}{\partial r} & 0 \\ 0 & 0 & 0 \end{bmatrix}, \quad \frac{\partial \boldsymbol{\Gamma}_{\mathrm{m}}^{\mathrm{T}}}{\partial r} = \mathbf{C} \frac{\partial \boldsymbol{\Phi}_{\mathrm{m}}^{\mathrm{p}}}{\partial r} = \mathbf{C} \begin{bmatrix} 0 & 0 & 0 \\ 0 & \frac{\partial \boldsymbol{\Phi}_{\mathrm{m}}^{(R)}}{\partial r} & 0 \\ 0 & 0 & 0 \end{bmatrix} \tag{2-51}$$

$$\frac{\partial \varsigma}{\partial r} = \boldsymbol{C} \times \mathrm{Diag} \begin{bmatrix} \mathbf{0} & \mathbf{0} & \mathbf{0} \\ \mathbf{0} & \frac{\partial \left\{ \left(\boldsymbol{K}^{(R)} \right)^{-1} - \boldsymbol{\Phi}_{\mathrm{m}}^{(R)} \left(\boldsymbol{\Lambda}_{\mathrm{m}}^{(R)} \right)^{-1} \left[\boldsymbol{\Phi}_{\mathrm{m}}^{(R)} \right]^{\mathrm{T}} \right\}}{\partial r} & \mathbf{0} \\ \mathbf{0} & \mathbf{0} & \mathbf{0} \end{bmatrix} \times \boldsymbol{C}^{\mathrm{T}} \tag{2-52}$$

$\{z_i\}$、$\boldsymbol{\Gamma}_{\mathrm{m}}$和$\varsigma^{-1}$在上一节计算特征解的过程中已经求出，这里可以直接使用。$\frac{\partial \boldsymbol{\Lambda}_{\mathrm{m}}^{(R)}}{\partial r}$和$\frac{\partial \boldsymbol{\Phi}_{\mathrm{m}}^{(R)}}{\partial r}$是第$R$个子结构主模态的特征值和特征向量对$r$的偏导。将第$R$个子结构看成一个相对独立的结构，可以求得$\frac{\partial \boldsymbol{\Lambda}_{\mathrm{m}}^{(R)}}{\partial r}$和$\frac{\partial \boldsymbol{\Phi}_{\mathrm{m}}^{(R)}}{\partial r}$。然后，整体结构的特征解矩阵可以从式（2-51）中得到，它只依赖于一个特定的子结构（第R个子结构）。

根据式（2-16），整体结构的特征向量可以由$\overline{\boldsymbol{\Phi}} = \boldsymbol{\Phi}_{\mathrm{m}} z_{\mathrm{m}}$得出。因此，整体结构的第$i$阶模态对应的特征向量可以表示为：

$$\overline{\boldsymbol{\Phi}}_i = \boldsymbol{\Phi}_{\mathrm{m}}^{\mathrm{p}} \{z_i\} \tag{2-53}$$

将式（2-53）对参数r求偏导，可以得到第i阶模态的特征向量灵敏度为：

$$\frac{\partial \overline{\boldsymbol{\Phi}}_i}{\partial r} = \frac{\partial \boldsymbol{\Phi}_{\mathrm{m}}^{\mathrm{p}}}{\partial r} \{z_i\} + \boldsymbol{\Phi}_{\mathrm{m}}^{\mathrm{p}} \left\{ \frac{\partial z_i}{\partial r} \right\} \tag{2-54}$$

在式（2-54）中，$\boldsymbol{\Phi}_m^p$ 和 $\{z_i\}$ 在计算特征值时已经算出。如式（2-51）所示，$\dfrac{\partial \boldsymbol{\Phi}_m^p}{\partial r}$ 只和第 R 个子结构的主模态有关。

$\left\{\dfrac{\partial z_i}{\partial r}\right\}$ 可以从特征方程［式（2-49）］中得到。$\left\{\dfrac{\partial z_i}{\partial r}\right\}$ 可以分解成一个常数项和齐次项叠加的形式：

$$\left\{\frac{\partial z_i}{\partial r}\right\} = \{v_i\} + c_i \{z_i\} \tag{2-55}$$

其中 c_i 是参与系数。将式（2-55）代入式（2-50）中得：

$$\boldsymbol{\Psi}\{v_i\} = \{Y_i\} \tag{2-56}$$

式中 $\boldsymbol{\Psi} = \left[\left(\boldsymbol{\Lambda}_m^p - \bar{\lambda}_i \boldsymbol{I}_m\right) + \boldsymbol{\Gamma}_m \varsigma^{-1} \boldsymbol{\Gamma}_m^{\mathrm{T}}\right]$，$\{Y_i\} = -\dfrac{\partial\left[\left(\boldsymbol{\Lambda}_m^p - \bar{\lambda}_i \boldsymbol{I}_m\right) + \boldsymbol{\Gamma}_m \varsigma^{-1} \boldsymbol{\Gamma}_m^{\mathrm{T}}\right]}{\partial r}\{z_i\}$

由于 $\boldsymbol{\Psi}$ 和 $\{Y_i\}$ 项可以在计算特征值的偏导时求出，所以 $\{v_i\}$ 可根据式（2-56）求解。简化后的特征方程（2-16）的特征向量 $\{z_i\}$ 满足正交条件：

$$\{z_i\}^{\mathrm{T}}\{z_i\} = \boldsymbol{I} \tag{2-57}$$

式（2-57）对 r 求偏导得：

$$\frac{\partial \{z_i\}^{\mathrm{T}}}{\partial r}\{z_i\} + \{z_i\}^{\mathrm{T}}\frac{\partial \{z_i\}}{\partial r} = \boldsymbol{0} \tag{2-58}$$

将式（2-55）代入式（2-58）中，得到参数 c_i 为：

$$c_i = -\frac{1}{2}\left(\{v_i\}^{\mathrm{T}}\{z_i\} + \{z_i\}^{\mathrm{T}}\{v_i\}\right) \tag{2-59}$$

已知向量 $\{v_i\}$ 和系数 c_i，可以进一步得到：

$$\left\{\frac{\partial z_i}{\partial r}\right\} = \{v_i\} - \frac{1}{2}\left(\{v_i\}^{\mathrm{T}}\{z_i\} + \{z_i\}^{\mathrm{T}}\{v_i\}\right)\{z_i\} \tag{2-60}$$

最后，根据 $\left\{\dfrac{\partial z_i}{\partial r}\right\}$、$\dfrac{\partial \boldsymbol{\Phi}_m^p}{\partial r}$、$z_i$ 和 $\boldsymbol{\Phi}_m^p$ 可由式（2-54）计算整体结构特征向量灵敏度。

2.4.2 基于子结构的高阶灵敏度快速算法

将式（2-47）两边对 k 个设计参数（$r_1, \cdots, r_k$）求偏导可得：

$$\frac{\partial^k \left(\boldsymbol{\Psi} - \overline{\lambda}_i \boldsymbol{I}\right)}{\partial r_1 \partial r_2 \cdots \partial r_k}\{z_i\} + \frac{\partial^{k-1}\left(\boldsymbol{\Psi} - \overline{\lambda}_i \boldsymbol{I}\right)}{\partial r_1 \partial r_2 \cdots \partial r_{k-1}}\frac{\partial\{z_i\}}{\partial r_k} + \cdots + \frac{\partial\left(\boldsymbol{\Psi} - \overline{\lambda}_i \boldsymbol{I}\right)}{\partial r_1}\frac{\partial^{k-1}\{z_i\}}{\partial r_2 \partial r_3 \cdots \partial r_k}$$

$$+ \left(\boldsymbol{\Psi} - \overline{\lambda}_i \boldsymbol{I}\right)\frac{\partial^k \{z_i\}}{\partial r_1 \partial r_2 \cdots \partial r_k} = \boldsymbol{0} \tag{2-61}$$

将式（2-61）两边同时左乘$\{z_i\}^{\mathrm{T}}$可以得到第i阶模态的第k阶特征值偏导：

$$\frac{\partial^k \overline{\lambda}_i}{\partial r_1 \partial r_2 \cdots \partial r_k} = \{z_i^{\mathrm{T}}\}\frac{\partial^k \boldsymbol{\Psi}}{\partial r_1 \partial r_2 \cdots \partial r_k}\{z_i\} + \{z_i^{\mathrm{T}}\}\frac{\partial^{k-1}\left(\boldsymbol{\Psi} - \overline{\lambda}_i \boldsymbol{I}\right)}{\partial r_1 \partial r_2 \cdots \partial r_{k-1}}\frac{\partial\{z_i\}}{\partial r_k} + \cdots$$

$$+ \{z_i^{\mathrm{T}}\}\frac{\partial\left(\boldsymbol{\Psi} - \overline{\lambda}_i \boldsymbol{I}\right)}{\partial r_1}\frac{\partial^{k-1}\{z_i\}}{\partial r_2 \partial r_3 \cdots \partial r_k} \tag{2-62}$$

式（2-62）中，第k阶特征值偏导由k阶偏导变量$\dfrac{\partial^k \boldsymbol{\Psi}}{\partial r_1 \partial r_2 \cdots \partial r_k}$和（$k-1$）阶及以下低阶偏导变量的乘积两部分组成。只有当这$k$个设计参数（$r_1, \cdots, r_k$）是同一个子结构的参数（例如，第$R$个子结构），$k$阶偏导变量$\dfrac{\partial^k \boldsymbol{\Psi}}{\partial r_1 \partial r_2 \cdots \partial r_k}$的值才不为零。在这种情况下，计算第$R$个子结构的主模态的$k$阶偏导变量来组集整体结构的$k$阶灵敏度矩阵。如果$k$个设计参数（$r_1, \cdots, r_k$）不是同一个子结构的参数，整体结构的$k$阶灵敏度矩阵有子结构主模态的$k-1$阶及以下低阶偏导变量计算得到。在这$k$个设计参数（$r_1, \cdots, r_k$）中，如果有$m$个设计参数位于同一个子结构，只需要计算这个子结构的偏导向量来得到整体结构的k阶灵敏度矩阵。

将式（2-53）对k个设计参数（$r_1, \cdots, r_k$）求偏导，可以得到第i阶模态的k阶特征向量灵敏度为：

$$\frac{\partial^k \overline{\boldsymbol{\Phi}}_i}{\partial r_1 \partial r_2 \cdots \partial r_k} = \frac{\partial^k \boldsymbol{\Phi}_{\mathrm{m}}^{\mathrm{p}}}{\partial r_1 \partial r_2 \cdots \partial r_k}\{z_i\} + \frac{\partial^{k-1}\boldsymbol{\Phi}_{\mathrm{m}}^{\mathrm{p}}}{\partial r_1 \partial r_2 \cdots \partial r_{k-1}}\frac{\partial\{z_i\}}{\partial r_k} + \cdots$$

$$+ \frac{\partial \boldsymbol{\Phi}_{\mathrm{m}}^{\mathrm{p}}}{\partial r_1}\frac{\partial^{k-1}\{z_i\}}{\partial r_2 \partial r_3 \cdots \partial r_k} + \boldsymbol{\Phi}_{\mathrm{m}}^{\mathrm{p}}\frac{\partial^k \{z_i\}}{\partial r_1 \partial r_2 \cdots \partial r_k} \tag{2-63}$$

计算出整体结构的第i阶模态的k阶特征向量灵敏度，需要求解$\dfrac{\partial^k \{z_i\}}{\partial r_1 \partial r_2 \cdots \partial r_k}$。将其分解成一个常数项和齐次项叠加的形式：

$$\frac{\partial^k \{z_i\}}{\partial r_1 \partial r_2 \cdots \partial r_k} = \left\{v_{i(r_1, r_2, \cdots, r_k)}\right\} + c_{i(r_1, r_2, \cdots, r_k)}\{z_i\} \tag{2-64}$$

将式（2-64）代入式（2-61）中并在式（2-61）左乘$\{z_i\}^{\mathrm{T}}$特征方程可以表示为：

$$\left(\boldsymbol{\varPsi}-\overline{\lambda}_i\boldsymbol{I}\right)\left\{\boldsymbol{v}_{i(r_1,r_2,\cdots,r_k)}\right\}=\left\{\boldsymbol{Y}_{i(r_1,r_2,\cdots,r_k)}\right\} \tag{2-65}$$

其中：

$$\left\{\boldsymbol{Y}_{i(r_1,r_2,\cdots,r_k)}\right\}=-\left(\frac{\partial^k\left(\boldsymbol{\varPsi}-\overline{\lambda}_i\boldsymbol{I}\right)}{\partial r_1\partial r_2\cdots\partial r_k}\{z_i\}+\frac{\partial^{k-1}\left(\boldsymbol{\varPsi}-\overline{\lambda}_i\boldsymbol{I}\right)}{\partial r_1\partial r_2\cdots\partial r_{k-1}}\frac{\partial\{z_i\}}{\partial r_k}+\cdots+\frac{\partial\left(\boldsymbol{\varPsi}-\overline{\lambda}_i\boldsymbol{I}\right)}{\partial r_1}\frac{\partial^{k-1}\{z_i\}}{\partial r_2\partial r_3\cdots\partial r_k}\right)$$

$$\tag{2-66}$$

然后，$\left\{\boldsymbol{v}_{i(r_1,r_2,\cdots,r_k)}\right\}$可根据式（2-65）求解出。

式（2-57）对k个设计参数（$r_1,\cdots,r_k$）求偏导得：

$$\{z_i\}^{\mathrm{T}}\frac{\partial^k\{z_i\}}{\partial r_1\partial r_2\cdots\partial r_k}=d_{i(r_1,r_2,\cdots,r_k)} \tag{2-67}$$

其中，$d_{i(r_1,r_2,\cdots,r_k)}$包含了$k-1$阶及以下低阶偏导变量。然后，将式（2-64）代入式（2-67）中，得到参数$c_{i(r_1,r_2,\cdots,r_k)}$为：

$$c_{i(r_1,r_2,\cdots,r_k)}=d_{i(r_1,r_2,\cdots,r_k)}-\{z_i\}^{\mathrm{T}}\left\{\boldsymbol{v}_{i(r_1,r_2,\cdots,r_k)}\right\} \tag{2-68}$$

已知向量$\left\{\boldsymbol{v}_{i(r_1,r_2,\cdots,r_k)}\right\}$和系数$c_{i(r_1,r_2,\cdots,r_k)}$，可以得到整体结构特征向量灵敏度。

从以上公式推导可以看出，提出的计算一阶和高阶特征向量灵敏度的子结构方法只需要分析包含相应设计参数的子结构，从而大大减小了特征方程的尺寸。与传统的整体方法相比，本子结构方法大大提高了计算效率。

在基于子结构的灵敏度速算方法基础上，将子结构特征灵敏度大的区域确定为关键区域子结构。

2.5　实验验证与工程应用

通过正向子结构方法求解特征值和特征值灵敏度，将其应用于有限元模型修正过程，即可完成对实际工程结构的有限元模型修正和损伤识别。基于逆向子结构的有限元模型修正将应用于一个实验室钢框架模型和广州新电视塔结构，完成结构的模型修正和损伤识别，从而验证该方法的精度和效率。

2.5.1　实验室框架模型实验

将本章提出的逆向子结构方法应用于一个实验室钢框架实验，完成钢框架结构（图2-7）的模型修正和损伤识别。该模型为一个三层框架结构，每层高度0.5m，框架总高1.5m，宽度为0.5m。梁的横截面为（50.0×8.8）mm²，柱横截面为（50.0×4.4）mm²，钢材的密度为7.67×10³kg/m³。为获取框架结构试验模态，加速度传感器布置如图2-7（b）所示。应用子结构方法时，当结构局部区域有损伤时，只对三层框架中的某一层框架进行测试，其他传感器不需要采集数据。

框架结构采用力锤激励，力锤自动记录输入力大小。用加速度传感器记录结构在测点处的横向加速度响应，加速度传感器分布如图2-7所示。通过加速度传感器记录的数据，可以得到结构每一点的频响函数，进而得到结构的试验模态（自振频率和振型）。每一次测量持续90s，力锤激励3次，每次敲击间隔30s左右。实验测试典型曲线如图2-8所示，分别为力锤记录的输入力、结构加速度响应、结构频响函数和相干函数。

由各测点加速度响应和频响函数可以较准确地得到结构前14阶自振频率和振型。在未损状态下，结构前14阶振型如图2-9所示。从试验模态的自振频率及振型可得结构的柔度矩阵。

（a）实验室模型　　　　　　　（b）模型尺寸和传感器布置

图2-7　实验室钢框架模型

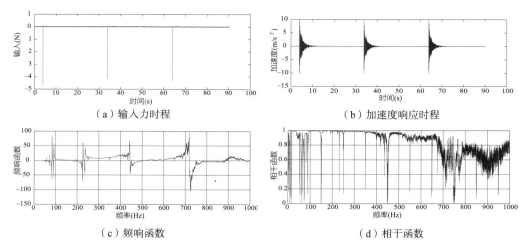

（a）输入力时程　　　　　　　　　　　　（b）加速度响应时程

（c）频响函数　　　　　　　　　　　　　（d）相干函数

图2-8　实验测量的典型曲线

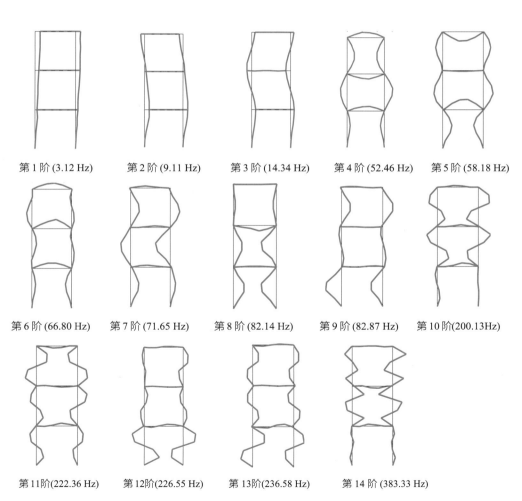

第1阶 (3.12 Hz)　　第2阶 (9.11 Hz)　　第3阶 (14.34 Hz)　　第4阶 (52.46 Hz)　　第5阶 (58.18 Hz)

第6阶 (66.80 Hz)　　第7阶 (71.65 Hz)　　第8阶 (82.14 Hz)　　第9阶 (82.87 Hz)　　第10阶(200.13Hz)

第11阶(222.36 Hz)　　第12阶(226.55 Hz)　　第13阶(236.58 Hz)　　第14阶 (383.33 Hz)

图2-9　未损伤状态下结构前14阶振型

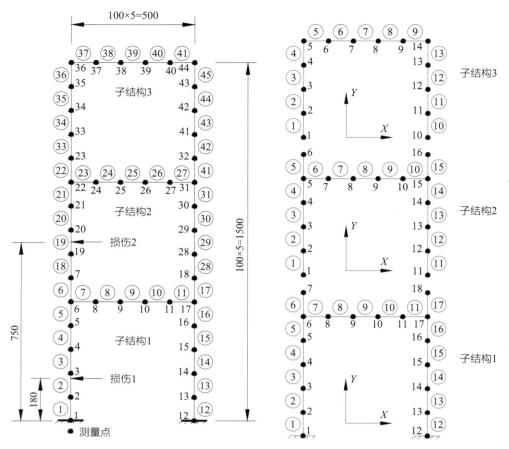

图2-10 框架结构有限元模型（单位: mm）　　图2-11 独立子结构的有限元模型

要完成该框架的有限元模型修正和损伤识别，首先需建立初始有限元模型。该钢框架的有限元模型如图2-10所示，该有限元模型由44个节点、45个单元组成，每个单元长度为100mm。由本节提出的基于子结构的有限元模型修正方法，将整体结构分解为3个子结构，各子结构为独立结构，其单元结点编号，如图2-11所示。

1. 基于子结构的有限元模型修正

基于有限元模型修正的损伤识别技术，首先要对原始的未损伤状态下的有限元模型进行模型修正。在此基础上，基于损伤后的试验模态进行模型修正，完成结构损伤识别。

采用基于子结构的有限元模型修正方法，首先将三个子结构的子结构柔度矩阵从未损伤状态下的结构试验模态中提取出来，分别用来修正三个子模型（图2-11）。

通过2.4节中叙述的子结构方法同时提取三个子结构的子结构柔度矩阵

$\left[\left(F_{\text{aa}}^{(1)} \right)^{\text{E}}, \left(\bar{F}_{\text{aa}}^{(2)} \right)^{\text{E}}, \left(\bar{F}_{\text{aa}}^{(3)} \right)^{\text{E}} \right]$。因为在划分后第二个及第三个子结构是自由子结构,所以获得的广义柔度矩阵应该乘以正交投影算子 $\left\{ \left(\tilde{F}_{\text{aa}}^{(j)} \right)^{\text{E}} = \left[P_{\text{a}}^{(j)} \right]^{\text{T}} \left(\bar{F}_{\text{aa}}^{(j)} \right)^{\text{E}} P_{\text{a}}^{(j)}, \ j = 2, 3 \right\}$。分解后的三个子结构的实验柔度矩阵被用于修正三个独立子结构有限元模型。有限元模型中的单元刚度为修正参数。结构支座约束的边界条件通过修正靠近边界的单元的刚度来实现。于是,子结构1中有17个修正参数,子结构2中有15个,子结构3中有13个。

单元刚度折减系数 SRF 用来描述结构模型修正前和修正后刚度的变化:

$$SRF = \frac{\Delta r}{r} = \frac{r^{\text{U}} - r^{\text{O}}}{r^{\text{O}}} \tag{2-69}$$

式中,上标O表示修正前的原始参数,U表示修正后的修正值。图2-12给出了子结构模型修正后三个子结构的单元刚度折减系数 SRF 的值。为了证明基于子结构模型修正方法的正确性,使用修正后的刚度来计算整体结构的频率和振型。将模型修正前及修正后的整体结构的频率和振型与结构的试验模态进行比较,如表2-1所示。与修正前结构的频率和振型相比,修正后的整体结构的频率和振型与实验结果匹配地更好,修正后的结构模型能更好地代表实际结构。在未损伤状态下修正后的三个子模型将用于后续的结构损伤识别。

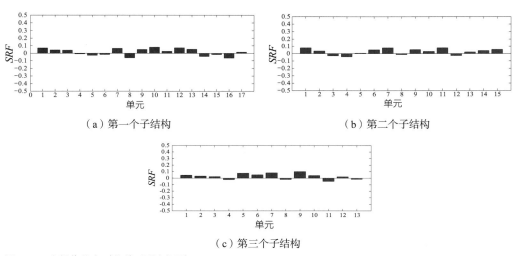

（a）第一个子结构　　　　　　　　　　（b）第二个子结构

（c）第三个子结构

图2-12　未损伤状态下的单元刚度识别

试验模态	有限元模态	试验频率（Hz）	修正前			修正后		
			频率（Hz）	差值	模态置信准则	频率（Hz）	差值	模态置信准则
1	1	3.12	3.16	1.27%	0.993	3.13	0.32%	0.997
2	2	9.11	9.23	1.27%	0.976	9.15	0.44%	0.996
3	3	14.34	14.04	−2.13%	0.989	14.40	0.39%	0.993
4	4	52.46	50.42	−3.88%	0.981	51.90	−1.07%	0.997
5	5	58.18	56.51	−2.87%	0.980	57.74	−0.75%	0.989
6	6	66.80	64.34	−3.68%	0.871	66.84	0.06%	0.951
7	7	71.65	70.80	−1.18%	0.928	72.00	0.49%	0.970
8	8	82.14	82.51	0.45%	0.877	81.78	−0.43%	0.933
9	9	82.87	80.98	−2.29%	0.885	82.41	−0.55%	0.975
10	16	200.13	211.12	5.49%	0.919	205.54	2.70%	0.957
11	17	222.36	215.91	−2.90%	0.920	224.62	1.02%	0.965
12	18	226.55	220.37	−2.73%	0.913	226.13	−0.18%	0.959
13	19	236.58	230.60	−2.53%	0.905	235.17	−0.60%	0.959
14	22	383.33	395.44	3.16%	0.903	389.95	1.73%	0.951
均值				2.56%	0.932		0.77%	0.971

2. 基于有限元模型修正的损伤识别

在实验室钢框架模型中引入了两种损伤工况。在第一种损伤工况中，第一层的柱子在离支座180mm的地方切口损伤（图2-7），切口的宽度为$b=10$mm，深度为$d=15$mm；随后，在第二层的离支座750mm的地方切口损伤，切口的宽度为$b=10$mm，深度为$d=15$mm。

在第一种损伤工况中，结构损伤只发生在第一层，只需要对第一层进行测量（就是图2-11中对应节点1-18）。根据上述介绍的同样的方法，完成模态试验。通过在第一层测量的加速度信号，可以得到结构的14阶频率和质量归一化的振型，进而从结构部分测点的频率和振型，得到损伤状态下的整体结构的局部柔度矩阵。使用上述子结构方法，可以从整体结构局部柔度矩阵中提取第一个子结构的子结构柔度矩阵。

基于独立子结构的有限元模型修正方法，根据提取后的子结构实验柔度矩阵只对第一个子结构进行模型修正，而第二个和第三个子结构保持不变。图2-13给出了对第一个子结构完成模型修正后，第一个子结构的17个单元的单元刚度折减系数。

通过单元刚度折减系数可以看到，单元2的刚度发生了明显的减小，减小量超过25%。这与试验中切口的位置相符合。单元刚度折减系数的大小表示了单元损伤的严重性及由损伤位置引起的单元整体等效刚度的减少。结构发生工况

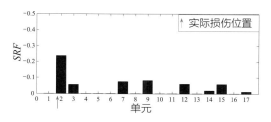

图2-13　第一种损伤工况下的单元刚度识别

一损伤的情况下，对整个单元刚度的折减约为25%。由于测量噪声的影响，其他单元刚度折减系数在0~5%间波动。为验证模型修正的正确性，修正参数后的单元刚度参数带入整体结构中，计算在损伤状态下整体结构的频率和振型，并与表2-2中由实验得到的损伤后的模态数据进行比较。与修正前的频率和振型相比较，修正后的结构振型和频率与实验模型的更相符，说明模型修正过程使得理论模型更贴近实际情况。

有限元模型修正前后的频率和振型（损伤工况一）　　　　　表2-2

试验模态	有限元模态	试验频率（Hz）	修正前			修正后		
			频率（Hz）	差值	模态置信准则	频率（Hz）	差值	模态置信准则
1	1	3.11	3.13	0.62%	0.992	3.11	−0.10%	0.992
2	2	9.09	9.15	0.64%	0.996	9.18	0.94%	0.997
3	3	14.34	14.40	0.42%	0.997	14.14	−1.39%	0.997
4	4	52.24	51.90	−0.65%	0.986	52.26	0.04%	0.985
5	5	57.72	57.74	0.03%	0.991	57.85	0.22%	0.992
6	6	66.73	66.84	0.18%	0.916	66.76	0.05%	0.949
7	7	71.28	72.00	1.01%	0.970	71.13	−0.21%	0.980
8	8	81.60	81.78	0.22%	0.860	81.67	0.09%	0.919
9	9	82.19	82.41	0.28%	0.859	82.29	0.13%	0.917
10	16	199.70	205.54	2.93%	0.932	200.90	0.60%	0.944
11	17	220.93	224.62	1.67%	0.847	221.47	0.24%	0.915
12	18	224.97	226.13	0.52%	0.840	225.07	0.04%	0.927
13	19	234.78	235.17	0.16%	0.947	233.58	−0.51%	0.973
14	22	382.50	389.95	1.95%	0.926	387.54	1.32%	0.949
均值				0.81%	0.933		0.42%	0.960

　　在第二种损伤工况中，两个损伤位置分别位于第一个和第二个子结构。因此仅对结构的第一层和第二层进行测量。同样，通过第一层和第二层结构的加速度

数据，获取结构固有频率和振型，进而得到整体结构的局部柔度矩阵。通过本节论述的逆向子结构方法，从整体结构的局部柔度矩阵中，提取第一个和第二个子结构的子结构实验柔度矩阵。基于子结构的实验柔度矩阵，分别修正第一个和第二个子结构有限元模型，使其与子结构实验柔度矩阵相符合。图2-14给出了修正后第一个子结构和第二个子结构的单元刚度折减系数。单元2的刚度折减系数在第一个子结构中约为-20%，在第二个子结构中为-25%，和框架结构实际的损伤位置相符。表2-3将修正前后的模态与结构实际的实验模态进行了比较，相对于修正前的有限元模型，修正后的模型与实验结果符合得更好，修正后的有限元模型更贴近实际结构。

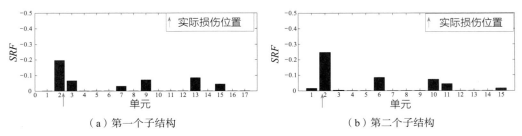

（a）第一个子结构　　　　　　　　　　　　（b）第二个子结构

图2-14　第二种损伤工况下的单元刚度识别

有限元模型修正前后的频率和振型（损伤工况二）　　　　表2-3

试验模态	有限元模态	试验频率（Hz）	修正前			修正后		
			频率（Hz）	差值	模态置信准则	频率（Hz）	差值	模态置信准则
1	1	3.11	3.13	0.77%	0.992	3.10	-0.36%	0.996
2	2	9.09	9.15	0.67%	0.996	9.11	0.21%	0.998
3	3	14.33	14.40	0.46%	0.997	14.29	-0.33%	0.997
4	4	51.88	51.90	0.04%	0.988	51.47	-0.80%	0.985
5	5	57.41	57.54	0.23%	0.989	57.56	0.27%	0.986
6	6	66.48	66.84	0.54%	0.924	65.84	-0.97%	0.938
7	7	70.73	72.00	1.80%	0.961	70.88	0.21%	0.978
8	8	80.99	81.78	0.98%	0.838	81.17	0.23%	0.933
9	9	81.98	82.41	0.54%	0.889	82.20	0.27%	0.916
10	16	199.11	205.54	3.23%	0.912	200.51	0.70%	0.933
11	17	220.03	224.62	2.08%	0.839	220.95	0.42%	0.922
12	18	224.14	226.13	0.89%	0.819	223.33	-0.36%	0.926
13	19	233.50	235.17	0.71%	0.934	230.65	-1.22%	0.952
14	22	376.49	389.95	3.58%	0.859	382.54	1.61%	0.941
均值				1.18%	0.924		0.57%	0.957

在两种损伤工况中，通过基于子结构的有限元模型修正方法识别的损伤单元与实验中实际的结构损伤位置相符合，并能有效识别结构损伤程度。

为验证基于子结构的有限元模型修正方法的正确性，使用传统的基于整体结构的有限元模型修正方法对同一个框架结构进行模型修正和损伤识别，所测得的模态数据与在基于子结构的模型修正方法中用到的数据相同。也就是，在未损伤状态和两种损伤状态下，用14阶频率和振型完成对整体结构的模型修正。以有限元模型的整体结构柔度矩阵和结构实验测量的柔度矩阵的差值作为目标函数。整体结构由45个单元组成，因此修正45个单元刚度。对未损伤状态下的有限元模型进行修正，修正后的刚度参数如图2-15所示。以未损伤状态下的有限元模型为基准，完成第一种损伤工况和第二种损伤工况下基于整体结构的有限元模型修正，模型修正后的单元刚度如图2-16和图2-17所示。

在第一种损伤工况下，单元2有一个很明显的单元刚度变化，单元刚度约减少25%。在第二种损伤情况下，单元2刚度减少23%，单元19的刚度约折减30%。结构损伤识别的结果与基于子结构的有限元模型修正方法识别的单元刚度变化结果相符合（图2-12～图2-14）。因此，所提出的基于子结构的有限元模型修正方法可有效地用于结构的模型修正和损伤识别。该实验室钢框架结构用于验证基于子结构的有限元模型修正方法用于损伤识别的正确性和有效性。基于子结构的有限元模型修正方法和传统的整体结构有限元模型修正方法对钢框架的损伤识别在定位和定量上结果一致，证明了基于子结构的有限元模型修正方法可正确地有效地识别结构损伤识别。子结构算法用对局部子结构的分析来实现对整体结构的分析，优势在于分析效率高，后续将以广州新电视塔为算例，验证子结构算法的效率。

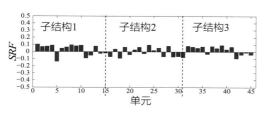

图2-15　未损伤状态下整体结构方法单元刚度识别

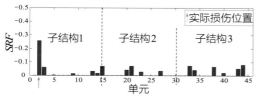

图2-16　第一种损伤工况下整体结构方法的单元刚度识别

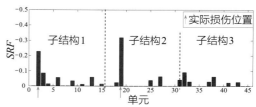

图2-17　第二种损伤工况下整体结构方法的单元刚度识别

2.5.2　广州电视塔有限元模型修正

广州新电视塔是一个600m高的超高层结构，包含一个454m的主塔和一个146m高的触角桅杆，如图2-18（a）所示。主塔由一个钢筋混凝土内管和一个内注混凝土外钢管的管柱形成筒中筒结构。该结构的有限元模型［图2-18（b）］包含8738个三维单元，3671个节点（每个节点有6个自由度）及21690个自由度。将整体结构有限元模型底部第一层48个外管柱单元刚度减少20%作为实际结构，获取局部区域50个自由度上的加速度响应，从中提取前10阶试验模态频率和质量归一化的振型，进而通过这10组频率和振型得到整体结构的局部柔度矩阵。

通过本章所述基于子结构的灵敏度分析方法计算子结构的特征灵敏度，如图2-18（d）所示，子结构特征灵敏度较大，将其确定为本算例的关键区域子结构。分别使用传统的基于整体结构的有限元模型修正方法和本章提出的基于子结构的模型修正方法，对有限元模型的指定区域进行模型修正。修正参数为图2-18中所示关键区域子结构的外管柱单元的单元刚度，一共有144个修正参数。使用传统的基于整体结构模型的修正方法，以有限元模型的局部柔度矩阵和实验得到的柔度矩阵之间的差值作为目标函数。对有限元模型的144个修正参数进行修正，使其匹配试验模态。有限元模型修正的每一次迭代，从整体结构有限元模型求解前10个特征解，进而得到整体结构的局部柔度矩阵和灵敏度矩阵。整体结构有限元模型的系统矩阵的大小为21690×21690。对于配置为2.8GHz CPU和2GB内存的台式机，每次迭代需要约1.27h才能完成。将优化收敛判别标准设置为目标函数的值达到$1×10^{-6}$，那么在15次迭代后可以完成模型修正进程，整个程序耗时17.88h，目标函数的收敛过程见图2-19。

使用本章提出的基于子结构的模型修正方法，其测量数据、修正参数、优化算法及优化收敛判别标准与上述基于整体结构模型的修正方法中的一致。采用子结构的方法，沿垂直方向将整体结构分为10个子结构，见图2-18（c）。根据本章提到的算法，从整体结构试验模态中提取关键区域子结构的柔度矩阵，大约需要531.4s。随后，只对关键区域子结构的有限元模型［图2-18（d）］进行模型修正，使其能匹配通过试验模态得到的子结构柔度矩阵。关键区域子结构的有限元模型是由945个单元，456节点和2736个自由度组成。在每次迭代中，从子结构模型的前10阶特征解中计算出子结构的柔度及其灵敏度矩阵，子结构的系统矩阵大小为2736×2736。基于子结构的有限元模型修正，一次迭代只需要大约0.11h，在满足

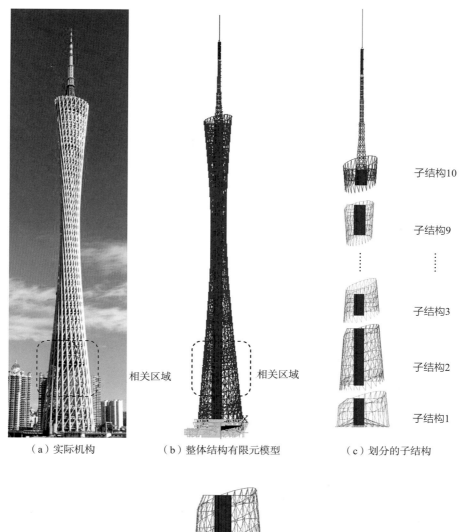

（a）实际机构　　　　（b）整体结构有限元模型　　　　（c）划分的子结构

（d）独立子结构模型（子结构2）

图2-18　广州电视塔及其有限元分析模型

优化收敛判别标准为1×10^{-6}的条件下，在14次迭代完成模型修正过程（图2-19）。整个过程只耗时1.69h。所花的时间为传统的整体结构模型修正方法的10%左右。由于子结构模型的尺寸远小于整体结构，基于子结构的有限元模型修正方法的速度远

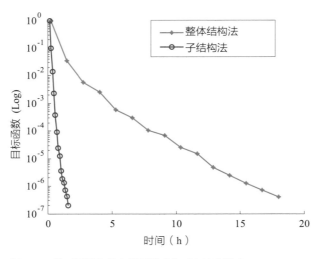

图2-19 基于子结构的有限元模型修正方法的效率

远快于基于整体结构的模型修正方法。

上述分析描述的是对关键区域进行模型修正，即对子结构和整体结构中局部的144个参数进行调整。在确定关键区域子结构后，可有效减少修正模型的尺寸和修正参数的数量。如果不确定关键区域，基于整体结构的方法需要对所有1104个柱单元进行模型修正，由于基于整体结构方法需要同时修正1104个参数，大量的修正参数将会严重地阻碍模型修正的收敛，其计算耗时远远多于修正局部区域所耗时的10倍（大于10×17.88≈178.8h）。本文所提出的子结构方法将整体结构的庞大的系统矩阵拆分为独立的小矩阵，避免了同时修正大量的参数给优化带来的困难。对应大型的结构，基于子结构灵敏度分析确定关键区域子结构，进而基于子结构的有限元模型修正方法将极大地提高模型修正和损伤识别的效率，为实时的健康监测提供有利的条件。

2.6 本章小结

本章论述了基于子结构有限元模型修正的整体结构安全诊断方法，包括正向子结构方法和逆向子结构方法。首先，将整体结构分解为独立子结构，计算独立子结构特征解及其灵敏度；然后，通过相邻子结构界面处位移平衡条件和力平衡条件将子结构组集起来得到整体结构的特征解和特征灵敏度。依据子结构特征灵敏度系数，判定关键区域子结构。最后，通过对关键区域子结构的模型修正，实现对整体结构的模型修正和损伤识别。在有限元模型修正过程中，只修正局部子结构而其他子结构不参与有限元模型修正过程。通过钢框架模型实验验证了这两种子结构模型修正方法的精度和效率，同时将该方法成功应用于广州新电视塔结构。

第 3 章

结构动态测量参数损伤
敏感性及损伤识别

3.1 引言

在结构损伤检测中需要研究对结构损伤敏感的检测指标，分析指标随结构损伤的变化规律，即进行指标对损伤的敏感性分析，从而根据损伤指标的变化识别出结构的损伤。结构的损伤识别主要包含3个层次：①判断结构是否发生损伤；②对结构损伤进行定位；③确定结构损伤的大小。由于不同的测量参数对结构不同部位所发生的损伤敏感程度不同，同时，进行不同层次的损伤识别所提出的试验要求也不同，因此，开展结构测量参数对损伤敏感性的系统分析，有助于深入了解结构各种模态参数和结构物理参数之间的关系，从而有助于进行不同层次的损伤识别时采用适当的测量参数。

敏感性是测量参数受结构变化影响时评估其性能的一种手段，由于其在计算力学领域的独特作用而成为研究热点。Zhao和DeWolf[21]分析了一个5自由度弹簧质量系统频率、振型、柔度矩阵对损伤的敏感性，结果表明柔度矩阵对损伤更为敏感。Yam等[124]研究了平板状结构静态和动态参数对损伤的敏感性，由此提出了相应的损伤检测指标，并通过数值算例和实验验证了这些损伤检测指标的损伤识别能力。Zhu等[125]在对周期结构的模态参数进行敏感性分析的基础上，用优化方法识别了周期结构的损伤。Yang[126]将特征值敏感性分析与柔度矩阵敏感性分析相结合，识别了一个包含31根杆件的桁架结构损伤。冯新等[127]引入模态加权指针，比较了频率、振型和柔度矩阵对模态稀疏的简单结构和模态密集的复杂结构的不同损伤敏感性。吴子燕等[128]提出了一种基于模态变化对结构损伤敏感性的传感器优化配置方法，并将该方法运用于某4跨连续梁的传感器优化布置，取得了较好的效果。蔡建国等[129]在对新广州站索拱结构屋盖体系连续倒塌分析中，采用敏感性分析方法讨论了新广州站内凹式索拱结构的重要构件。

结构损伤识别中的敏感性分析方法就是基于测量参数对结构参数变化敏感度的分析计算，确定结构是否出现损伤、损伤的位置及程度。适当的敏感性系数表达式就像铺在地面上的地毯，其形状可以有效反映地面的形状特征，即不同测量参数对不同位置损伤的敏感度大小不同，这称为损伤指示函数对单元损伤因子的覆盖效应。一些研究者从不同的角度出发，推导了不同测量参数对结构物理参数（质量、刚度、阻尼等）敏感度的计算公式。但已有的研究的局限性表现在两个方面：①必须知道结构未损伤时的结构参数或前几阶模态测量值；②要求得到所有的损伤结构的模态测量值，而通过测量得到的振型值也是有限的，仅根据这些有限的振型测量值得到的敏感性系数也是不准确的。

3.2 结构动态测量参数损伤敏感性分析一般理论

以剪切型土木工程结构为例，分析了两类敏感性系数，一类是绝对敏感性系数，另一类是相对敏感性系数。绝对敏感性系数定义为结构测量参数对结构物理参数的导数，相对敏感性系数定义为结构测量参数的变化率与结构物理参数变化率的比值。从结构的固有振动方程出发，结合剪切型框架结构刚度矩阵特性，利用波传播理论推导了频率、位移振型（或称振型）、位移斜率振型（或称振型斜率）及应变振型（或称振型曲率）对结构柔度增加率（代表损伤）的敏感性系数表达式，比较了不同测量参数敏感性的关系，得到了有关测量参数敏感度性质的一般规律，以及不同测量参数敏感度间的相互关系。

利用振型斜率敏感性分析成果，能够有效实现剪切型土木工程结构的损伤识别。结构损伤前后各楼层振型斜率改变不仅与自身是否损伤有关，还与其他楼层是否损伤有关。研究表明，单损伤情况下，当某楼层发生损伤时，该楼层的一阶振型斜率改变大于0，而未损伤楼层的一阶振型斜率改变小于0。因此，如果结构发生单损伤，很容易根据结构一阶振型斜率的改变判别损伤楼层。但是，在多损伤情况下，由于多个损伤楼层的相互影响，直接根据一阶振型斜率的改变判别损伤有可能会漏判损伤楼层。根据振型斜率的敏感性分析成果，采用迭代算法，可消除各损伤层间的相互影响，得到修正后的一阶振型斜率值，从而准确实现损伤定位，然后，根据修正后的一阶振型斜率改变值，通过插值识别结构层间刚度损失。

3.2.1 研究对象

以剪切型框架结构（图3-1）为研究对象，讨论各测量参数对损伤的敏感性的一般规律，绝对敏感性系数定义为各阶模态对各层层间刚度的导数，相对敏感性系数定义为各阶模态变化率与结构各层层间刚度变化率的比值。

3.2.2 频率敏感性分析

结构的固有振动方程有以下形式：

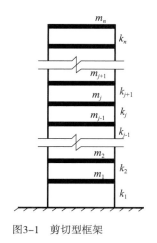

图3-1 剪切型框架

$$(\boldsymbol{K} - \omega_i^2 \boldsymbol{M})\phi_i = 0 \tag{3-1}$$

式中：$\boldsymbol{K}$、$\boldsymbol{M}$分别为结构的刚度矩阵和质量矩阵；ω_i为结构的第i阶固有圆频率，ϕ_i为对应的第i阶振型。对结构的第t层刚度k_t求偏导，得：

$$\left(\frac{\partial \boldsymbol{K}}{\partial k_t} - 2\omega_i \frac{\partial \omega_i}{\partial k_t} \boldsymbol{M} \right)\phi_i + \left(\boldsymbol{K} - \omega_i^2 \boldsymbol{M} \right)\frac{\partial \phi_i}{\partial k_t} = 0 \tag{3-2}$$

在方程（3-2）两边前乘ϕ_i^{T}，并将$\phi_i^{\mathrm{T}} \boldsymbol{M} \phi_i = 1$、$\phi_i^{\mathrm{T}} \left(\boldsymbol{K} - \omega_i^2 \boldsymbol{M} \right) = 0$代入并整理得：

$$\frac{\partial \omega_i}{\partial k_t} = \frac{1}{2\omega_i} \phi_i^{\mathrm{T}} \frac{\partial \boldsymbol{K}}{\partial k_t} \phi_i \tag{3-3}$$

式中：$\partial \omega_i / \partial k_t$即为第$i$阶频率对第$t$层层间刚度的绝对敏感性系数，记为$S_{it}^{\mathrm{F}}$。

结构的总体刚度矩阵等于各个单元刚度矩阵的叠加，即：

$$\boldsymbol{K} = \sum_{t=1}^{L} \boldsymbol{K}_t \tag{3-4}$$

式中：L为结构单元总数；$\boldsymbol{K}_t$为第t个单元的单元刚度矩阵。对于剪切型框架结构，$\boldsymbol{K}_t$具有以下简单形式：

$$\boldsymbol{K}_t = \begin{bmatrix} k_t & -k_t \\ -k_t & k_t \end{bmatrix} \begin{matrix} t-1\text{行} \\ t\text{行} \end{matrix} \qquad 2 \le t \le L \tag{3-5}$$
$$\begin{matrix} t-1\text{列} & t\text{列} \end{matrix}$$

式中：k_t为第t层的层间刚度，未标出的其余刚度矩阵元素均为0。

当$t=1$时，单元刚度矩阵的形式为：

$$\boldsymbol{K}_1 = \begin{bmatrix} k_1 & \\ & \end{bmatrix} \begin{matrix} 1\text{行} \\ \\ \end{matrix} \tag{3-6}$$
$$1\text{列}$$

因此，根据剪切型框架结构刚度矩阵的特性，有下式成立：

$$\frac{\partial \boldsymbol{K}}{\partial k_t} = \begin{bmatrix} 1 & -1 \\ -1 & 1 \end{bmatrix} \begin{matrix} t-1\text{行} \\ t\text{行} \end{matrix} \qquad 2 \le t \le L \tag{3-7}$$
$$\begin{matrix} t-1\text{列} & t\text{列} \end{matrix}$$

将式（3-7）代入式（3-3）得：

$$S_{it}^{\mathrm{F}} = \frac{\partial \omega_i}{\partial k_t} = \frac{1}{2\omega_i} (\phi_{i(t-1)} - \phi_{it})^2 \tag{3-8}$$

当$t=1$时，有：

$$\frac{\partial \boldsymbol{K}}{\partial k_1} = \begin{bmatrix} 1 & & \\ & & \\ & & \end{bmatrix} \begin{matrix} 1\text{行} \end{matrix} \tag{3-9}$$

$$1\text{列}$$

将式（3-9）代入式（3-3）得：

$$S_{i1}^{\mathrm{F}} = \frac{\partial \omega_i}{\partial k_1} = \frac{1}{2\omega_i} \phi_{i1}^2 \tag{3-10}$$

由式（3-8）、式（3-10）可见，$\partial \omega_i / \partial k_t$ 始终为正，即结构刚度的降低总是造成结构固有频率的减小。

结构的第 i 阶频率对第 t 层刚度的相对敏感性系数 $\bar{S}_{it}^{\mathrm{F}}$ 为：

$$\bar{S}_{it}^{\mathrm{F}} = \frac{\dfrac{\partial \omega_i}{\partial k_t} \Delta k_t + o(\Delta k_t)}{\dfrac{\omega_i}{\dfrac{\Delta k_t}{k_t}}} \tag{3-11}$$

忽略高阶项，得：

$$\bar{S}_{it}^{\mathrm{F}} = \frac{\partial \omega_i}{\partial k_t} \cdot \frac{k_t}{\omega_i} = \frac{k_t}{2\omega_i^2} (\phi_{it} - \phi_{i(t-1)})^2 \tag{3-12}$$

由方程（3-12）得结构第 i 阶频率对第 1 层刚度的相对敏感性系数 $\bar{S}_{i1}^{\mathrm{F}}$：

$$\bar{S}_{i1}^{\mathrm{F}} = \frac{k_1}{2\omega_i^2} \phi_{i1}^2 \tag{3-13}$$

由式（3-12）、式（3-13）可见，结构固有频率对层间刚度的相对敏感性与该层的层间刚度及该层在该频率对应的振型位移差有关，层间刚度和振型位移差越大，则固有频率对该层的损伤越敏感。实际上，这可以从能量的观点得到解释：层间刚度和振型位移差越大，表明该层在该阶模态中占有的模态应变能比例越大，若该层发生损伤，自然对该阶模态频率影响大，即敏感性高，反之亦然。

分析第 i 阶频率对各层刚度相对敏感性系数的和，即：

$$\sum_{t=1}^{L} \bar{S}_{it}^{\mathrm{F}} = \sum_{t=1}^{L} \frac{k_t}{2\omega_i^2} (\phi_{it} - \phi_{i(t-1)})^2 \tag{3-14}$$

由于：

$$\omega_i^2 = \frac{\phi_i^{\mathrm{T}} \boldsymbol{K} \phi_i}{\phi_i^{\mathrm{T}} \boldsymbol{M} \phi} = \phi_i^{\mathrm{T}} \boldsymbol{K} \phi_i = \phi_i^{\mathrm{T}} (\sum_{t=1}^{L} \boldsymbol{K}_t) \phi_i \tag{3-15}$$

将式（3-15）代入式（3-14）得：

$$\sum_{t=1}^{L} \overline{S}_{it}^{F} = \frac{1}{2} \tag{3-16}$$

上式表明：结构任意一阶频率对各层刚度相对敏感性系数的和为常数0.5，这表明对于特定的某阶固有频率，若其对某些层的层间刚度变化敏感，那么必然对另外一些层的层间刚度变化不敏感。

3.2.3 振型敏感性分析

振型对结构某一层刚度的求导仍为一向量，可表示为结构各阶振型的叠加，即：

$$\frac{\partial \phi_i}{\partial k_t} = \sum_{r=1}^{N} \beta_r \phi_r \tag{3-17}$$

在方程（3-2）两边前乘 ϕ_r^{T}：

$$\phi_r^{\mathrm{T}} \frac{\partial \mathbf{K}}{\partial k_t} \phi_i + \phi_r^{\mathrm{T}} (\mathbf{K} - \omega_i^2 \mathbf{M}) \frac{\partial \phi_i}{\partial k_t} = 0 \qquad r \neq i \tag{3-18}$$

因 $\phi_r^{\mathrm{T}} \mathbf{K} = \phi_r^{\mathrm{T}} \omega_r^2 \mathbf{M}$，将其代入式（3-18），得：

$$\phi_r^{\mathrm{T}} \frac{\partial \mathbf{K}}{\partial k_t} \phi_i + (\omega_r^2 - \omega_i^2) \phi_r^{\mathrm{T}} \mathbf{M} \frac{\partial \phi_i}{\partial k_t} = 0 \qquad r \neq i \tag{3-19}$$

将式（3-7）、式（3-17）代入式（3-19），并利用振型的正交性，整理后得：

$$\beta_r = \frac{(\phi_{rt} - \phi_{r(t-1)})(\phi_{it} - \phi_{i(t-1)})}{\omega_i^2 - \omega_r^2} \qquad r \neq i \tag{3-20}$$

另外，当 $r = i$ 时，由振型的正交性：

$$\phi_i^{\mathrm{T}} \mathbf{M} \phi_i = 1 \tag{3-21}$$

$$\frac{\partial \phi_i^{\mathrm{T}}}{\partial k_t} \mathbf{M} \phi_i + \phi_i^{\mathrm{T}} \mathbf{M} \frac{\partial \phi_i}{\partial k_t} = 0 \tag{3-22}$$

因 $\frac{\partial \phi_i^{\mathrm{T}}}{\partial k_t} \mathbf{M} \phi_i = \phi_i^{\mathrm{T}} \mathbf{M} \frac{\partial \phi_i}{\partial k_t}$，则由式（3-22）得：

$$2\phi_i^{\mathrm{T}} \mathbf{M} \frac{\partial \phi_i}{\partial k_t} = 0 \tag{3-23}$$

将式（3-17）代入式（3-23）得：

$$\beta_i = 0 \tag{3-24}$$

则振型的绝对敏感性系数 S_{it}^{M} 为：

$$S_{it}^{M} = \frac{\partial \phi_i}{\partial k_t} = \sum_{r=1}^{N} \beta_r \phi_r \qquad \beta_r = \begin{cases} \dfrac{(\phi_{rt} - \phi_{r(t-1)})(\phi_{it} - \phi_{i(t-1)})}{\omega_i^2 - \omega_r^2} & r \neq i \\ 0 & r = i \end{cases} \qquad (3-25)$$

式中：S_{it}^{M} 为一列向量，表示第 i 阶振型对第 t 层刚度的敏感性。

当损伤层为第1层时，有：

$$S_{i1}^{M} = \frac{\partial \phi_i}{\partial k_1} = \sum_{r=1}^{N} \beta_r \phi_r \qquad \beta_r = \begin{cases} \dfrac{\phi_{r1} \phi_{i1}}{\omega_i^2 - \omega_r^2} & r \neq i \\ 0 & r = i \end{cases} \qquad (3-26)$$

振型的相对敏感性系数 $\bar{S}_{it}^{M}$ 为：

$$\bar{S}_{it}^{M} = \frac{\partial \phi_i}{\partial k_t} \cdot \frac{k_t}{\phi_i} = \frac{k_t}{\phi_i} \sum_{r=1}^{N} \beta_r \phi_r \qquad (3-27)$$

上式中的向量相除表示两向量间对应元素相除。

3.2.4 振型斜率敏感性分析

定义振型斜率为：

$$\phi_{ij}' = \frac{\phi_{ij} - \phi_{i(j-1)}}{h} \qquad (3-28)$$

式中：ϕ_{ij}' 表示第 j 单元在第 i 振型中的振型斜率，h 为节点间的距离。

由振型斜率的定义，等式（3-28）两边对第 t 层层间刚度求偏导，即得振型斜率的绝对敏感性系数 $S_{ij,t}^{S}$：

$$S_{ij,t}^{S} = \frac{\partial \phi_{ij}'}{\partial k_t} = \frac{1}{h} \left(\frac{\partial \phi_{ij}}{\partial k_t} - \frac{\partial \phi_{i(j-1)}}{\partial k_t} \right) \qquad (3-29)$$

式中：$S_{ij,t}^{S}$ 表示第 i 阶振型的第 j 层振型斜率对第 t 层刚度的敏感性，式中 $\partial \phi_{ij} / \partial k_t$ 的值在振型的敏感性分析中已获得。

当 $j=1$ 时，有：

$$S_{i1,t}^{S} = \frac{\partial \phi_{i1}}{\partial k_t} \qquad (3-30)$$

振型斜率的相对敏感性系数：

$$\overline{S}_{ij,t}^{\text{S}} = \frac{\partial \phi_{ij}^{'}}{\partial k_t} \cdot \frac{k_t}{\phi_{ij}^{'}} \qquad (3-31)$$

将式（3-29）、式（3-28）代入式（3-31），整理得：

$$\overline{S}_{ij,t}^{\text{S}} = \frac{k_t}{\phi_{ij} - \phi_{i(j-1)}} \left(\frac{\partial \phi_{ij}}{\partial k_t} - \frac{\partial \phi_{i(j-1)}}{\partial k_t} \right) \qquad (3-32)$$

当j=1时，有：

$$\overline{S}_{i1,t}^{\text{S}} = \frac{k_t}{\phi_{i1}} \cdot \frac{\partial \phi_{i1}}{\partial k_t} \qquad (3-33)$$

3.2.5 振型曲率敏感性分析

根据敏感度定义，振型曲率对第j层损伤的敏感度应通过下式计算：

$$S_{in,j}^{\phi^{'}} = \frac{\partial \phi_{in}^{''}}{\partial \overline{f_j}} = \lim_{\Delta k_j \to 0} \frac{\phi_{in}^{''\text{d}} - \phi_{in}^{''\text{u}}}{\Delta f_j / f} \quad (n = 1, 2, \cdots, N; i = 1, 2, \cdots, N; j = 1, 2, \cdots, N) \qquad (3-34)$$

式中，$\phi_{in}^{''}$为第n阶模态的振型曲率，定义为：

$$\phi_{in}^{''} = \frac{\phi_{(i+1)n} - 2\phi_{in} + \phi_{(i-1)n}}{h^2} (i = 1, 2, \cdots, N; n = 1, 2, \cdots, N) \qquad (3-35)$$

将求出的剪切型结构损伤前后振型的表达式分别代入式（3-34），经过整理简化就可以得到振型曲率对第j层损伤的敏感度系数表达式，由于推导较复杂，这里省略。

3.3 结构动态测量参数损伤敏感性的数值与试验研究

3.3.1 数值研究

以10层剪切型结构模型为例，分析了不同模态参数敏感度的性质及变化规律。为了得到全面的结果，分析了10层结构模型所有阶模态参数的敏感度，但为了更清楚地表现敏感性系数的变化情况，只给出了部分模态参数敏感性系数的变化曲线。同时由于实际工程中只能得到有限阶模态参数，且阶数越高，数据受测量误差及噪声的影响就越大，在损伤识别计算时只取了前5阶模态。

1. 频率敏感性分析

计算得到的各阶频率变化率对不同单元柔度增加率的敏感度之和均满足 $\sum_{j=1}^{N} \overline{S}_{n,j}^{\omega} = -0.5$。图3-2描述了10层结构中频率变化率敏感度绝对值随损伤位置的变

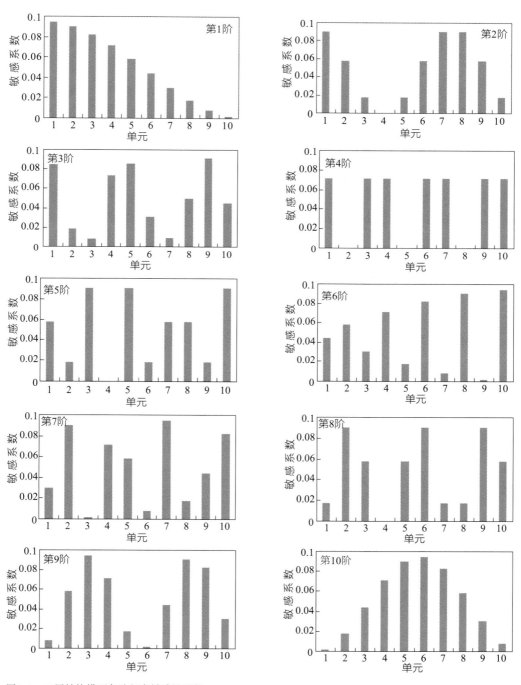

图3-2 10层结构模型各阶频率敏感性系数

化。可以发现，相同阶频率对不同单元损伤的敏感度不同。每阶频率都对几个特定单元最敏感，在图中表现为峰值，同时也对另外几个特定单元的损伤几乎没有反应，表现为谷值。特定阶频率敏感度大小从峰值向两侧递减，逐渐达到谷值，但也有例外，第4阶频率在第2、5、8层及2、5、8阶频率在第4层处的敏感性系数为0，这些层位于对应阶的振型节点，模态参数的改变不能反映该处结构物理参数的变化。还可以发现，不同阶频率对应的最敏感单元的位置和数量也不同。10层结构模型的频率敏感度变化曲线的峰值个数，即特定阶最敏感单元的个数随阶数增长均呈先均匀上升再均匀减小的趋势。对前$N/2$阶，敏感度曲线的峰值个数随阶数依步长为1的等差数列增长，即最敏感单元的个数与对应频率的阶数相等；对（$N/2+1$）~ N阶，峰值个数从$N/2$依步长为-1的等差数列递减，第N阶频率对应的敏感性系数变化曲线为单峰曲线；第$N/2$与第（$N/2+1$）阶频率对应的最敏感单元个数均为$N/2$。由频率敏感性系数组成的敏感矩阵为对称矩阵，各阶频率对同一层损伤敏感性的变化情况与同阶频率对各层的敏感性系数变化情况一致。各层频率敏感性系数变化曲线的峰值数随层数也依等差数列先增长后降低，峰值与对应阶频率对各层敏感性系数曲线峰值相同。频率敏感度的上述规律为进一步预测损伤的大致位置提供了理论依据。层数不同的结构，各阶频率最大敏感度大小不同。前面分析已知，多高层结构的各阶频率敏感性系数满足 $\sum_{j=1}^{N} \overline{S}_{n,j}^{\omega} = -0.5$。直观上讲，结构层数越多，频率对各单元的敏感度就越小。

表3-1给出了10层和20层结构的各阶频率敏感度绝对值最大值及位置。可以看出，10层结构的各阶最大值均高于20层结构中相应的最大值，且约为后者的2倍。同时，虽然不同阶频率敏感度曲线的峰值位置不同，但不同结构的相同阶频率敏感度曲线峰值的相对位置是相似的，即相同阶频率敏感度曲线的形状相似。这就说明，对层数不同的多高层结构，相同阶频率对各层损伤敏感度的变化规律相同，也证明频率敏感度分析方法对多高层结构具有普遍意义。

2. 振型敏感性分析

结构的频率变化包含了结构损伤信息，可以体现各层的柔度变化，但频率在结构任一点的测量值相同，属于全局变量，对结构的局部变化不够敏感。与之相比，振型属于局部变量，能够更好地描述结构各层的变化情况。图3-3表示了10层结构振型变化对各层柔度增加敏感度的变化曲线。可以看出，振型敏感度曲线峰值个数的变化规律与频率敏感度曲线的变化规律相似，均随阶数先依次增加后依次减少，

10层与20层结构各阶频率敏感度最大值及对应损伤位置　　　　表3-1

阶数		1	2	3	4	5
10层	位置	1	1，7，8	9	1，3，4，6，7，9，10	3，5，10
	大小	0.09471	0.09052	0.09198	0.07143	0.09052
20层	位置	1	14	17	18	5
	大小	0.04868	0.04866	0.04870	0.04871	0.04875

阶数		6	7	8	9	10
10层	位置	10	7	2，6，9	3	6
	大小	0.09471	0.09471	0.09052	0.09471	0.09471
20层	位置	8	10	6	3	7
	大小	0.04871	0.04873	0.04890	0.04812	0.04868

只是在第1阶和第N阶均有2个峰值。具体来说，对前2/N阶振型，第1阶振型峰值数为2，2～2/N阶振型敏感度曲线的峰值数与对应的阶数相等；（2/N+1）～（N–1）阶振型敏感度曲线的峰值数，即该阶振型最敏感单元的个数依a=–1的等差数列从N依次减少至2，第N阶振型敏感度曲线对应的最敏感单元个数为2。振型敏感度曲线峰值个数的变化情况见图3-4。

观察图3-3中第1阶振型的敏感度变化曲线，任意分量j均对第1层损伤最敏感，之后逐渐降低并在第j层出现绝对值最小值；从（j+1）层开始，敏感度变为负值且绝对值逐渐减小。可见损伤层位置对结构损伤后的振型形状，即各层的相对位移起决定作用。损伤层为第1阶振型形状变化的临界点，以上各层变形增加，以下各层变形减小，大致形状变化如图3-5所示。高阶振型形状复杂，损伤对其形状变化的影响也会更复杂，文中没有逐一列举。任意层损伤都会对整个结构产生影响，改变振型的基本形状，因此与频率相比，振型能够更细致地反映结构损伤前后各层的局部变化，对初步确定损伤引起的结构变形及判断大致损伤区域有指导作用。

结构各阶振型敏感性系数绝对值的最大值分别为0.13364（1，1），0.36068（1，1），0.58735（8，9），0.85714（7，10），1.29267（7，10），1.94188（8，10），3.61659（8，10），6.06223（7，9），12.87163（3，7），34.73854（4，4）；都比相应阶的频率敏感度大，且依阶数的增长而增长，同时在最高阶飞速增长。振型节点同样导致了特定阶振型对节点损伤的零敏感度，如结构中第2、5、8阶振型对应的单元4以及第4阶振型对应的单元2、5和8。这些规律都与频率敏感度的变化规律相同。前几阶

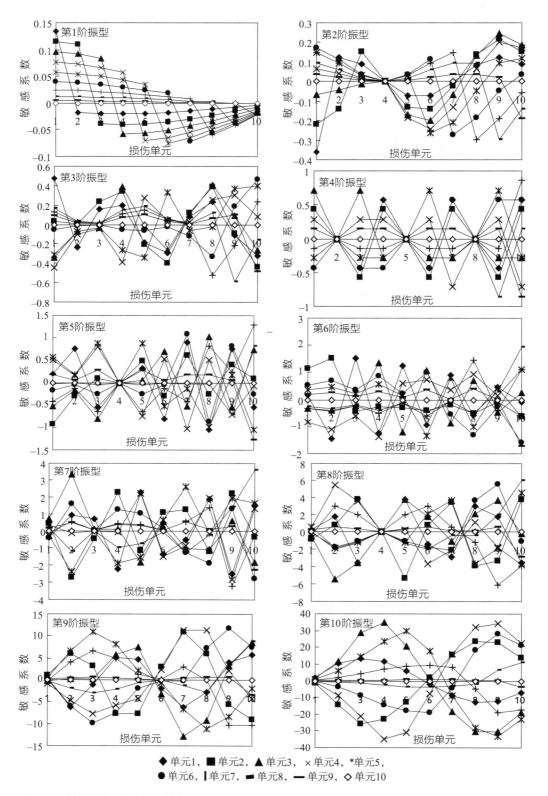

图3-3 10层结构模型各阶振型敏感性系数

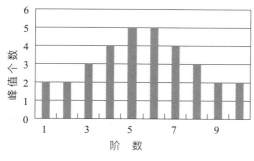
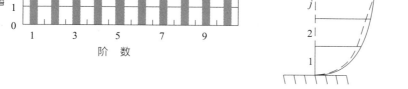

图3-4　振型敏感度曲线各阶峰值变化　　　　　图3-5　j层损伤前后结构第1阶振型变化

振型敏感度最值都在第1层，而高阶振型的最敏感单元则靠近顶层，说明振型敏感度依阶数而变化，高阶振型更容易识别高楼层的损伤。各阶振型敏感矩阵中每列的最大绝对值在主对角线，表现在图中就是各层对应的所有振型分量的敏感度中最高点在该层分量处，说明各分量对本层损伤反应最强烈。振型对同一层损伤的敏感度绝对值不依阶数增长，如结构的第1层损伤，第3阶振型的最大敏感度为0.47533，而第4、5阶振型的最大敏感度分别为0.42857和0.20489，也再次说明不同阶振型对应的最敏感单元不同。该规律加上振型节点等因素的影响，决定了利用振型识别多高层结构损伤不能单纯靠高阶振型提高识别精度。当采用的振型恰好对损伤层不敏感时，即使阶数较高也会影响识别结果的正确性。

3. 振型斜率敏感性分析

振型较频率对结构局部损伤更敏感，但一些研究提出，其他一些振型模态对结构局部参数变化的敏感性比振型更高。图3-6说明了10层结构振型斜率敏感度的变化情况。可以看出，振型斜率敏感度曲线的峰值个数随阶数的变化规律与振型敏感度曲线的变化规律完全相同，也可用图3-4表示。振型斜率敏感度与其他模态参数敏感度的相似性还表现在对应节点位置的一致性上，同时也都在相同位置出现了零敏感度。

不同阶振型斜率的同一分量对相同单元损伤的敏感性不同，且不随阶数单调上升，如结构各阶振型的第1个分量对第1层敏感度的绝对值，在第7阶为0.84765、第13阶为0.52347、第14阶为0.05907。各阶敏感度绝对值最大值依次分别为0.12875（1，2），0.26697（1，2），0.44474（1，1），1.00000（8，10），2.10544（8，10），3.68421（8，10），6.03738（2，2），11.63343（6，9），24.24225（3，7），67.62290（4，9）；均依阶数增长，且在最高阶急速增长，也与频率及振型敏感度一致。振型斜率比相

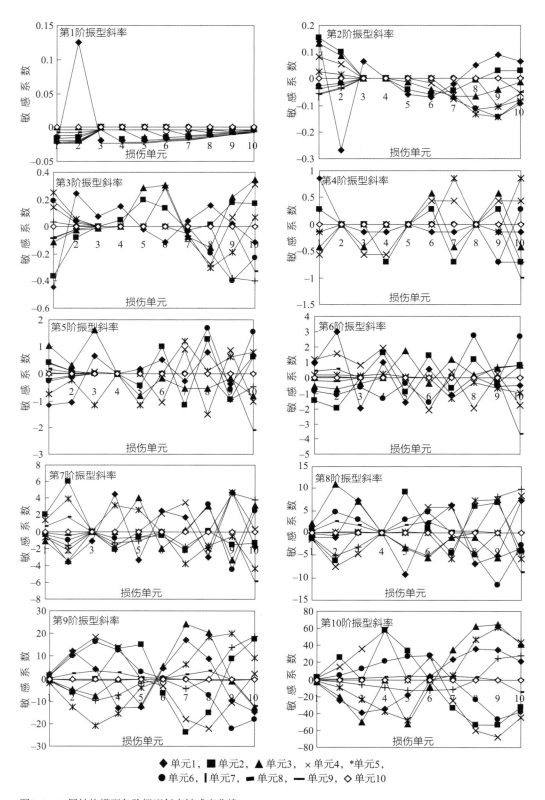

图3-6 10层结构模型各阶振型斜率敏感度曲线

应阶频率及振型对单元柔度变化的敏感性更高，能够更好地反映局部微小损伤。除了与频率和振型敏感度的诸多共性外，作为独立的模态参数，振型斜率的敏感度还有自身的特点。

图3-6为各阶振型斜率敏感度曲线，各阶振型斜率的第1个分量对各层的敏感度仅在节点处出现零值，且在前两阶较大，说明底层振型斜率分量受结构局部变化的影响更大，各层的参数变化都会对其产生影响。除分量1外，其他分量的敏感曲线均依次出现了一段零值过程，分量j对自身柔度变化的敏感度从第j阶才开始变为非零值，且对$j+1$层损伤的敏感度均为0。

4. 振型曲率敏感性分析

振型曲率是振型的二阶导数，也是一种能够较好地反映结构局部变化的模态参数。作为振型的又一衍生物，振型曲率变化对结构各层柔度改变的敏感度函数的性质也与振型及振型斜率敏感度函数的性质存在相似之处。

对N层结构，振型曲率敏感度函数的峰值个数依阶数的变化情况与频率敏感度函数相同，也是从1依次增长到2/N再依次下降到1，变化情况如图3-7所示。

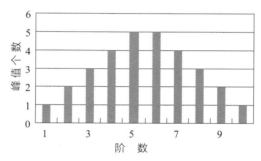

图3-7　各阶振型曲率敏感度峰值变化情况

各阶振型曲率敏感度绝对值的最大值，依次为：0.29589（1，2），0.90159（1，2），1.07372（1，1），1.85714（1，4），5.13322（2，5），9.98801（4，10），31.80993（1，2），49.23414（3，9），123.79720（1，9），489.28330（2，6）。各阶的最大值都随阶数增加而增加，且在最高阶飞速增长。与频率、振型及振型斜率相比，相同阶振型曲率对单元柔度变化的敏感度最大值更大，即振型曲率在四种模态参数中对结构局部变化最敏感。

图3-8表示了振型曲率对各层柔度变化的敏感性。与振型斜率相似，各阶振型曲率的第1个分量对每层的柔度变化的敏感性均不为零，其他分量则均在特定单元存在敏感性为0的情况。各阶振型曲率中对各损伤层最敏感的分量也并非损伤层自身分量，这也是振型曲率的定义造成的。相同分量对同一层的敏感度绝对值并不依阶数单调增长，如分量1对第1层的敏感度，在第1阶为0.15248、第3阶为1.07372、第4阶为0.14286。同时，振型节点也对振型曲率的敏感度产生了相同的影响，第2、5、8阶对应的第4层以及第4阶对应的2、5、8层的敏感性系数均为0。

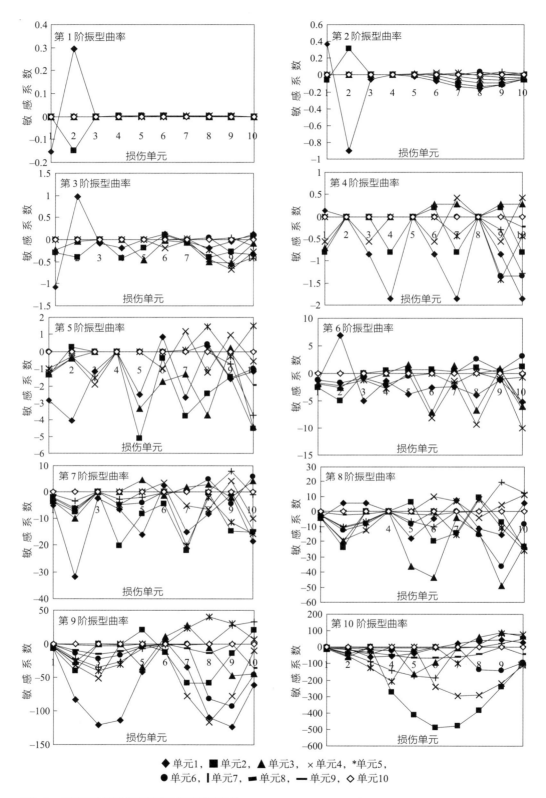

图3-8 10层结构模型各阶振型曲率敏感度曲线

5. 多高层结构不同模态参数敏感性比较

详细分析了多高层结构中频率、振型、振型斜率和振型曲率四种模态参数变化对单元柔度变化的敏感性。可以发现，不同模态参数敏感度函数的性质存在相似性，又分别有各自的特点。对模态参数敏感性的综合分析比较可以使我们对其各自的性质及其相互间的关系有更清晰的了解，从而更有效地利用敏感性理论识别实际工程中的多高层结构损伤。

由比较可知，频率、振型、振型斜率及振型曲率变化对多高层结构损伤的敏感性有如下共同点：

（1）敏感度均受振型节点影响：四种模态参数在振型节点处均出现了零敏感度的情况，分别为第4阶对应的2、5、8层柔度变化的敏感度及第2、5、8阶对应的第4层的柔度变化的敏感度。由此可见，不仅振型模态变化，频率变化率对结构单元损伤的敏感度也会受振型形状的影响。

（2）各阶敏感度曲线的峰值个数，即各阶模态参数对应的最敏感单元个数均随阶数增长有规律的变化，且总体变化规律一致：对第1阶和第N阶，频率和振型曲率敏感度曲线的峰值数为1；振型和振型斜率的峰值个数为2。四种模态参数其余阶的敏感度曲线峰值个数均是随阶数的增长先按$a=1$的等差数列依次从2增长到2/N，再依$a=-1$的等差数列从2/N依次降低到2。

（3）结构层数越多，参数对各层柔度变化的敏感度越小：10层结构的四种模态参数的敏感度均比20层结构中的相应敏感度高，显示出了随层数增加而降低的趋势。

（4）模态参数敏感度绝对值最大值随阶数的增长而增加：频率变化率对柔度变化的敏感度随阶数的增长而单调增加；三种振型模态参数各阶敏感性的绝对值最大值也随阶数单调增长，且均在最高阶增长迅速。

（5）相同阶的不同模态参数对应的最敏感单元相同：从四种模态参数敏感度变化曲线图中可以看出，每阶模态参数都对几个特定单元表现出较高敏感度，且这些特定单元的位置随阶数而变化。比较四种模态参数对应的最敏感单元可以发现，特定阶振型模态的不同分量对应的最敏感单元有所不同，对应最敏感单元的判定更复杂，但相同阶的四种模态参数对应的最敏感单元位置相似；另一方面，正是由于包含的信息多，振型模态才能更好地对结构的局部损伤做出反应。

以上这些共性说明，多高层结构中不同模态参数对单元柔度变化敏感度的基本性质是一致的。这也从另一个方面验证了波传播理论得到的各模态参数敏感性系数的正确性，因为对于相同的结构参数识别问题，选用不同模态参数的识别结果应该是相同的。这些共同规律也为实际损伤识别问题提供了指导原则，使我们可以利用不同模态参数的敏感性更有效地识别不同的结构损伤。

除了这些共同点外，四种各自独立的模态参数还分别有其自身的特点，也正是这些特点将不同的模态参数敏感度区别开，使其对不同的问题更有针对性。这些不同之处包括：

（1）不同模态参数对同一层柔度变化的敏感程度不同：从不同模态参数敏感度的比较中可以看到，频率作为结构的整体参数，对各层柔度变化最不敏感；与之相比，作为结构局部参数的振型模态对单元柔度变化更敏感，且敏感度依振型、振型斜率、振型曲率的顺序依次增大。

（2）不同模态参数的敏感度随损伤单元的具体变化规律不同：频率敏感度函数形式简单，其变化规律即为各阶敏感度曲线的变化规律。振型包含的结构信息多，同阶振型不同分量的敏感度变化规律不同，对应的最敏感单元也不同，但是其整体变化规律是相同的。振型斜率和振型曲率作为振型的衍生物，各阶敏感度矩阵均包含了大量的零单元，且位置随阶数不同而改变。

（3）对某层柔度变化最敏感的位置不同：频率是全局变量，各阶对应的最敏感的层数与阶数相同。振型向量包含了各分量的信息，各层柔度变化也在该层的振型分量上表现最显著。振型斜率和振型曲率分别为振型的一阶和二阶导数，包含了自身层及相邻层的信息，故损伤层对应的最敏感分量并非各阶模态参数中自身处的分量。对振型斜率，分量的最敏感层的位置有所延迟；而振型曲率中的各分量对自身层及相邻层柔度改变的敏感度均为0。

（4）敏感矩阵的形式不同：频率敏感度矩阵为对称矩阵，形式最简单。振型模态对结构损伤的敏感度则不拥有这一特点，由于包含的信息多，每阶振型模态的敏感度均为一个$n \times n$阶矩阵，各阶振型斜率和振型曲率的敏感矩阵均为某几条对角线元素为0的上下三角矩阵。

（5）零敏感度的位置不同：任意阶的频率变化率对除振型节点外的任何层的敏感度均不为零，仅在大小上有所差异，而三种振型模态的各阶向量中，自由端处分量N对结构所有层柔度变化的敏感度均为0，即该分量不反映任何结构参数变化，同时振型斜率和振型曲率的各阶敏感矩阵中均包含了大量的0元素，每阶中各分量的模态变化值都仅包含了特定单元的损伤信息。

3.3.2 试验研究

1. 3层框架模型概述

3层钢框架模型见图3-9，试验框架模型采用三块850mm×500mm×25mm的钢板和四根等截面9.5mm×75mm框架柱组成，柱和板保持刚性连接，在每层楼板上放置135kg的附加质量块。框架模型焊接在一块20mm厚的钢底板上，框架底板用8根高强螺栓固定在振动台上。框架柱钢材的弹性模量为200GPa，屈服强度为435MPa。框架楼板的厚度25mm远大于框架柱的厚度7.5mm，由此可以认为楼板在框架发生水平位移时不产生转动，即框架只发生剪切型变形。因此，可将框架结构简化为具有三个集中质量的剪切模型，在集中质量处只有水平位移，不发生转动。

图3-9　钢框架模型

2. 振动试验与未损伤结构模态参数

为获得该框架模型的动力特性参数，将该模型放在振动台上对其进行了振动特性测试。振动台在X方向产生频率范围为1～30Hz的白噪声，为保证框架的响应在线弹性范围内，激励的峰值加速度取为0.05g，持续时间为180s。在每层楼板处设置一个B&K 4370加速度计用来测量X方向的加速度，加速度计测得的信号通过B&K 2635进行信号调制并以300Hz采样。随后，通过丹麦Structural Vibration Solutions开发的商业计算机软件ARTeMIS用频域分解法对获得的数字信号进行分析，得到框架模型的3阶固有频率分别为3.369Hz、9.704Hz、14.282Hz，质量标准化振型见表3-2。

由于连续系统离散化、结构几何与边界条件的不确定性、材料特性的变异性、试验实测和试验信号处理过程中的误差等原因，造成理论分析数据和试验数据产生差异。为了避免将初始的有限元模型误差误判为损伤，需要对原始的未损伤模型进行有限元模型修正。由于各层框架的质量可以准确获得，在模型修正过程中保持质量不变，将各层的层间刚度作为修正对象，即通过改变框架柱的尺寸来达到改变层间刚度的目的。修正后有限元模型的各阶频率为3.369Hz、9.704Hz和14.283Hz，分析结果与实测频率几乎相等（表3-3）。

未损伤工况质量标准化振型 表3-2

	振型 1	振型 2	振型 3
第 1 层	0.021108	0.048758	0.037936
第 2 层	0.03922	0.02031	−0.04866
第 3 层	0.048427	−0.03923	0.022852

实测频率与分析频率比较 表3-3

阶数	实测值（Hz）	计算值（Hz）/误差（%）
第 1	3.369	3.369/0
第 2	9.704	9.704/0
第 3	14.282	14.283/0.01

3. 损伤工况及其模态测量结果

模型的损伤通过切割部分框架柱来实现，见图3-10。在本试验中，通过不同程度的切割第1层和第2层柱组合形成4种损伤工况，包括未损伤工况，总共有5种工况，见表3-4。对结构在各种损伤工况下进行与未损伤工况相同过程的动力测试和分析，获得各种损伤工况下的模态数据，固有频率见表3-5，质量标准化振型没有列出。

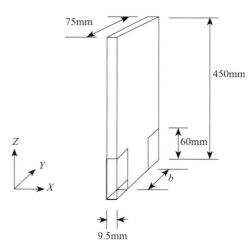

图3-10 框架柱切割示意

框架模型各种工况柱截面尺寸与损伤刚度 表3-4

未损伤工况			损伤工况 1			损伤工况 2			损伤工况 3			损伤工况 4		
楼层	损伤（%）	b（mm）	楼层	损伤（%）	b（mm）	楼层	损伤（%）	b（mm）	楼层	损伤（%）	b（mm）	楼层	损伤（%）	b（mm）
1	0	75	1	−11.6	51.30	1	−21.1	37.46	1	−21.1	37.46	1	−21.1	37.46
2	0	75	2	0	75	2	0	75	2	−11.6	51.30	2	−21.1	37.46

各种工况下结构固有频率 表3-5

模态	未损伤工况	损伤工况1	损伤工况2	损伤工况3	损伤工况4
1	3.369	3.259	3.113	3.076	3.003
2	9.704	9.485	9.302	9.192	9.082
3	14.282	14.209	14.136	13.660	13.330

4. 频率敏感性分析

由图3-11可见，总的来说，绝对频率敏感性系数随着频率阶数增加而增大，即高阶频率对损伤更为敏感，这和前面的数值分析结果是一致的。对于相对频率敏感性系数，第1阶频率对第1层损伤最为敏感，第2阶频率对第3层损伤最敏感，第3阶频率对第2层损伤最敏感。

5. 振型敏感性分析

由振型敏感性系数公式计算得到绝对振型敏感性系数（表3-6）和相对振型敏感性系数（表3-7）。

由各阶绝对振型敏感性系数可见，高阶振型对损伤更敏感，尽管由于只有3阶振型使得这个现象不太明显。与前面的数值算例结果一样，各阶相对振型敏感性系数绝对值的最大值基本上都发生在离振型节点最近的地方（第1阶振型在第1层，第2阶振型在第2层，第3阶振型在第3层），而与损伤位置关系不大。

6. 振型斜率敏感性分析

振型斜率的绝对敏感性系数和相对敏感性系数分别见表3-8和表3-9。总的来说，在3阶绝对振型斜率敏感性系数中，可以发现第2阶、第3阶绝对振型斜率敏感

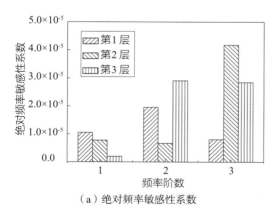

（a）绝对频率敏感性系数

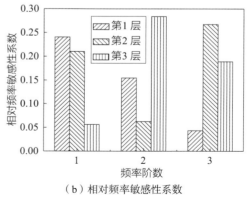

（b）相对频率敏感性系数

图3-11 频率敏感性系数与不同频率阶数的关系

表3-6

绝对振型敏感性系数

	第1层损伤（×10⁻⁷）			第2层损伤（×10⁻⁷）			第3层损伤（×10⁻⁷）		
	振型1	振型2	振型3	振型1	振型2	振型3	振型1	振型2	振型3
第1层	−0.1934	−0.0954	0.2303	0.1551	−0.2488	0.2335	0.0489	0.3372	−0.4606
第2层	−0.0127	0.3311	0.1280	−0.0684	0.2147	0.0345	0.0762	−0.5437	−0.1655
第3层	0.0994	0.0549	−0.1164	−0.0147	−0.2062	−0.3228	−0.0856	0.1433	0.4273
最大值	0.0994	0.3311	0.2303	0.1551	0.2147	0.2335	0.0762	0.3372	0.4273
最小值	−0.1934	−0.0954	−0.1164	−0.0684	−0.2488	−0.3228	−0.0856	−0.5437	−0.4606

相对振型敏感性系数 表3-7

	第1层损伤			第2层损伤			第3层损伤		
	振型1	振型2	振型3	振型1	振型2	振型3	振型1	振型2	振型3
第1层	−0.4435	−0.0947	0.2938	0.4218	−0.2930	0.3534	0.1379	0.4117	−0.7227
第2层	−0.0157	0.7890	−0.1273	−0.1000	0.6068	−0.0407	0.1156	−1.5933	0.2025
第3层	0.0994	−0.0678	−0.2465	−0.0174	0.3017	−0.8110	−0.1052	−0.2173	1.1129
最大值	0.0994	0.7890	0.2938	0.42178	0.6068	0.3534	0.1379	0.4117	1.1129
最小值	−0.4435	−0.0947	−0.2465	−0.1000	−0.2930	−0.8110	−0.1052	−1.5933	−0.7227

绝对振型斜率敏感性系数 表3-8

	第1层损伤（×10⁻⁷）			第2层损伤（×10⁻⁷）			第3层损伤（×10⁻⁷）		
	振型1	振型2	振型3	振型1	振型2	振型3	振型1	振型2	振型3
第1层	−0.4298	−0.2121	0.5117	0.3446	−0.5530	0.5190	0.1087	0.7494	−1.0236
第2层	0.4016	0.9478	−0.2274	−0.4965	1.0301	−0.4423	0.0606	−1.9576	0.6558
第3层	0.2492	−0.6137	−0.5430	0.1192	−0.9353	−0.7941	−0.3594	1.5265	1.3173
最大值	0.4016	0.9478	0.5117	0.3446	1.0301	0.5190	0.1087	1.5265	1.3173
最小值	−0.4298	−0.6137	−0.5430	−0.4965	−0.9353	−0.7941	−0.3594	−1.9576	−1.0236

相对振型斜率敏感性系数 表3-9

	第1层损伤			第2层损伤			第3层损伤		
	振型1	振型2	振型3	振型1	振型2	振型3	振型1	振型2	振型3
第1层	−0.4435	−0.0947	0.2938	0.4218	−0.2930	0.3534	0.1379	0.4117	−0.7227
第2层	0.4829	−0.7256	0.0572	−0.7082	−0.9354	0.1319	0.0896	1.8431	−0.2028

| | 第 1 层损伤 | | | 第 2 层损伤 | | | 第 3 层损伤 | | |
	振型 1	振型 2	振型 3	振型 1	振型 2	振型 3	振型 1	振型 2	振型 3
第 3 层	0.5894	0.2245	−0.1654	0.3345	0.4058	−0.2869	−1.0457	−0.6867	0.4934
最大值	0.5894	0.2245	0.2938	0.4218	0.4058	0.3534	0.1379	1.8431	0.4934
最小值	−0.4435	−0.7256	−0.1654	−0.7082	−0.9354	−0.2869	−1.0457	−0.6867	−0.7227

性系数的绝对值大于第 1 阶绝对振型斜率的敏感性系数的绝对值，第 2 阶和第 3 阶的绝对振型斜率敏感性系数绝对值差别不大。振型斜率的敏感性系数大于振型的敏感性系数。与数值算例类似，相对振型斜率敏感性系数绝对值的最大值基本发生在各阶振型斜率最小处。损伤层的一阶振型斜率敏感性系数小于 0，即损伤引起损伤层的一阶振型斜率改变大于 0。

7. 振型曲率敏感性分析

3 层试验模型结构振型曲率敏感性分析结果与数值算例分析结果完全吻合，这里不再赘述。

3.4 基于敏感性分析的结构损伤识别

3.4.1 基于一阶振型斜率改变的损伤定位

利用敏感性分析结果，能够有效实现剪切型结构损伤定位。当结构发生损伤，刚度发生改变，方程（3-1）有以下形式

$$\{ \boldsymbol{K} + \Delta \boldsymbol{K} - (\lambda_i + \Delta \lambda_i) \boldsymbol{M} \}(\boldsymbol{\phi}_i + \Delta \boldsymbol{\phi}_i) = 0 \qquad （3-36）$$

式中，$\Delta \boldsymbol{K}$ 为刚度矩阵的改变量，$\Delta \lambda_i$、$\Delta \boldsymbol{\phi}_i$ 分别为对应的特征值和特征向量的改变量。刚度矩阵和振型的改变可用下式表达

$$\Delta \boldsymbol{K} = \sum_{t=1}^{L} \alpha_t \boldsymbol{K}_t \qquad -1 < \alpha_t < 0 \qquad （3-37）$$

$$\Delta \boldsymbol{\phi}_i = \sum_{r=1}^{N} c_{ir} \boldsymbol{\phi}_r \qquad （3-38）$$

式中，N 为模态总数，α_t、c_{ir} 为待定系数，α_t 反映了单元损伤程度。

将 $\boldsymbol{\phi}_i$ 及 $(\boldsymbol{\phi}_i + \Delta \boldsymbol{\phi}_i)$ 均对质量矩阵标准化，即

$$\phi_r^{\mathrm{T}} \boldsymbol{M} \phi_i = \begin{cases} 1 & r = i \\ 0 & r \neq i \end{cases} \tag{3-39}$$

$$(\phi_r + \Delta\phi_r)^{\mathrm{T}} \boldsymbol{M} (\phi_i + \Delta\phi_i) = \begin{cases} 1 & r = i \\ 0 & r \neq i \end{cases} \tag{3-40}$$

将式（3-38）、式（3-39）代入式（3-40），并忽略高阶微量可得 $c_{ii} = 0$。

在方程（3-36）两边前乘 ϕ_r^{T}，忽略高阶项，得：

$$\phi_r^{\mathrm{T}} \Delta\boldsymbol{K} \phi_i + \phi_r^{\mathrm{T}} \boldsymbol{K} \Delta\phi_i - \lambda_i \phi_r^{\mathrm{T}} \boldsymbol{M} \Delta\phi_i = 0 \tag{3-41}$$

因 $\phi_r^{\mathrm{T}} \boldsymbol{K} = \lambda_r \phi_r^{\mathrm{T}} \boldsymbol{M}$，并将式（3-38）代入式（3-41）中，得：

$$c_{ir} = -\frac{\phi_r^{\mathrm{T}} \Delta\boldsymbol{K} \phi_i}{\lambda_r - \lambda_i} \qquad r \neq i \tag{3-42}$$

即有：

$$\Delta\phi_i = \sum_{r=1}^{N} -\frac{\phi_r^{\mathrm{T}} \Delta\boldsymbol{K} \phi_i}{\lambda_r - \lambda_i} \phi_r \qquad r \neq i \tag{3-43}$$

当结构发生损伤时，振型斜率的改变为：

$$\Delta\phi_{ij}' = \frac{\Delta\phi_{ij} - \Delta\phi_{i(j-1)}}{h} \tag{3-44}$$

式中，$\Delta\phi_{ij}'$ 为损伤前后第 j 层在第 i 振型的振型斜率变化量，$\Delta\phi_{ij}$ 为损伤前后第 j 层在第 i 振型的振型位移变化量，假设第 t 层发生损伤，将式（3-37）、式（3-43）代入式（3-44），得：

$$\Delta\phi_{ij}' = \frac{\alpha_t}{h} \left\{ \sum_{r=1}^{N} \frac{\phi_r^{\mathrm{T}} \boldsymbol{K}_t \phi_i}{\lambda_r - \lambda_i} \left[\phi_{r(j-1)} - \phi_{rj} \right] \right\} \qquad r \neq i \tag{3-45}$$

将式（3-5）代入式（3-45），得到由于第 t 层损伤而引起的第 j 层振型斜率改变为：

$$\Delta\phi_{ij}' = \frac{\alpha_t k_t}{h} \left[\phi_{i(t-1)} - \phi_{it} \right] \sum_{r=1}^{N} \frac{1}{\lambda_r - \lambda_i} \left[\phi_{r(t-1)} - \phi_{rt} \right] \left[\phi_{r(j-1)} - \phi_{rj} \right] \qquad r \neq i \tag{3-46}$$

对第一阶振型斜率，式（3-46）转化为：

$$\Delta\phi_{1j}' = \frac{\alpha_t k_t}{h} \left[\phi_{1(t-1)} - \phi_{1t} \right] \sum_{r=2}^{N} \frac{1}{\lambda_r - \lambda_1} \left[\phi_{r(t-1)} - \phi_{rt} \right] \left[\phi_{r(j-1)} - \phi_{rj} \right] \tag{3-47}$$

损伤层的一阶振型斜率的改变的表达式为：

$$\Delta\phi_{1t}' = \frac{\alpha_t k_t}{h} \left[\phi_{1(t-1)} - \phi_{1t} \right] \sum_{r=2}^{N} \frac{1}{\lambda_r - \lambda_1} \left[\phi_{r(t-1)} - \phi_{rt} \right]^2 \tag{3-48}$$

由于 $\phi_{1(t-1)} < \phi_{1t}$ 、 $\lambda_r > \lambda_1$ ，分析式（3-48）可知，损伤处第一阶振型斜率的改变大于0，即：

$$\Delta\phi_{1t}^{'} > 0 \qquad (3-49)$$

当损伤发生在第1层时，将式（3-6）代入式（3-45）得到由于第1层损伤导致第 j 层的第 i 模态振型斜率改变为：

$$\Delta\phi_{ij}^{'} = \frac{\alpha_1 k_1}{h} \phi_{i1} \sum_{r=1}^{N} \frac{1}{\lambda_r - \lambda_i} \phi_{r1} \left[\phi_{r(j-1)} - \phi_{rj} \right] \qquad r \neq i \qquad (3-50)$$

当 $j = t = 1$ 时，则得到由于第1层损伤导致第1层的第1阶模态振型斜率改变为：

$$\Delta\phi_{11}^{'} = -\frac{\alpha_1 k_1}{h} \phi_{11} \sum_{r=2}^{N} \frac{1}{\lambda_r - \lambda_i} \phi_{r1}^2 \qquad (3-51)$$

显然：

$$\Delta\phi_{11}^{'} > 0 \qquad (3-52)$$

由式（3-49）、式（3-52）可知，对于剪切型框架结构，当结构发生单损伤时，损伤位置可由第一阶振型斜率的改变来判别：当某层的第一阶振型斜率改变大于0时，该单元为损伤单元。

当多个楼层发生损伤时，各处损伤导致的振型斜率变化会相互叠加，使得直接利用一阶振型斜率改变是否大于0来判别损伤可能会发生漏判。结合敏感性分析得到的相关结果，能够有效消除振型斜率变化叠加的影响，实现一次判别所有损伤位置的目的。

设第 t 层发生损伤，此时损伤层第 t 层和未损伤层第 j 层的一阶振型斜率改变值分别为 $\Delta\phi_{1t,d}^{'}$ 和 $\Delta\phi_{1j,d}^{'}$ 。根据振型斜率损伤敏感性系数的定义，忽略高阶项的影响，$\Delta\phi_{1j,d}^{'}$ 和 $\Delta\phi_{1d,d}^{'}$ 的比值可用泰勒级数展开为：

$$\frac{\Delta\varphi_{1j,t}^{'}}{\Delta\varphi_{1t,t}^{'}} = \frac{S_{1j,t}^{S} \cdot \Delta k_t}{S_{1t,t}^{S} \cdot \Delta k_t} = \frac{S_{1j,t}^{S}}{S_{1t,t}^{S}} \qquad (3-53)$$

式中，Δk_t 为第 t 层的刚度改变值。根据式（3-53），则由第 t 层损伤导致的第 j 层一阶振型斜率改变值可表示为：

$$\Delta\varphi_{1j,t}^{'} = \frac{S_{1j,t}^{S}}{S_{1t,t}^{S}} \Delta\varphi_{1t,t}^{'} \qquad (3-54)$$

当损伤发生在第 t 层，由测试数据得到的第 t 层和第 j 层的一阶振型斜率改变值分别表示为 $\Delta\varphi_{1t,t}^{'M}$ 和 $\Delta\varphi_{1j,t}^{'M}$ 。为了消除第 t 层损伤对第 j 层一阶振型斜率的影响，需要对 $\Delta\varphi_{1j,t}^{'M}$ 进行修正。设由第 t 层损伤引起的第 j 层损伤表示为 $\Delta\varphi_{1j,t}^{'C}$ ，若结构仅仅在第 t 层损伤，则修正后的未损伤层的一阶振型斜率改变值等于0，即：

$$\Delta\varphi_{1j,t}^{',M} - \Delta\varphi_{1j,t}^{',C} = \Delta\varphi_{1j,t}^{',M} - \frac{S_{1j,t}^{S}}{S_{1t,t}^{S}} \cdot \Delta\varphi_{1t,t}^{',M} = 0, \qquad j \neq t \qquad （3-55）$$

通过对初始一阶振型斜率改变值进行修正，损伤层的一阶振型斜率改变值保持不变，而未损伤层的一阶振型斜率变为0。

当多层发生损伤时，可采用迭代算法消除多损伤造成的一阶振型斜率改变相互叠加的影响，从而实现损伤准确定位。损伤定位可按以下步骤进行：第一步，选出所有一阶振型斜率改变大于0的楼层。第二步，用式（3-54）计算所选楼层损伤对其他层一阶振型斜率改变的影响，即：

$$\Delta\varphi_{1j,t_1}^{',C_1} = \frac{S_{1j,t}^{S}}{S_{1t,t}^{S}} \cdot \Delta\varphi_{1t_1,t_1}^{',M}, \qquad j = 1,\cdots,n, j \neq t_1 \qquad （3-56）$$

式中，$\Delta\varphi_{1j,t_1}^{',C_1}$ 表示在第1次迭代中由于第 t_1 层损伤引起的第 j 层一阶振型斜率改变。第三步，用每层的初始一阶振型斜率改变值 $\Delta\varphi_{1j}^{',M}$ 减去所有其他楼层损伤对该楼层一阶振型斜率改变值 $\Delta\varphi_{1j,t_1}^{',C_1}$，即：

$$\Delta\varphi_{1j}^{',M_1} = \Delta\varphi_{1j}^{',M} - \sum_{d_1} \Delta\varphi_{1j,t_1}^{',C_1}, \qquad j = 1,\cdots,n, j \neq t_1 \qquad （3-57）$$

式中，$\Delta\varphi_{1j}^{',M_1}$ 表示在第1次迭代后得到的第 j 层一阶振型斜率改变值。第四步，如果 $\Delta\varphi_{1j}^{',M_1}$ 的最小值趋近于0，迭代过程终止；否则，利用上一轮迭代得到的结果重复第一步到第三步，直到收敛条件满足为止。最后，根据一阶振型斜率的改变值判别损伤层，即一阶振型斜率改变值显著大于0的楼层为损伤层。

3.4.2 基于一阶振型斜率改变的损伤大小识别

在损伤定位的过程中，对每层的一阶斜率改变值进行了修正，得到修正后的一阶振型斜率改变值 $\Delta\varphi_{1j}^{',M_f}$。修正后的损伤层 $\Delta\varphi_{1j}^{',M_f}$ 显著大于0，而未损伤层的 $\Delta\varphi_{1j}^{',M_f}$ 近似等于0。修正后的损伤层一阶振型斜率改变由这些层自身的损伤造成，因此，可利用 $\Delta\varphi_{1j}^{',M_f}$ 进行损伤大小识别。

为了识别损伤大小，首先建立结构的数值模型，进行模态分析并依据模态分析结果计算出结构在未损伤状态下的一阶振型斜率；然后，假设结构每层分别发生不同程度的损伤，从而得到结构在各种单损伤工况下的一阶振型斜率改变，例如，设结构每层分别发生5%、10%、…、40%的损伤，并计算出相应的一阶振型斜率改变 $\Delta\varphi_{1d,d}^{',5\%}$、$\Delta\varphi_{1d,d}^{',10\%}$、…、$\Delta\varphi_{1d,d}^{',40\%}$，$\Delta\varphi_{1d,d}^{',5\%}$ 表示第 d 层5%的损伤造成的第 d 层一阶振型斜率改变值，其余的以此类推；最后，将 $\Delta\varphi_{1j}^{',M_f}$ 与该层各损伤水平下的一阶振型斜率改变值对比，线性插值得到损伤层的损伤大小，例如，如果修正后的一阶振型斜率改变值在 $\Delta\varphi_{1d,d}^{',10\%}$ 和 $\Delta\varphi_{1d,d}^{',15\%}$ 之间，则该层的损伤可通过下式计算：

$$|\Delta k_d| = 10\% + \frac{\Delta\varphi_{1d,d}^{',M_f} - \Delta\varphi_{1d,d}^{',10\%}}{\Delta\varphi_{1d,d}^{',15\%} - \Delta\varphi_{1d,d}^{',10\%}} \times 5\% \qquad (3-58)$$

3.4.3 数值算例与实验验证

1. 数值算例

仍以10层剪切型框架结构为例，考虑两种损伤工况，每种损伤工况对应不同的损伤位置和损伤程度的组合（表3-10）。第1种损伤工况虽然能够直接利用一阶振型斜率改变检测出所有损伤位置，但是由于多损伤情况下振型斜率变化的相互影响，使得第1、6、10层的一阶振型斜率变化不明显（图3-12）；第2种损伤工况下，由于振型斜率变化的相互影响，使得直接利用一阶振型斜率的改变判别损伤位置时，造成了第9层损伤的漏判（图3-13）。

数值模型两种损伤工况 表3-10

工况1		工况2	
损伤层	损伤程度	损伤层	损伤程度
1	−10%	1	−30%
3	−25%	3	−30%
6	−10%	4	−30%
10	−15%	9	−10%

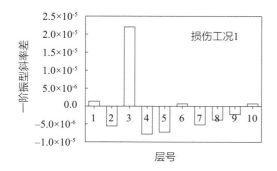

图3-12 工况1结构一阶振型斜率变化

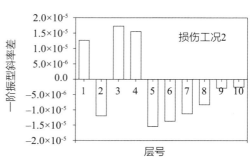

图3-13 工况2结构一阶振型斜率变化

为了识别出所有损伤位置，应用前述迭代算法来消除多损伤引起的振型斜率改变叠加的影响。工况1和工况2的迭代过程分别见图3-14、图3-15。

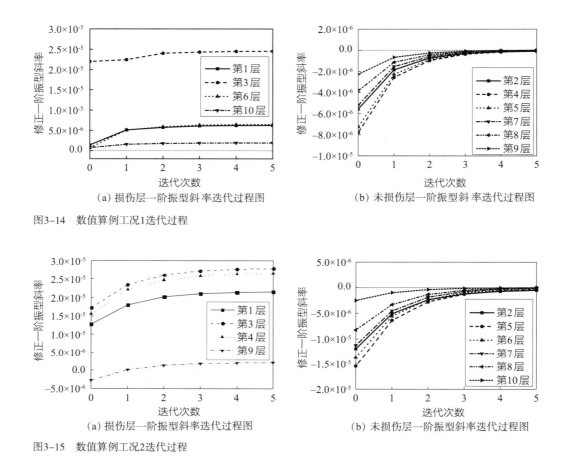

（a）损伤层一阶振型斜率迭代过程图　（b）未损伤层一阶振型斜率迭代过程图

图3-14　数值算例工况1迭代过程

（a）损伤层一阶振型斜率迭代过程图　（b）未损伤层一阶振型斜率迭代过程图

图3-15　数值算例工况2迭代过程

由图3-14可见，对于工况1，随着迭代的进行，损伤层的一阶振型斜率改变逐渐增大并趋近于一正常数，该常数值与损伤程度有关，而未损伤层的一阶振型斜率改变趋近于0。通过迭代算法，使得损伤位置识别的结果更为明显。由图3-15可知，工况2的各层一阶振型斜率改变也有相似的变化规律，第9层的一阶振型斜率改变通过迭代计算成为正值，从而能够识别包括第9层在内的所有损伤位置。修正后的损伤层一阶振型斜率改变值见表3-11。

识别出损伤所在层后，计算各层分别发生5%、10%、…、40%损伤时的一阶振型斜率改变，如表3-12所示。根据损伤层的修正一阶振型斜率改变值插值得到各损伤层的损伤大小，如表3-13所示。由表中数据可见，预测的损伤与实际损伤吻合较好。

数值模型两种损伤工况损伤层修正后一阶振型斜率　　表3-11

工况1		工况2	
损伤层号	修正后一阶振型斜率	损伤层号	修正后一阶振型斜率
1	1.925×10^{-6}	1	6.906×10^{-6}
3	8.018×10^{-6}	3	8.941×10^{-6}
6	1.970×10^{-6}	4	8.522×10^{-6}
10	5.949×10^{-7}	9	5.863×10^{-7}

数值模型各层分别发生不同程度损伤时一阶振型斜率改变（10^{-6}）　　表3-12

层号	5%损伤	10%损伤	15%损伤	20%损伤	25%损伤	30%损伤	35%损伤	40%损伤
1	1.083	2.271	3.579	5.025	6.633	8.432	1.083	2.271
2	1.040	2.180	3.435	4.821	6.363	8.086	1.040	2.180
3	1.397	2.917	4.579	6.401	8.409	1.063	1.397	2.917
4	1.337	2.797	4.397	6.158	8.106	1.027	1.337	2.797
5	1.254	2.629	4.143	5.819	7.682	9.767	1.254	2.629
6	1.129	2.373	3.750	5.283	7.000	8.936	1.129	2.373
7	0.947	1.995	3.162	4.470	5.944	7.619	9.468	1.995
8	0.705	1.489	2.366	3.352	4.470	5.749	7.053	1.489
9	0.416	0.880	1.399	1.984	2.650	3.413	4.296	5.331
10	0.211	0.446	0.709	1.005	1.342	1.729	2.176	2.700

数值模型两种损伤工况损伤大小识别　　表3-13

工况1			工况2		
损伤层号	识别损伤大小（%）	误差（%）	损伤层号	识别损伤大小（%）	误差（%）
1	−8.5	14.6	1	−25.8	14.1
3	−24.0	3.9	3	−26.2	12.7
6	−8.3	16.2	4	−26.0	13.5
10	−12.8	14.4	9	−6.8	31.7

2. 实验验证

针对3.3.2节中实验模型的各种损伤工况，进行基于一阶振型斜率改变的损伤定位方法实验验证。由测量数据得到的各种损伤工况下的一阶振型斜率变化见表3-14。

各种损伤工况一阶振型斜率改变　　　　　　　　　　　　　　表3-14

	损伤工况1	损伤工况2	损伤工况3	损伤工况4
第1层	0.00362	0.00669	0.00477	0.00236
第2层	−0.00337	−0.00637	−0.00353	−0.00026
第3层	−0.00210	−0.00376	−0.00448	−0.00492

由表3-14数据可见，对于单损伤的情况（工况1和工况2），第1层的一阶振型斜率改变大于0，由一阶振型斜率的变化可直接判别损伤位置，但是，对于多损伤工况（工况3和工况4），损伤发生在第1层和第2层，由于振型斜率变化的相互影响，仅仅只有第1层的一阶振型斜率改变大于0，无法识别出第2层发生了损伤，因此需要利用迭代算法来识别损伤位置。各种损伤工况的迭代过程见图3-16～图3-19。

由图3-16和图3-17可见，在单损伤的情况下，迭代过程收敛很快，损伤工况1和损伤工况2分别经过1次和2次迭代就已经收敛。由图3-18和图3-19可见，在多损伤情况下，迭代次数明显增多，损伤工况3和损伤工况4分别经过16次和18次迭代才收敛，反映了多损伤情况下振型斜率变化的相互影响。不论是单损伤还是多损伤工

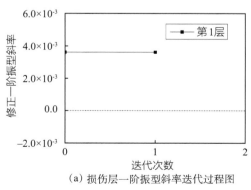

（a）损伤层一阶振型斜率迭代过程图

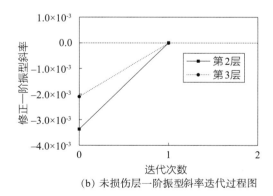

（b）未损伤层一阶振型斜率迭代过程图

图3-16　实验模型工况1迭代过程

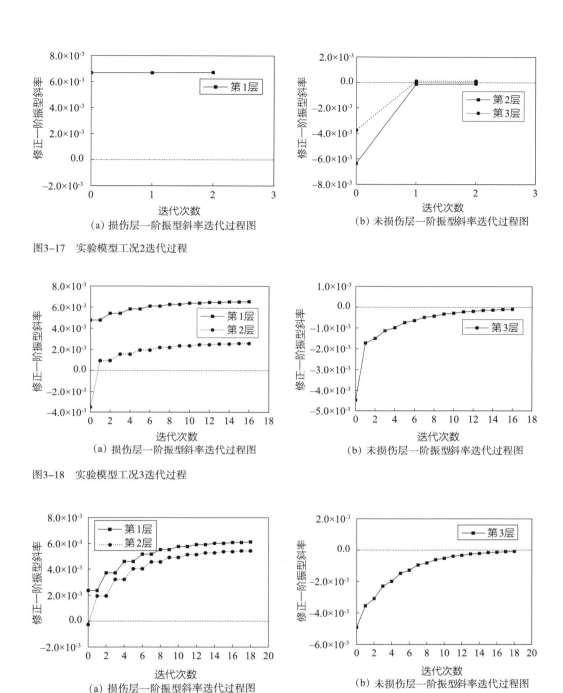

（a）损伤层一阶振型斜率迭代过程图　（b）未损伤层一阶振型斜率迭代过程图

图3-17　实验模型工况2迭代过程

（a）损伤层一阶振型斜率迭代过程图　（b）未损伤层一阶振型斜率迭代过程图

图3-18　实验模型工况3迭代过程

（a）损伤层一阶振型斜率迭代过程图　（b）未损伤层一阶振型斜率迭代过程图

图3-19　实验模型工况4迭代过程

况，由最终的迭代结果都能够正确判别损伤位置：工况1和工况2下结构第1层发生了损伤，工况3和工况4下结构第1层和第2层发生了损伤。修正后的一阶振型斜率改变值见表3-15。

实验模型四种损伤工况损伤层修正后一阶振型斜率　　　表3-15

工况 1		工况 2		工况 3		工况 4	
损伤层号	修正后一阶振型斜率	损伤层号	修正后一阶振型斜率	损伤层号	修正后一阶振型斜率	损伤层号	修正后一阶振型斜率
1	3.62×10^{-3}	1	6.69×10^{-3}	1	6.67×10^{-3}	1	6.24×10^{-3}
				2	2.74×10^{-3}	2	5.55×10^{-3}

识别出损伤所在层后，计算各层分别发生5%、10%、…、30%损伤时的一阶振型斜率改变，如表3-16所示。根据损伤层的修正一阶振型斜率改变值插值得到各损伤层的损伤大小，如表3-17所示。由表中数据可见，预测的损伤与实际损伤基本吻合，但相对于数值算例，误差较大。

实验模型各层分别发生不同程度损伤时一阶振型斜率改变　　　表3-16

层号	5% 损伤	10% 损伤	15% 损伤	20% 损伤	25% 损伤	30% 损伤
1	1.20×10^{-3}	2.44×10^{-3}	3.72×10^{-3}	5.05×10^{-3}	6.42×10^{-3}	7.83×10^{-3}
2	1.33×10^{-3}	2.77×10^{-3}	4.31×10^{-3}	5.98×10^{-3}	7.78×10^{-3}	9.74×10^{-3}
3	9.66×10^{-4}	2.04×10^{-3}	3.23×10^{-3}	4.58×10^{-3}	6.09×10^{-3}	7.82×10^{-3}

实验模型四种损伤工况损伤大小识别　　　表3-17

工况 1			工况 2			工况 3			工况 4		
损伤层号	识别损伤大小（%）	误差（%）	损伤层号	识别损伤大小（%）	误差（%）	损伤层号	识别损伤大小（%）	误差（%）	损伤层号	识别损伤大小（%）	误差（%）
1	−14.6	25.9	1	−26.0	23.2	1	−25.9	22.7	1	−24.3	15.2
						2	−9.9	14.7	2	−18.7	61.2

3.5　本章小结

本章推导了剪切型框架的固有频率、振型、振型斜率和振型曲率对层间刚度的敏感性系数，并通过数值算例和实验进行了分析验证。敏感性分析表明，各种模态参数及其导出量对损伤的敏感性受到振型节点、结构层数、模态阶数的影响，不同的模态参数对同一位置的损伤以及同一模态参数对不同位置的损伤均不相同。此外，研究发现单损伤工况下损伤层的一阶振型斜率改变具有大于0的规律，以此为基础，发展了基于一阶振型斜率改变的剪切型框架结构损伤识别方法，并通过实验进行了验证。

剪切型框架具有横梁刚度无穷大的特点，这与框架结构的实际情况不完全吻合。横梁刚度有限的一般框架结构损伤敏感性分析及损伤识别有待进一步研究。

第 4 章

基于压电阻抗的
结构损伤智能探测技术

4.1 引言

传统的结构损伤识别方法主要包括外观检查、无破损或微破损检测、现场荷载试验以及在特殊情况下进行抽样破坏性试验等。破坏性损伤检测方法由于会对结构性能造成影响，已基本上被非破损检测方法（NDT）所取代。但是，很多非破损检测方法需要人工现场操作，在人员不易到达的结构隐蔽部位开展工作有相当难度，因此难以获得结构的全面信息，而且检查结果的准确程度往往依赖于检查者的工程经验和主观判断，难以对结构的安全储备及退化途径做出客观而系统的评估。

微损伤识别需要高频信号且要求传感器稳定性好、不受干扰，混凝土为各向异性非均质材料，其内部微裂纹精准探伤一直是难题。智能材料的发展为混凝土微裂纹探伤提供了新的途径。这些智能材料具有传感、驱动，或者二者兼有的功能，能够与工程结构融为一体，共同组成智能健康监测系统。压电陶瓷是智能材料中应用最多的品种之一，它具有自然频率高、频响范围宽、功耗低、稳定性好、重复使用性能好、较好的线性关系、输入输出均为电信号、可操作温度范围广、易于测量和控制等特点。作为传感器，它的工作频率相当高，远远超过结构的自然频率，而且质量轻，对本体结构影响很小，可以粘贴在结构的表面或埋入结构内部对结构损伤进行监测。运用压电陶瓷传感器/驱动器（PZT）识别结构损伤的压电阻抗法（EMI）由于对结构的初微损伤较为敏感，近年来得到广泛应用。

4.2 压电材料及传感器

4.2.1 压电材料基本性能

目前，已知的压电材料已有超过上千种，主要包含以下几类：压电单晶体、压电多晶体（压电陶瓷）、薄膜（压电薄膜、铁电薄膜）、压电复合物和压电聚合物等。铁电体是一类特殊的电介质材料，其基本晶胞在自然状态下存在固有的不对称性，即自发极化特性。并且自发极化的方向可随外加电压而转向，即使切断电源，其极化方向也不会改变；只有加上反向电压后，极化方向才能被改变。铁电体具有以下特性：

（1）极化强度与电场强度呈现出复杂的非线性关系；

（2）有电滞现象，在周期性变化的电场作用下，出现电滞回线，有剩余极化强度；

（3）当温度超过某一温度时，铁电性消失，该温度称为居里（PierreCurie）温度；

（4）铁电体内存在自发极化小区，称为电畴。电畴的存在造就了铁电体独特的性质；

（5）铁电体的介电常数ε为各向异性。

所有的铁电体都具有压电特性，由铁电相变引起的晶体内部的自发极化引起，如图4-1所示。

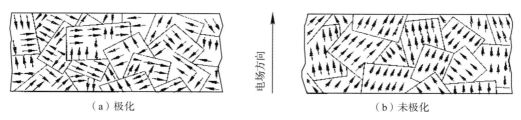

（a）极化　　　　　　　　　　电场方向　　　　　　　（b）未极化

图4-1　铁电材料

压电陶瓷是一种经极化处理后的人工多晶铁电体。PZT压电陶瓷是锆钛酸铅陶瓷的简称，P是铅元素Pb的缩写，Z是锆元素Zr的缩写，T是钛元素Ti的缩写。它是由锆酸铅、钛酸铅和二氧化铅在1200℃高温下烧结而成的多晶体（PbZrO$_3$-PbTiO$_3$）。锆酸铅和钛酸铅分别是铁电体和反铁电体的典型代表，宏观特性差异巨大，但它们的固溶体PZT却显现出比其他铁电体更为优良的压电和介电性能，因而被广泛应用。

PZT压电陶瓷具有钙钛矿型结构。钙钛矿型结构的铁电体是铁电家族中数量最多的成员，通式为ABO$_3$，通常以 A^{2+}B^{4+}O$_3^{2-}$ 或 A^{1+}B^{5+}O$_3^{2-}$ 的形式存在。图4-2（a）是钙钛矿型铁电体的一个基体结构：正方体的八个顶点上是A离子，八个面的中心排布着O离子，而B离子位于正方体的中心。其中，八个O原子形成了一个正氧八面体，如图4-2（b）所示，它有3个四重轴、4个三重轴和6个二重轴。正氧八面体中心的B离子通常会沿着这3个具有高对称性的方向做偏离正氧八面体中心的运动，此时铁电体的自发极化就发生了，因此铁电体有这样3个可能的自发极化方向。

很早以前人们就知道用焦热电材料进行热能和电能的转换，但直到1880年居里兄弟发现了压电晶体，才实现了机械能和电能的高效转换。当在压电材料表面施加机械力时，压电材料内会产生电压，这种现象称为正压电效应，实现了机械能向电能的转化；相反地，当在压电材料表面施加电压时，压电材料的形状和尺寸会发

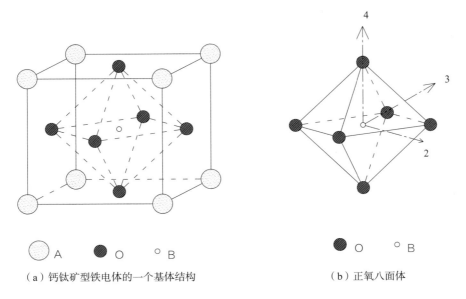

（a）钙钛矿型铁电体的一个基体结构　　　　　（b）正氧八面体

图4-2　压电陶瓷基体结构

生改变，产生机械应力，这种现象称为逆压电效应，实现了电能向机械能的转化。正、逆压电效应均和材料中的电偶极矩相关。在正压电效应中，由于材料内的离子或官能团的移动，单位电压的电偶极矩随着应变而变化。单位电压的电偶极矩的变化影响到电容，随后影响到电抗，即复阻抗的虚部X（复阻抗可表示为$Z=R+jX$，其中R是电阻，X是电抗）。在逆压电效应中，单位电压的电偶极矩随电场变化，这种变化可能来自于材料中的电偶极方向变化，也可能来自于每个偶极的偶极矩变化。压电效应如图4-3所示。

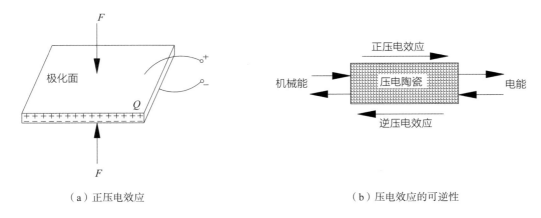

（a）正压电效应　　　　　　　　　　　　（b）压电效应的可逆性

图4-3　压电效应

运用压电材料的正压电效应可制作成传感器；运用逆压电效应可制作成驱动器。压电陶瓷本身兼具正、逆压电效应，因此既可做传感器又可做驱动器，大大减少了传感器的使用数量。并且，压电材料的正、逆压电效应均可逆，作为传感器或驱动器可多次重复使用。压电材料既具备一般弹性体的弹性性质，又具有压电效应。也就是说，压电体的机械效应和电效应互相耦合，因此在压电材料的本构方程中，在力学量的关系式里需要增加电学量的贡献，在电学量的关系式里需要增加力学量的贡献。压电方程正是描述压电材料这一特殊规律的物理方程。压电材料的正、逆压电效应均可用压电方程来描述，基本耦合公式为：

$$T_{\mathrm{p}} = C_{\mathrm{pq}}^{\mathrm{E}} S_{\mathrm{q}} - e_{\mathrm{pk}} E_{\mathrm{k}}$$
$$D_i = e_{iq} S_q + \varepsilon_{ik}^{\mathrm{s}} E_{\mathrm{k}}$$

（4-1）

也可用矩阵表示为：

$$[T] = [C]\{S\} - [e]^{\mathrm{T}}\{E\}$$
$$[D] = [e]\{S\} - [\varepsilon]\{E\}$$

（4-2）

式中：$[T]$ 为应力矩阵；$[C]$ 为刚度矩阵；$\{S\}$ 为应变矩阵；$[e]$ 为压电应力常数矩阵；$\{E\}$ 为电场强度矩阵；$[D]$ 为电荷密度矩阵；$[\varepsilon]$ 为介电常数矩阵。

上述压电方程是完全建立在试验基础上导出的，因此并不严格。事实上可以通过热力学理论推导出严格的压电方程。将压电体本身看作是一个热力学系统。压电方程将描述在压电效应中，四个变量应力张量 T，应变张量 S，电场强度 E 和电位移 D 的线性关系。除了压电体本身的这4个参数外，该热力学系统的参量还包括熵 σ 和温度 Θ。一般认为压电体的电能与机械能的转换过程非常迅速，可近似认为与外界没有热交换，即绝热过程，因此系统的熵保持恒定不变。

对于可逆过程，单位体积的系统内能变化量：

$$\mathrm{d}U = \Theta\mathrm{d}\sigma + \mathrm{d}W$$

（4-3）

其中，对于压电体，$\mathrm{d}W$ 表示外界对系统做的功，包括弹性力做的功 $\mathrm{d}W_{弹}$ 和电场力做的功 $\mathrm{d}W_{电}$：

$$\mathrm{d}W_{弹} = T_i \mathrm{d}S_i，\quad i=1, 2, \cdots, 6$$

（4-4）

$$\mathrm{d}W_{电} = E_m \mathrm{d}P_m，\quad m=1, 2, 3$$

（4-5）

式中：T 为应力；S 为应变；E 为电场强度；P 为极化强度。将式（4-4）和式（4-5）代入式（4-3），即得压电体内能的微分形式：

$$\mathrm{d}U = \Theta\mathrm{d}\sigma + T_i \mathrm{d}S_i + E_m \mathrm{d}P_m$$

（4-6）

根据假定，压电体能量转换过程为绝热过程，即 $\mathrm{d}\sigma=0$，通常选择 σ, T, E 作为独

立自变量，选择系统的热力学函数为焓，则

$$H = U - T_i S_i - E_m P_m \tag{4-7}$$

将内能表达式（4-6）代入上式得：

$$dH = -S_i dT_i - P_m dE_m \tag{4-8}$$

由此得到状态方程：

$$S_i = -\left(\frac{\partial H}{\partial T_i}\right)_{\sigma, E} \tag{4-9}$$

$$P_m = -\left(\frac{\partial H}{\partial E_m}\right)_{\sigma, T} \tag{4-10}$$

由式（4-9）、式（4-10）得：

$$S_i = S_i\left(T_j E_n\right) \tag{4-11}$$

$$P_m = P_m\left(T_j E_n\right) \tag{4-12}$$

线性展开得：

$$S_i = \frac{\partial S_i}{\partial T_j} T_j + \frac{\partial S_i}{\partial E_n} E_n \tag{4-13}$$

$$P_m = \frac{\partial P_m}{\partial T_j} T_j + \frac{\partial P_m}{\partial E_n} E_n \tag{4-14}$$

其中 $i, j = 1, 2, 3, 4, 5, 6; m, n = 1, 2, 3$。将 $P_m = D_m - \varepsilon_0 E_m$ 代入式（4-14）得：

$$D_m = \frac{\partial D_m}{\partial T_j} T_j + \frac{\partial D_m}{\partial E_n} E_n \tag{4-15}$$

其中：$\dfrac{\partial S_i}{\partial T_j} = S_{ij}^{E}$ 为弹性柔顺常数单元阵（恒电场下）；$\dfrac{\partial D_m}{\partial E_n} = \varepsilon_{mn}^{T}$ 为介电常数矩阵元（恒应力下）；$\dfrac{\partial S_i}{\partial E_n} = d_{ni}$ 为压电应变常数转置矩阵元；$\dfrac{\partial D_m}{\partial T_j} = d_{mj}$ 为压电应变常数矩阵元。

则式（4-13）及式（4-15）可写为：

$$S_i = S_{ij}^{E} T_j + d_{ni} E_n \tag{4-16}$$

$$D_i = d_{mj} T_j + \varepsilon_{mn}^{T} E_n \tag{4-17}$$

式（4-16）及式（4-17）即是以 T, E 为自变量，S, D 为因变量的第一类压电方程。其矩阵形式为：

$$\begin{pmatrix} S_1 \\ S_2 \\ S_3 \\ S_4 \\ S_5 \\ S_6 \end{pmatrix} = \begin{pmatrix} S_{11} & S_{12} & S_{13} & S_{14} & S_{15} & S_{16} \\ S_{21} & S_{22} & S_{23} & S_{24} & S_{25} & S_{26} \\ S_{31} & S_{32} & S_{33} & S_{34} & S_{35} & S_{36} \\ S_{41} & S_{42} & S_{43} & S_{44} & S_{45} & S_{46} \\ S_{51} & S_{52} & S_{53} & S_{54} & S_{55} & S_{56} \\ S_{61} & S_{62} & S_{63} & S_{64} & S_{65} & S_{66} \end{pmatrix} \begin{pmatrix} T_1 \\ T_2 \\ T_3 \\ T_4 \\ T_5 \\ T_6 \end{pmatrix} + \begin{pmatrix} d_{11} & d_{21} & d_{31} \\ d_{12} & d_{22} & d_{32} \\ d_{13} & d_{23} & d_{33} \\ d_{14} & d_{24} & d_{34} \\ d_{15} & d_{25} & d_{35} \\ d_{16} & d_{26} & d_{36} \end{pmatrix} \begin{pmatrix} E_1 \\ E_2 \\ E_3 \end{pmatrix} \quad (4-18)$$

$$\begin{pmatrix} D_1 \\ D_2 \\ D_3 \end{pmatrix} = \begin{pmatrix} d_{11} & d_{12} & d_{13} & d_{14} & d_{15} & d_{16} \\ d_{21} & d_{22} & d_{23} & d_{24} & d_{25} & d_{26} \\ d_{31} & d_{32} & d_{33} & d_{34} & d_{35} & d_{36} \end{pmatrix} \begin{pmatrix} T_1 \\ T_2 \\ T_3 \\ T_4 \\ T_5 \\ T_6 \end{pmatrix} + \begin{pmatrix} \varepsilon_{11} & \varepsilon_{12} & \varepsilon_{13} \\ \varepsilon_{21} & \varepsilon_{22} & \varepsilon_{23} \\ \varepsilon_{31} & \varepsilon_{32} & \varepsilon_{33} \end{pmatrix} \begin{pmatrix} E_1 \\ E_2 \\ E_3 \end{pmatrix} \quad (4-19)$$

压电材料的阻抗特性可以用一个简单的等效回路来描述，如图4-4所示。

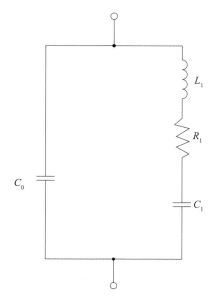

图4-4　压电振子的等效回路

运用压电陶瓷的压电效应制作成各种压电传感器，主要利用了其谐振特性：压电材料的振动模态中有6个重要的临界频率[130]，见表4-1。

压电材料的临界频率

表4-1

谐振频率	反谐振频率	串联谐振频率	并联谐振频率	最大导纳频率	最小导纳频率
f_r	f_a	f_s	f_p	f_m	f_n

这些临界频率中，f_m，f_n，f_r和f_a均可测量。特别地，当动态电阻$R_1=0$时，压电材料没有机械损耗，这时的等效电路如图4-5所示。

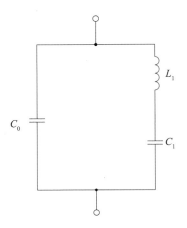

图4-5　$R_1=0$时压电振子等效电路

这时，六个临界频率有以下关系：

$$\begin{cases} f_m = f_s = f_r \\ f_n = f_p = f_a \end{cases} \tag{4-20}$$

当动态电阻$R_1 \neq 0$时，压电材料存在机械损耗。这时的等效电路如图4-6所示。

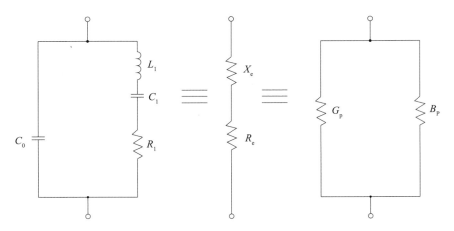

图4-6　$R_1 \neq 0$时压电振子等效电路

可以通过等效电路推导出压电材料的频率和阻抗间的关系:

$$Z = \frac{\left[R_1 + j\left(\omega L_1 - \dfrac{1}{\omega C_1}\right)\right] \cdot \dfrac{1}{j\omega C_0}}{\left[R_1 + j\left(\omega L_1 - \dfrac{1}{\omega C_1}\right)\right] + \dfrac{1}{j\omega C_0}} = \frac{1}{\omega C_0} \cdot \frac{\left(\omega L_1 - \dfrac{1}{\omega C_1}\right) - jR_1}{\dfrac{1}{\omega C_0} + \dfrac{1}{\omega C_1} - \omega L_1 + jR_1} \qquad (4-21)$$

其中,串联谐振频率的边界条件为:

$$\frac{\partial Z_1}{\partial \omega} = \frac{\partial\left[R_1 + j\left(\omega L_1 - \dfrac{1}{\omega C_1}\right)\right]}{\partial \omega} = 0 \qquad (4-22)$$

$$L_1 \cdot C_1 = \omega^2 \qquad (4-23)$$

并联谐振频率的边界条件为:

$$\frac{\partial Z}{\partial \omega} = 0 \qquad (4-24)$$

$$L_1 \cdot C_0 = \frac{1}{4\pi^2\left(f_p^2 - f_s^2\right)} = \frac{1}{\omega_p^2 - \omega_s^2} \qquad (4-25)$$

将式(4-23)和式(4-25)代入式(4-21)得:

$$\begin{aligned}
Z &= \frac{1}{\omega C_0} \cdot \frac{\left(\omega^2 - \omega_s^2\right)L_1 C_0 - j\omega C_0 R_1}{1 - \left(\omega^2 - \omega_s^2\right)L_1 C_0 + j\omega C_0 R_1} \\
&= \frac{1}{\omega C_0} \cdot \frac{\dfrac{\omega^2 - \omega_s^2}{\omega_p^2 - \omega_s^2} - j\omega C_0 R_1}{1 - \dfrac{\omega^2 - \omega_s^2}{\omega_p^2 - \omega_s^2} + j\omega C_0 R_1} = \frac{1}{\omega C_0} \cdot \frac{-j\delta}{1 - \Omega + j\delta}
\end{aligned} \qquad (4-26)$$

其中, $\Omega = \dfrac{\omega^2 - \omega_s^2}{\omega_p^2 - \omega_s^2}$, $\delta = \omega C_0 R_1 = 2\pi f C_0 R_1$。

根据压电材料的全部振动模态,运用公式(4-26)就可以求得六个临界频率。实际中通常取第一阶模态求取临界频率的近似值。最大、最小阻抗频率也可用阻抗仪直接测得,步骤如下:

(1)用信号发生器给压电传感器以激励,使用毫伏表显示输出电流;

(2)调节信号发生器,使输出电压频率由小到大逐步发生改变;

(3)当输出电流最大时,表示该外加电压的频率使压电传感器产生谐振,此时的压电传感器的阻抗最小，常以f_m表示，称为最小阻抗频率；

（4）当输出电流最小时，压电传感器的阻抗达到最大，常以f_n表示，称为最大阻抗频率；

（5）压电陶瓷材料在谐振频率附近区域的阻抗谱如图4-7所示。

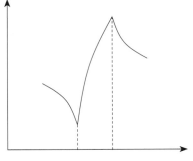

图4-7　压电振子的阻抗特性曲线

4.2.2　PZT压电传感器

压电陶瓷（PZT）作为智能压电材料的一种，具有重量轻、体积小、价格低廉、弹性模量高、响应迅速、换能效率高、性能稳定等优点且可以被制作成任意尺寸和形状。由于其刚度高，既可以作为良好的驱动器；而应变系数高又可以作为良好的传感器，且可同时作为驱动器和传感器。PZT传感器可以粘贴于结构表面，也可植入结构内部。下面分别介绍这两种传感器的制作技术。

1. 表面粘贴式PZT传感器

选择铜箔：铜箔作为PZT片和结构之间的粘结层之一，如果厚度太大，会影响PZT片与结构间的机械力的传递，影响PZT与结构的耦合度。因此，考虑到减小粘结层的影响，铜箔应该越薄越好。但是从实际操作的角度考虑，若铜箔厚度太小，过于柔软，易弯易折，不宜操作和控制。综合考虑以上因素，选用的铜箔厚度为0.01mm。

用导电胶粘贴铜箔与PZT裸片：使用导电胶时应注意适量涂抹，若涂抹的导电胶过量，在按压PZT片时导电胶容易溢出，溢出的导电胶有可能接触到PZT片的侧面或是正面，会导致压电片的正负极相连通而短路。

引出导线：一根导线焊接在PZT正表面上，另一根导线焊接在外露的铜箔表面。

将传感器粘结到结构表面：将环氧树脂（胶粘剂）和聚酰胺树脂（固化剂）按1：1比例调和，均匀涂抹在铜箔反面，再将粘结在一起的PZT片和铜箔片粘贴到结构表面的预设位置，用手轻按，保证传感器与结构的充分贴合，并压上合适重量的重物待环氧树脂固化。在混凝土材料表面粘贴PZT传感器前，应在混凝土表面的传感器预设位置用砂纸打磨平滑；传感器粘贴到钢梁表面前，需要注意将钢梁表面除锈去污。另外，由于钢梁是导体，应避免与PZT片的电极直接接触。而环氧树脂除了起到粘结作用外，也是很好的绝缘材料，能有效地隔离钢梁和PZT片或导线，所以涂抹环氧树脂时应注意均匀全面，不留空隙。

2. 植入式PZT传感器

由于PZT传感器只对近场损伤敏感，对于大体积结构，仅贴于表面的PZT传感器无法识别到结构内部深处的损伤，植入式PZT传感器则体现出优势。但是，首先需要解决植入式PZT传感器的耐久性问题。由于PZT片的上下表面镀了一层银作为电极，如果在浇灌混凝土时将其直接放入，高湿度环境会

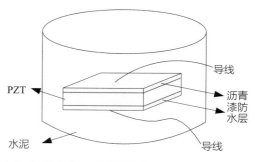

图4-8　植入式PZT传感器示意

改变PZT传感器的性能导致测量错误，甚至造成正负极连接短路而使传感器不能正常工作，因此，为PZT传感器采取一定的防水措施至关重要。另外，压电陶瓷是一种脆性材料，若没有任何保护直接埋入混凝土，在混凝土浇灌和振捣过程中极易损坏。因此，对PZT裸片进行防水处理和封装保护非常重要，制成了防水、防外力破坏的植入式PZT传感器，如图4-8所示。

引出导线：采用上导线引出方式从PZT片上下表面焊接导线，选用的导线外包绝缘皮套，能更好地屏蔽噪声干扰，也能在传感器埋入混凝土时对导线起到保护作用。

防水处理：在PZT片和导线的外露部分均匀涂抹沥青漆进行防水处理。

封装处理：水泥浆、水泥与压电材料粉末拌合物、细石混凝土均可用作PZT的外包封装材料。从试验结果看，水泥砂浆效果更好。先在一次性塑料模具的底部铺浇一层水泥浆，将经过防水处理后的PZT片平铺在第一层水泥浆表面，再铺浇一层水泥浆，将模具填满，让PZT片夹在两层水泥浆中间。待水泥浆固化后，剥开塑料模具，此时固化的水泥浆与PZT片形成一个整体，既对PZT起到保护作用，又进一步提高了防水性能。

4.3　基于压电阻抗的结构损伤智能探测基本原理

4.3.1　智能压电阻抗模型

1. 一维模型

当粘贴在结构表面的PZT片受到z向电场作用时，PZT片与结构的相互作用可

以用图4-9所示的一维阻抗模型描述。图中，PZT片被看作为一狭长的杆件，在施加的可变电场作用下做 x 向轴向振动。PZT片一端被固定，另一端与简化为单自由度系统的基体结构相连。一维机电耦合阻抗模型简洁明了地描述了PZT与结构的机电耦合关系，如图4-9所示。假设：PZT长为 $2l$，宽为 b，厚为 h，仅在 l 方向作轴向振动；可变电场作用施加在厚度方向；PZT厚度与长度和宽度相比很小，沿厚度方向的振动可以忽略；PZT相比主体结构体积很小，附加质量与刚度可以忽略。根据以上假设，取其中对称的一半体系分析，PZT本构方程可以表示为：

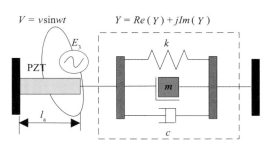

图4-9　一维机电耦合阻抗模型

$$D_3 = \overline{\varepsilon_{33}^{\mathrm{T}}}E_3 + d_{31}T_1 \tag{4-27}$$

$$S_1 = d_{31}E_3 + T_1 / \overline{Y_{11}^{\mathrm{E}}} \tag{4-28}$$

其中，D_3 为PZT沿厚度方向的电位移，S_1 为长度方向上的应变，E_3 为厚度方向上的电场强度，T_1 为长度方向上的轴向应力。$\overline{\varepsilon_{33}^{\mathrm{T}}} = \varepsilon_{33}^{\mathrm{T}}(1-\delta j)$ 表示应力为常数时的复合介电常数，$\overline{Y_{11}^{\mathrm{E}}} = Y_{11}^{\mathrm{E}}(1+\eta j)$ 表示电场为常数时的复合弹性模量。d_{31} 为压电应变系数，$j = \sqrt{-1}$ 为复数单位，δ 和 η 分别为介电损失因子和机械损失因子。

PZT在长度方向的运动方程为：

$$\overline{Y_{11}^{\mathrm{E}}}\frac{\partial^2 u}{\partial x^2} = \rho\frac{\partial^2 u}{\partial t^2} \tag{4-29}$$

其中，u 为PZT沿长度方向位移，求解微分方程得：

$$u = (A\sin\kappa x + B\cos\kappa x)\mathrm{e}^{\mathrm{j}\omega t} \tag{4-30}$$

其中，ρ 为PZT密度，ω 为圆频率，κ 为波数，可以表达为：

$$\kappa = \omega\sqrt{\rho / \overline{Y_{11}^{\mathrm{E}}}} \tag{4-31}$$

利用边界条件，PZT中点（$x = 0$）处 $u = 0$，得 $B = 0$，从而，PZT应变和速度

可表示为：

$$S_1(x) = \frac{\partial u}{\partial x} = Ae^{j\omega t}\kappa\cos\kappa x \qquad (4-32)$$

$$\dot{u}(x) = \frac{\partial u}{\partial t} = Aj\omega e^{j\omega t}\kappa\sin\kappa x \qquad (4-33)$$

由PZT与结构连接的端点（$x=l$）处的轴力为：

$$F_{(x=l)} = bhT_{1(x=l)} = -Z\dot{u}_{(x=l)} \qquad (4-34)$$

将式（4-14）、式（4-15）带入式（4-10），可得：

$$A = \frac{Z_a V_o d_{31}}{h\kappa\cos(\kappa l)(Z+Z_a)} \qquad (4-35)$$

其中，电压$V_o = E_3 h$，Z_a表示短路状态下PZT的机械阻抗，其定义是：无压电效应时，短路状态下PZT产生单位速度所需施加的力，其表达式为：

$$Z_a = \frac{bh\kappa\overline{Y_{11}^E}}{(j\omega)\tan(\kappa l)} \qquad (4-36)$$

瞬时电流表达式为：

$$\overline{I} = \iint\limits_A \dot{D}_3 \mathrm{d}x\mathrm{d}y = j\omega\iint\limits_A D_3 \mathrm{d}x\mathrm{d}y \qquad (4-37)$$

由导纳定义，可得该模型的导纳表达式为[131]：

$$Y = \omega j\frac{bl}{h}\left[(\overline{\varepsilon_{33}^T} - d_{31}^2\overline{Y_{11}^E}) + \frac{d_{31}^2\overline{Y_{11}^E}Z_a}{Z+Z_a}\left(\frac{\tan\kappa l}{\kappa l}\right)\right] \qquad (4-38)$$

其中，Z_s和Z_a分别代表结构和PZT的阻抗；l，b，h分别为PZT传感器的长、宽和厚度；$\overline{\varepsilon_{33}^T} = \varepsilon_{33}^T(1-\delta j)$为应力为常数时的复合介电常数，$\overline{Y_{11}^E} = Y_{11}^E(1+\eta j)$表示电场为常数时的复合弹性模量。$d_{31}$为压电应变系数，$j = \sqrt{-1}$为复数单位，$\delta$和$\eta$分别为介电损失因子和机械损失因子。

2. 考虑粘结层的一维模型

一维模型忽略了在压电陶瓷片与结构之间的粘结层，因为对于压电自传感驱动器，很多时候是通过胶粘剂（如环氧树脂）粘结在被测结构上来进行测试的。因此，压电陶瓷自传感传感器与基体结构之间的力传递是通过粘结层来实现的，也就是说，实际上粘结层也参与了压电陶瓷片与基体结构之间的力相互作用。粘结质量就直接影响到压电片与结构之间的力传递效率。为了考虑粘结层的影响，将粘结层和结构看作是如图4-10所示的两个单自由度系统弹簧-质量-阻尼系统。

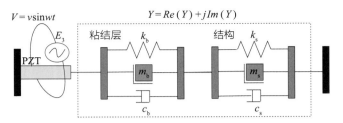

图4-10 考虑粘结层的一维机电耦合阻抗模型

由该模型推导出的导纳表达式为[132]：

$$Y = j\omega \frac{b_a l_a}{h_a} \left(\frac{d_{31}^2 \overline{Y}_{11}^E Z_a}{\xi Z_s + Z_a} \frac{\tan(k l_a)}{k l_a} + \overline{\varepsilon}_{33}^\sigma - d_{31}^2 \overline{Y}_{11}^E \right) \quad （4-39）$$

比较式（4-38）和式（4-39）可发现，式（4-39）中Z_s前多了一个系数ξ，它受粘结层的动刚度的影响，反映出粘结层对耦合阻抗的贡献。

3. 二维机电耦合阻抗模型

当受到z方向的电场作用时（假定极化方向也为z方向），PZT会在x和y方向上都会产生伸缩变形。针对一维结构，一维阻抗模型只考虑了一个方向的变形，而忽略了另外一个方向的变形影响。对于二维结构，如板类结构，为了更准确反映压电片与结构之间的机电耦合作用，可以考虑用二维的压电阻抗模型来描述压电片与基体结构的力相互作用二维机电耦合阻抗模型如图4-11所示。

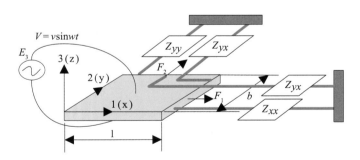

图4-11 二维机电耦合阻抗模型

二维耦合导纳的表达式为[133]：

$$Y = \omega j \frac{bl}{h} \left[\left(\overline{\varepsilon}_{33}^T - \frac{2 d_{31}^2 \overline{Y}_{11}^E}{(1-\nu)} \right) + \frac{d_{31}^2 \overline{Y}_{11}^E}{(1-\nu)} \left\{ \frac{\sin \kappa l}{l} \frac{\sin \kappa b}{b} \right\} N^{-1} \begin{Bmatrix} 1 \\ 1 \end{Bmatrix} \right] \quad （4-40）$$

其中：

$$[M] = \begin{bmatrix} k\cos(kl_{\mathrm{a}})\left(1-\nu_{\mathrm{a}}\dfrac{b_{\mathrm{a}}Z_{xy}}{l_{\mathrm{a}}Z_{\mathrm{a}xx}}+\dfrac{Z_{xx}}{Z_{\mathrm{a}xx}}\right) & k\cos(kb_{\mathrm{a}})\left(\dfrac{l_{\mathrm{a}}Z_{yx}}{b_{\mathrm{a}}Z_{\mathrm{a}xx}}-\nu_{\mathrm{a}}\dfrac{Z_{yy}}{Z_{\mathrm{a}yy}}\right) \\[4mm] k\cos(kl_{\mathrm{a}})\left(\dfrac{b_{\mathrm{a}}Z_{xy}}{l_{\mathrm{a}}Z_{\mathrm{a}xx}}-\nu_{\mathrm{a}}\dfrac{Z_{xx}}{Z_{\mathrm{a}xx}}\right) & k\cos(kb_{\mathrm{a}})\left(1-\nu_{\mathrm{a}}\dfrac{l_{\mathrm{a}}Z_{yx}}{b_{\mathrm{a}}Z_{\mathrm{a}yy}}+\dfrac{Z_{yy}}{Z_{\mathrm{a}yy}}\right) \end{bmatrix} \quad (4-41)$$

其中，$\kappa = \omega\sqrt{\rho(1-\nu^2)/\overline{Y_{11}^{\mathrm{E}}}}$，$\nu$ 为泊松比。Z_{xx} 和 Z_{yy} 分别为 PZT 在两个主轴方向的机械阻抗。Z_{xx}，Z_{yy}，Z_{xy} 和 Z_{yx} 分别为交叉阻抗。该二维模型适用于表达粘贴式 PZT 与结构耦合作用。由于未知数多于可以求解的方程个数，难以从中获取与结构损伤相关的阻抗信息，因此，实际工程应用较少。对于植入式 PZT，考虑 PZT 沿 X 方向上和 Z 方向上的纵向振动[134]，如图4-12所示。同样，在厚度方向施加电场 E_3，则 PZT 的压电方程为：

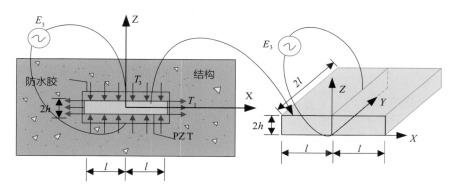

图4-12　植入式PZT与结构耦合二维模型

$$D_3 = \overline{\varepsilon_{33}^{\mathrm{T}}}E_3 + d_{31}T_1 + d_{33}T_3 \quad (4-42)$$

$$S_1 = \frac{T_1 - \nu_{13}T_3}{\overline{Y^{\mathrm{E}}}} + d_{31}E_3 \quad (4-43)$$

$$S_3 = \frac{-\nu_{13}T_1 + \nu_{33}T_3}{\overline{Y^{\mathrm{E}}}} + d_{33}E_3 \quad (4-44)$$

其中，T_1 和 T_3，S_1 和 S_3 分别表示 X 方向和 Z 方向的应力和应变，用 u_1 表示 X 方向上的平均位移，u_3 表示 Z 方向上的平均位移，则 PZT 在两个方向上的运动方程为：

$$\rho\frac{\partial^2 u_1}{\partial t^2} = \frac{\partial T_1}{\partial x} \quad (4-45)$$

$$\rho \frac{\partial^2 u_3}{\partial t^2} = \frac{\partial T_3}{\partial x} \qquad (4-46)$$

利用PZT在X、Z方向上的位移方程：

$$u_1 = A_1 \sin \kappa_1 x e^{j\omega t} \qquad (4-47)$$

$$u_3 = A_3 \sin \kappa_3 z e^{j\omega t} \qquad (4-48)$$

其中，$\kappa_1 = \omega \sqrt{\rho(1 - n v_{13}) / \overline{Y^E}}$，$\kappa_3 = \omega \sqrt{\rho(-v_{13} / n + v_{33}) / \overline{Y^E}}$ 表示波数。v_{13}和v_{33}为泊松比，n表示PZT的机械耦合系数。对时间求导可得PZT在X、Z方向上的速度方程为：

$$\dot{u}_1 = A_1 j\omega \sin \kappa_1 x e^{j\omega t} \qquad (4-49)$$

$$\dot{u}_3 = A_3 j\omega \sin \kappa_3 z e^{j\omega t} \qquad (4-50)$$

类似地，PZT在X、Z方向上的应变为：

$$S_1 = \frac{\partial u_1}{\partial x} = A_1 \kappa_1 \cos \kappa_1 x e^{j\omega t} \qquad (4-51)$$

$$S_3 = \frac{\partial u_3}{\partial z} = A_3 \kappa_3 \cos \kappa_3 z e^{j\omega t} \qquad (4-52)$$

PZT上的有效力可表示为：

$$F_{a,eff} = \oint_s f \cdot \hat{n} \mathrm{d}S = T_1 l h - T_3 l^2 = l(h - nl) \cdot T_1 \qquad (4-53)$$

PZT上的有效速度可表示为：

$$u_{eff} = \frac{\delta A}{p_0} = \frac{u_1 h - u_3 l - u_1 u_3}{h + l} \approx \frac{u_1 h - u_3 l}{h + l} \qquad (4-54)$$

PZT处于短路状态时的有效力可以表示为：

$$F_{short\text{-}circuited} = \frac{(h - nl)\overline{Y^E} l}{1 - v_{13} n} S_1 \qquad (4-55)$$

利用（4-54）和式（4-55）可以得到PZT的机械阻抗为：

$$Z_{a,eff} = \frac{F_{short\text{-}circuited}}{\dot{u}_{eff}} = \frac{\overline{Y^E}(h - nl)(h + l)}{(1 - v_{13} n)(1 + v_{13}) h j \omega} \cdot \frac{\kappa_1 l}{\tan \kappa_1 l} \qquad (4-56)$$

结构上的有效力为：

$$F_{s,eff} = \oint_S f \cdot \hat{n} dS = -Z_{s,eff} \cdot \dot{u}_{eff} \qquad (4-57)$$

将式（4-43）~式（4-54）代入上式，可得：

$$A_1 = \frac{Z_{a,eff} d_{31} V_0 l}{(Z_{a,eff} + Z_{s,eff}) h \sin \kappa_1 l} \cdot \frac{\tan \kappa_1 l}{\kappa_1 l} \tag{4-58}$$

PZT上的瞬时电流为：

$$\bar{I} = \frac{dQ(t)}{dt} = \iint_A \dot{D}_3 \mathrm{d}x\mathrm{d}y = j\omega \iint_A D_{3(z=h)} \mathrm{d}x\mathrm{d}y \tag{4-59}$$

将式（4-42）~式（4-44）及式（4-58）代入上式，根据导纳定义即可计算得到导纳表达式为：

$$\bar{Y} = \frac{\bar{I}}{\bar{V}} = \frac{4j\omega l^2}{h}\left[\varepsilon_{33}^T - \frac{\overline{Y^E}(d_{31}+nd_{33})d_{31}}{1-n\nu_{13}} + \frac{\overline{Y^E}(d_{31}+nd_{33})d_{31}Z_{a,eff}}{(1-n\nu_{13})(Z_{a,eff}+Z_{s,eff})}\left(\frac{\tan\kappa_1 l}{\kappa_1 l}\right)\right] \tag{4-60}$$

其中，$\bar{V} = V_0 \mathrm{e}^{j\omega t}$ 为PZT上的瞬时电压。与式（4-40）反映PZT沿长度和宽度方向的振动特性不同，式（4-60）反映的是PZT沿长度和厚度方向的振动，因此，式（4-40）表达的二维模型适用于粘贴式PZT传感器，而式（4-60）表达的二维模型适用于植入式PZT传感器。

4. 三维机电耦合阻抗模型

为了完整表达PZT的三维振动特性，需要同时考虑PZT沿长、宽、厚三个方向与结构的耦合作用。利用"定向和阻抗"的概念[135]，取1/4 PZT分析，如图4-13所示。则结构的定向和阻抗即：X，Y，Z方向的直接阻抗与XY，YZ，XZ方向的交叉阻抗之和，结构的阻抗通过施加在PZT所有表面的阻抗获得，可以表达为：

$$-Z_S = Z_{S1} + Z_{S2} - Z_{S3} + 2Z_{12} - 2Z_{23} - 2Z_{13} \tag{4-61}$$

式中，正负号表示X，Y方向的扩张对应着Z方向的收缩，其中：

$$Z_{S1} = \frac{F_X}{\dot{u}_1}, Z_{S2} = \frac{F_Y}{\dot{u}_2}, Z_{S3} = \frac{F_Z}{\dot{u}_3} = \frac{F_T - F_B}{\dot{u}_{ZB} - \dot{u}_{ZT}} \tag{4-62}$$

其中，$F_X = \sigma_X(2LH)$，$F_Y = \sigma_Y(2WH)$，$F_T = -\sigma_Z(LW)$ 以及 $F_B = \sigma_Z(LW)$ 分别表示PZT在X，Y和Z方向上下表面与结构作用的合力。$\dot{u}_{1(X=W)}$ 和 $\dot{u}_{2(Y=L)}$ 分别表示在X，Y方向上$X=W, Y=L$处的平均速度。$\dot{u}_{ZT}, \dot{u}_{ZB}$ 表示Z方向上PZT上表面和下表面的平均速度。交叉阻抗主要由剪应力引起，可表示为：

$$Z_{12} \approx -\frac{Z_{S1}Z_{S2}}{Z_{S1}+Z_{S2}-Z_{S3}}, Z_{23} \approx -\frac{Z_{S2}Z_{S3}}{Z_{S1}+Z_{S2}-Z_{S3}}, Z_{31} \approx -\frac{Z_{S3}Z_{S1}}{Z_{S1}+Z_{S2}-Z_{S3}} \tag{4-63}$$

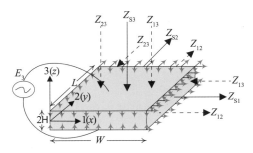

图4-13 PZT-结构耦合三维模型

PZT应力应变关系可以表达为：

$$\begin{bmatrix} \sigma_X \\ \sigma_Y \\ \sigma_Z \\ \tau_{XY} \\ \tau_{YZ} \\ \tau_{ZX} \end{bmatrix}_e = Y_R \begin{bmatrix} 1 & R & R & 0 & 0 & 0 \\ R & 1 & R & 0 & 0 & 0 \\ R & R & 1 & 0 & 0 & 0 \\ 0 & 0 & 0 & r & 0 & 0 \\ 0 & 0 & 0 & 0 & r & 0 \\ 0 & 0 & 0 & 0 & 0 & r \end{bmatrix} \begin{bmatrix} \varepsilon_X \\ \varepsilon_Y \\ \varepsilon_Z \\ \gamma_{XY} \\ \gamma_{YZ} \\ \gamma_{ZX} \end{bmatrix} \qquad (4-64)$$

其中，下标"e"表示电场条件，Y_R，R，r为简化系数：

$$Y_R = \frac{\overline{Y}(1-v)}{(1+v)(1-2v)}, R = \frac{v}{1-v}, r = \frac{1-2v}{2(1-v)} \qquad (4-65)$$

$$\overline{Y} = Y(1+\eta j) \qquad (4-66)$$

其中，$\overline{Y}$表示零电场条件下的PZT复合杨氏模量。Y为静态杨氏模量，η为机械损失因子，v为PZT的泊松比，$\sigma_X, \sigma_Y, \sigma_Z$分别为PZT在$X, Y, Z$方向的正应力，$\varepsilon_X, \varepsilon_Y, \varepsilon_Z$分别为$X, Y, Z$方向的正应变，$\tau_{XY}, \tau_{YZ}, \tau_{ZX}$分别为剪应力，$\gamma_{XY}, \gamma_{YZ}, \gamma_{ZX}$分别为剪应变。应变用位移形式可以表示成：

$$\begin{bmatrix} \varepsilon_X \\ \varepsilon_Y \\ \varepsilon_X \\ \gamma_{XY} \\ \gamma_{YZ} \\ \gamma_{ZX} \end{bmatrix} = \begin{bmatrix} \dfrac{\partial u_1}{\partial x} \\[2mm] \dfrac{\partial u_2}{\partial y} \\[2mm] \dfrac{\partial u_3}{\partial z} \\[2mm] \dfrac{\partial u_1}{\partial y} + \dfrac{\partial u_2}{\partial x} \\[2mm] \dfrac{\partial u_2}{\partial z} + \dfrac{\partial u_3}{\partial y} \\[2mm] \dfrac{\partial u_3}{\partial x} + \dfrac{\partial u_1}{\partial z} \end{bmatrix} \qquad (4-67)$$

考虑微分元素，PZT上的力平衡方程为：

$$\left(\sigma_x + \frac{\partial \sigma_x}{\partial x}\mathrm{d}x\right)\mathrm{d}y\mathrm{d}z + \left(\tau_{xy} + \frac{\partial \tau_{xy}}{\partial y}\mathrm{d}y\right)\mathrm{d}x\mathrm{d}z + \left(\tau_{xz} + \frac{\partial \tau_{xz}}{\partial z}\mathrm{d}z\right)\mathrm{d}x\mathrm{d}y$$
$$-\sigma_x \mathrm{d}y\mathrm{d}z - \tau_{xy}\mathrm{d}x\mathrm{d}z - \tau_{xz}\mathrm{d}x\mathrm{d}y - m_x = 0 \tag{4-68}$$

$$\left(\sigma_y + \frac{\partial \sigma_y}{\partial y}\mathrm{d}y\right)\mathrm{d}x\mathrm{d}z + \left(\tau_{yx} + \frac{\partial \tau_{yx}}{\partial x}\mathrm{d}x\right)\mathrm{d}y\mathrm{d}z + \left(\tau_{yz} + \frac{\partial \tau_{yz}}{\partial z}\mathrm{d}z\right)\mathrm{d}x\mathrm{d}y$$
$$-\sigma_y \mathrm{d}x\mathrm{d}z - \tau_{yx}\mathrm{d}y\mathrm{d}z - \tau_{yz}\mathrm{d}x\mathrm{d}y - m_y = 0 \tag{4-69}$$

$$\left(\sigma_z + \frac{\partial \sigma_z}{\partial z}\mathrm{d}z\right)\mathrm{d}x\mathrm{d}y + \left(\tau_{zx} + \frac{\partial \tau_{zx}}{\partial x}\mathrm{d}x\right)\mathrm{d}y\mathrm{d}z + \left(\tau_{zy} + \frac{\partial \tau_{zy}}{\partial y}\mathrm{d}y\right)\mathrm{d}x\mathrm{d}z$$
$$-\sigma_z \mathrm{d}x\mathrm{d}y - \tau_{zx}\mathrm{d}y\mathrm{d}z - \tau_{zy}\mathrm{d}x\mathrm{d}y - m_z = 0 \tag{4-70}$$

其中，m_x, m_y, m_z 分别为PZT在 X, Y, Z 方向上的惯性力，可以表达为：

$$m_x = \rho\mathrm{d}x\mathrm{d}y\mathrm{d}z\frac{\partial^2 u_1}{\partial t^2}, m_y = \rho\mathrm{d}x\mathrm{d}y\mathrm{d}z\frac{\partial^2 u_2}{\partial t^2}, m_z = \rho\mathrm{d}x\mathrm{d}y\mathrm{d}z\frac{\partial^2 u_3}{\partial t^2} \tag{4-71}$$

将式（4-71）代入式（4-68）~式（4-70），得：

$$\frac{\partial \sigma_x}{\partial x} + \frac{\partial \tau_{xy}}{\partial y} + \frac{\partial \tau_{xz}}{\partial z} = \rho\frac{\partial^2 u_1}{\partial t^2} \tag{4-72}$$

$$\frac{\partial \sigma_y}{\partial y} + \frac{\partial \tau_{xy}}{\partial x} + \frac{\partial \tau_{yz}}{\partial z} = \rho\frac{\partial^2 u_2}{\partial t^2} \tag{4-73}$$

$$\frac{\partial \sigma_z}{\partial z} + \frac{\partial \tau_{zx}}{\partial x} + \frac{\partial \tau_{yz}}{\partial y} = \rho\frac{\partial^2 u_3}{\partial t^2} \tag{4-74}$$

将式（4-64）和式（4-67）代入上式，并求解得：

$$u_1 = \left[A\sin\kappa x + B\cos\kappa x\right]\mathrm{e}^{\mathrm{j}\omega t} \tag{4-75}$$

$$u_2 = \left[C\sin\kappa y + D\cos\kappa y\right]\mathrm{e}^{\mathrm{j}\omega t} \tag{4-76}$$

$$u_3 = \left[E\sin\kappa z + F\cos\kappa z\right]\mathrm{e}^{\mathrm{j}\omega t} \tag{4-77}$$

代入PZT中心点处的位移边界条件，即：$u_1 = 0, u_2 = 0, u_3 = 0$，从而得：

$$B = D = F = 0 \tag{4-78}$$

其中，参数 A, C, E 仍未知，利用式（4-75）~式（4-78）及式（4-67），可得PZT正应变：

$$\varepsilon_x = \frac{\partial u_1}{\partial x} = A\kappa\cos\kappa x \cdot \mathrm{e}^{\mathrm{j}\omega t}, \varepsilon_y = \frac{\partial u_2}{\partial y} = C\kappa\cos\kappa y \cdot \mathrm{e}^{\mathrm{j}\omega t}, \varepsilon_z = \frac{\partial u_3}{\partial z} = E\kappa\cos\kappa z \cdot \mathrm{e}^{\mathrm{j}\omega t}$$

$$\tag{4-79}$$

类似地，PZT剪应变为：

$$\gamma_{XY} = \frac{\partial u_1}{\partial y} + \frac{\partial u_2}{\partial x} = \left[Ay\sin\kappa x + Cx\sin\kappa y \right] \mathrm{e}^{\mathrm{j}\omega t}, \gamma_{YZ} = \left[Cx\sin\kappa y + Ex\sin\kappa z \right] \mathrm{e}^{\mathrm{j}\omega t}$$

$$\gamma_{ZX} = \left[Ex\sin\kappa z + Az\sin\kappa x \right] \mathrm{e}^{\mathrm{j}\omega t} \tag{4-80}$$

仅考虑施加电场，PZT基于定向和阻抗的电位移方程为：

$$D_3 = \overline{\varepsilon_{33}} E_3 + d_{31}\sigma_1 + d_{32}\sigma_2 + d_{33}\sigma_3 \tag{4-81}$$

其中，方向应力 $\sigma_1, \sigma_2, \sigma_3$ 可用下式求解：

$$\begin{bmatrix} \sigma_1 \\ \sigma_2 \\ \sigma_3 \end{bmatrix} = \begin{bmatrix} \lambda_1 & 0 & 0 \\ 0 & \lambda_2 & 0 \\ 0 & 0 & \lambda_3 \end{bmatrix} \left\{ Y_R \begin{bmatrix} 1 & R & R \\ R & 1 & R \\ R & R & 1 \end{bmatrix} \left\{ \begin{bmatrix} \varepsilon_X \\ \varepsilon_Y \\ \varepsilon_Z \end{bmatrix} - E_3 \begin{bmatrix} d_{31} \\ d_{32} \\ d_{33} \end{bmatrix} \right\} \right\} \tag{4-82}$$

其中，$\lambda_1, \lambda_2, \lambda_3$ 为结构机械阻抗耦合因子：

$$\lambda_1 = \frac{Z_{S1}}{Z_{S1} + Z_{S2} - Z_{S3}}, \lambda_2 = \frac{Z_{S2}}{Z_{S1} + Z_{S2} - Z_{S3}}, \lambda_3 = \frac{Z_{S3}}{Z_{S1} + Z_{S2} - Z_{S3}} \tag{4-83}$$

将式（4-82）代入式（4-81），得：

$$\begin{aligned} D_3 = \overline{\varepsilon_{33}} E_3 + Y_R \Big\{ & \left(d_{31}\lambda_1 \left[\left(\varepsilon_x - E_3 d_{31} \right) + R\left(\varepsilon_y - E_3 d_{32} \right) + R\left(\varepsilon_z - E_3 d_{33} \right) \right] \right. \\ & + d_{32}\lambda_2 \left[R\left(\varepsilon_x - E_3 d_{31} \right) + \left(\varepsilon_y - E_3 d_{32} \right) + R\left(\varepsilon_z - E_3 d_{33} \right) \right] \\ & + d_{33}\lambda_3 \left[R\left(\varepsilon_x - E_3 d_{31} \right) + R\left(\varepsilon_y - E_3 d_{32} \right) + \left(\varepsilon_z - E_3 d_{33} \right) \right] \Big\} \end{aligned} \tag{4-84}$$

将式（4-79）和式（4-80）代入上式，得：

$$\begin{aligned} D_3 = & \overline{\varepsilon_{33}} E_3 + \\ & Y_R \Big\{ d_{31}\lambda_1 \Big[\left(A\kappa\cos\kappa x \cdot \mathrm{e}^{\mathrm{j}\omega t} - E_3 d_{31} \right) + R\left(C\kappa\cos\kappa y \cdot \mathrm{e}^{\mathrm{j}\omega t} - E_3 d_{32} \right) + \\ & R\left(E\kappa\cos\kappa z \cdot \mathrm{e}^{\mathrm{j}\omega t} - E_3 d_{33} \right) \Big] \\ & + d_{32}\lambda_2 \Big[R\left(A\kappa\cos\kappa x \cdot \mathrm{e}^{\mathrm{j}\omega t} - E_3 d_{31} \right) + \left(C\kappa\cos\kappa y \cdot \mathrm{e}^{\mathrm{j}\omega t} - E_3 d_{32} \right) + \\ & R\left(E\kappa\cos\kappa z \cdot \mathrm{e}^{\mathrm{j}\omega t} - E_3 d_{33} \right) \Big] \\ & + d_{33}\lambda_3 \Big[R\left(A\kappa\cos\kappa x \cdot \mathrm{e}^{\mathrm{j}\omega t} - E_3 d_{31} \right) + R\left(C\kappa\cos\kappa y \cdot \mathrm{e}^{\mathrm{j}\omega t} - E_3 d_{32} \right) + \\ & \left(E\kappa\cos\kappa z \cdot \mathrm{e}^{\mathrm{j}\omega t} - E_3 d_{33} \right) \Big] \Big\} \end{aligned} \tag{4-85}$$

PZT上的电流为：

$$\overline{I} = \iint_A \dot{D}_3 \mathrm{d}x\mathrm{d}y = j\omega \iint_A D_3 \mathrm{d}x\mathrm{d}y \tag{4-86}$$

将式（4-85）代入上式，得：

$$I = j\omega[LW\overline{\varepsilon_{33}}E_3 +$$

$$Y_R(d_{31}\lambda_1\{[LA\sin\kappa x \cdot \mathrm{e}^{\mathrm{j}\omega t} - LWE_3 d_{31}] + R[WC\sin\kappa y \cdot \mathrm{e}^{\mathrm{j}\omega t} - LWE_3 d_{32}] +$$

$$R[LWE\kappa\cos\kappa z \cdot \mathrm{e}^{\mathrm{j}\omega t} - LWE_3 d_{33}]\}$$

$$+ d_{32}\lambda_2\{R[LA\sin\kappa x \cdot \mathrm{e}^{\mathrm{j}\omega t} - LWE_3 d_{31}] + [LW\sin\kappa y \cdot \mathrm{e}^{\mathrm{j}\omega t} - LWE_3 d_{32}] +$$

$$R[LWE\kappa\cos\kappa z \cdot \mathrm{e}^{\mathrm{j}\omega t} - LWE_3 d_{33}]\} \qquad (4\text{-}87)$$

$$+ d_{33}\lambda_3\{R[LA\sin\kappa x \cdot \mathrm{e}^{\mathrm{j}\omega t} - LWE_3 d_{31}] + R[WC\sin\kappa y \cdot \mathrm{e}^{\mathrm{j}\omega t} - LWE_3 d_{32}] +$$

$$[LWE\kappa\cos\kappa z \cdot \mathrm{e}^{\mathrm{j}\omega t} - LWE_3 d_{33}]\}]$$

将上式代入电导纳的计算公式,得:

$$\overline{Y} = \frac{\overline{I}}{\overline{V}} = G + Bj = \frac{j\omega LW}{2H}[\overline{\varepsilon_{33}} +$$

$$Y_R\{d_{31}\lambda_1\{[A_0\sin\kappa W - d_{31}] + R[C_0\sin\kappa L - d_{32}] + R[E_0\kappa\cos\kappa 2H - d_{33}]\}$$

$$+ d_{32}\lambda_2\{R[A_0\sin\kappa W - d_{31}] + [C_0\sin\kappa L - d_{32}] + R[E_0\kappa\cos\kappa 2H - d_{33}]\} \qquad (4\text{-}88)$$

$$+ d_{33}\lambda_3\{R[A_0\sin\kappa W - d_{31}] + R[C_0\sin\kappa L - d_{32}] + [E_0\kappa\cos\kappa 2H - d_{33}]\}]$$

式中,参数 A_0, C_0, E_0 为式(4-54)中对应的未知数,仅用平衡方程无法求得其值,需借助半解析有限元法才能求解。该模型同时考虑PZT的三维振动特性,较为接近真实的PZT振动状态,既适用于表面粘贴又适用于植入式PZT传感器。虽然近年来,许多学者也提出了其他适用模型,但是,一维模型仍然应用最为广泛。

4.3.2 压电阻抗技术损伤智能探测原理

由阻抗模型推导出的导纳公式(4-38)~式(4-40)、式(4-60)和式(4-88)可看出,导纳公式既包含了PZT的电性参数又包含了结构的机械参数。当PZT被贴附在结构上,其自身阻抗 Z_a 是固定值,当PZT的物性参数保持不变时,结构机械阻抗 Z_s 唯一地决定了导纳的值。由于结构损伤导致其机械阻抗变化在导纳信号中反映出来,这种影响在导纳图中表现为在电容性导纳基线上出现的峰值。由于这些峰值表征了结构的共振特性,通过观察结构损伤前后导纳信号的变化就可以判断损伤的发生,且不需要对结构进行振型、模态等特性分析即可实现,因而是一种智能探测方法。实际工程中,将PZT智能传感器粘贴在结构表面或者埋入其中,用导线连接阻抗分析仪,如图4-14所示。PZT在交流电场中被阻抗仪驱动,产生变形,并带动结构振动,而结构的振动变形又导致与其耦合的PZT片的变形,这种变形又使PZT中产生电流。输入电压和所测电流的比值,即为电阻抗,可由阻抗分析仪测得。通过识别PZT自驱动传感器的电导纳或电阻抗的变化,就可以

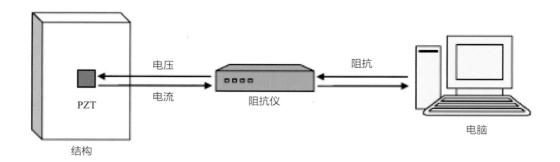

图4-14 阻抗测量示意图

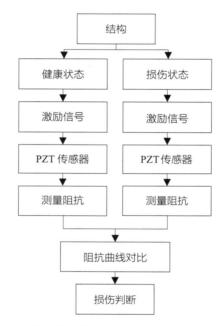

图4-15 基于智能压电阻抗技术的结构损伤识别方法

实现结构损伤识别的目的。应用智能压电阻抗技术进行结构损伤识别的方法可用图4-15表示。

4.3.3 损伤评估量化指标

固体断裂力学将混凝土内部的各类缺陷概化为微裂纹。但是混凝土材料内部的各类缺陷众多,难以应用连续断裂力学方法解决混凝土内部的损伤问题。而损伤力学则是将含有众多分散的微裂纹区域视为局部均匀场,考虑全部裂纹的整体效应,找出一个能够表达该均匀场的变量,称为损伤变量,用来描述材料的损伤状态。而目前对于如何运用现代测试方法获得的机电信号定义损伤变量形式还在研究和发展之中。

借用损伤力学的思路，可以从统计学的角度找到一个合适的指标来反应结构微裂纹局部均匀场的整体效益。对于基于EMI方法的健康监测则需要一个统计指标来衡量损伤前后PZT传感器电信号的变化程度。常用的量化损伤指标有均方根偏差（$RMSD$）[136]、平均绝对百分偏差（$MAPD$）、协方差（Cov）和相关系数（CC）等[137]。其表达式分别为：

$$RMSD(\%) = \sqrt{\frac{\sum_{i=1}^{N}(G_i^1 - G_i^0)^2}{\sum_{i=1}^{N}(G_i^0)^2}} \times 100 \qquad (4-89)$$

$$MAPD = \frac{100}{N}\sum_{i=1}^{N}\left|\frac{G_i^1 - G_i^0}{G_i^0}\right| \qquad (4-90)$$

$$Cov(G^0, G^1) = \frac{1}{N}\sum_{i=1}^{N}(G_i^0 - \overline{G^0})(G_i^1 - \overline{G^1}) \qquad (4-91)$$

$$CC = \frac{Cov(G^0, G^1)}{\sigma_0 \sigma_1} \qquad (4-92)$$

其中，G_i^0 表示损伤前在测点 i 的电导值，G_i^1 为相应测点在损伤后的电导值。σ_0 和 σ_1 分别表示损伤前后的电导标准差，$\overline{G^0}$ 和 $\overline{G^1}$ 分别为损伤前后的电导均值。以上损伤指标中，$RMSD$为有代表性的有效指标，损伤越大，其值越大，$MAPD$亦然，二者适用于评估损伤程度或距离的增长。而Cov和CC的值则适用于评估位置固定的损伤尺寸的变化，其值随着变化的增大越接近于0或负值。很多试验研究表明，导纳的实部相比于幅值或者虚部对损伤或结构整体性的变化更为敏感。并且，导纳的虚部更容易受到外界条件的影响，比如荷载影响、温度变化或测量导线长度的影响。因此在实际结构损伤的识别过程中，往往选择导纳或阻抗的实部作为测量损伤指标。在数值模拟分析中，由于边界条件可以人为设定并在测试过程中保持恒定，因此选择导纳或阻抗的实部、虚部或幅值作为测量损伤指标均可。

4.3.4 环境温度对压电阻抗技术的影响

由于材料对温度的依赖性，压电阻抗技术受到环境温度的影响较为明显。在导纳表达中，介电常数 $\varepsilon_{33}^{\mathrm{T}}$ 的值随温度升高呈指数倍增长[138]，压电常数 d_{31} 也随温度升高呈线性增长。复合杨氏模量 $\overline{Y^E}$ 也受温度的轻微影响。介电常数 ε_{33}^{T} 随温度的变化严重导致电容性导纳值的改变，从而引起导纳的偏移。压电常数 d_{31}、复合杨氏模量 $\overline{Y^E}$ 也会引起导纳偏移，但相比介电常数的影响则小得多。因此，综上几个影响因子，温度变化也会引起导纳信号变化。本小节通过试验研究温度对导纳信号的影响。

试验采用一根表面贴有PZT传感器的钢梁，钢梁长401mm，高24mm，宽24mm，压电片尺寸为8mm×8mm×0.5mm。将贴有PZT传感器的钢梁放置到一个带有XMTH数显温控仪的温箱中，如图4-16所示，设定三种温度工况35℃、45℃、55℃，在150～350kHz频段每隔100Hz

图4-16　试验试件与装置

激励PZT传感器，用阻抗分析仪PV70A测量电导纳值。每次测量均待温度已达到设定值并稳定后才进行。

PZT-钢梁在35℃、45℃、55℃时的导纳的实部和虚部曲线如图4-17所示。由图4-17可以发现，随着温度的升高，导纳实部和虚部曲线的形状变化不大，整体均明显向左偏移，峰值略微增大。相比于导纳实部，虚部曲线的偏移量略大，说明在同等温度变化的情况下，导纳的虚部相比于实部更容易受到温度的影响。因此，在实际工程应用中，由于损伤和温度变化均会造成导纳曲线偏移，温度变化对压电阻抗技术的影响不可忽略。

针对温度引起的导纳曲线的水平偏移，采用相关的温度补偿方法能有效地补偿

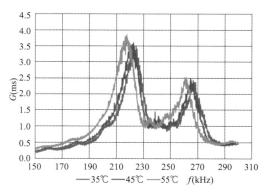

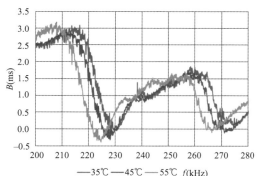

图4-17　导纳实部与虚部曲线

导纳曲线峰值的水平偏移[139, 140]。当实际温度高于基准温度时，实际温度越高，频率偏移率越小；当实际温度低于基准温度时，实际温度越低，频率偏移率越大。根据计算得到的频率偏移率，将实际温度下的阻抗或导纳曲线的频率值调整到基准温度下的频率值，即可补偿由温度变化造成的信号曲线的水平偏移。

4.4　试验验证与工程应用

4.4.1　钢梁裂纹识别的试验研究

将PZT粘贴在钢梁的表面作为驱动器和传感器，通过测量梁损伤前后压电陶瓷片的电阻抗变化来识别梁中的裂纹（图4-18）；从图4-19可以看到，当钢梁出现裂纹损伤时，粘贴在钢梁表面的PZT的电阻抗（33～34kHz，47～50kHz）将发生显著变化，即裂纹引起梁结构的高阶谐振频率和反谐振频率显著减少，也引起了钢梁高频段压电

图4-18　钢梁压电阻抗测试

阻抗曲线的显著变化，这说明通过识别电阻抗（或导纳）变化可以识别梁中存在的微小损伤；研究还将阻抗实部改变的均方根（RMSD）作为损伤指标，定性地识别了梁结构的损伤发展，从图4-20可以看出，随着裂纹尺寸的增加，损伤指标值逐步增大。

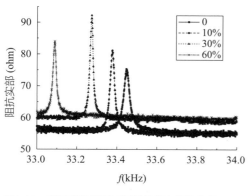

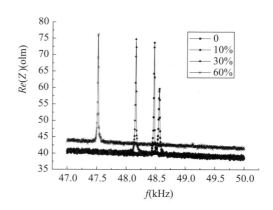

图4-19　不同裂纹深度工况下的压电阻抗实部

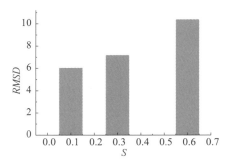

图4-20　相对裂纹深度S与损伤指标$RMSD$的关系

4.4.2　钢框架螺栓松动识别

将压电片粘贴在钢框架角部的连接处监测螺栓松动情况（图4-21），框架总高为6m，每层高为2m，横梁长2.1m，共设有6根斜撑，底层的斜撑长为2.65m，其他两层的斜撑长为2.6m，斜撑通过连接板与横梁和立柱相连，连接形式为螺栓连接，螺栓型号为M_8。分别松动1个、2个、4个螺栓，利用阻抗分析仪测量不同工况下的压电阻抗谱，并与完好框架的压电阻抗谱进行比较，发现压电阻抗谱的变化具有规律性（图4-22），因此，利用PZT得到的电阻

图4-21　框架结构螺栓松动监测

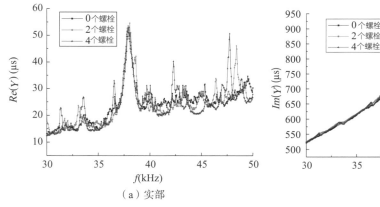

（a）实部　　　　　　　　　　　　　（b）虚部

图4-22　框架结构螺栓松动条件下的导纳

抗信号的变化能够识别钢框架螺栓松动损伤。

4.4.3 混凝土强度识别试验

将PZT粘贴在混凝土立方体试块
（强度等级为C20）的外表面，在浇筑
完的第3天开始监测其压电阻抗的变化，
直到第28天为止，通过测量其在不同龄
期下的PZT导纳频谱曲线来反映其强度
变化规律（图4-23）；从图4-24可以看
出：PZT导纳曲线实部有典型峰值，随
着龄期的增加，压电阻抗谱曲线向右移
动，固有频率增加，同时，峰值也有所

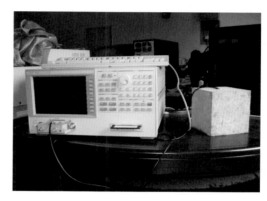

图4-23　混凝土试块凝固过程阻抗监测

增大；而且4d与6d增加量较6d与12d、16d的增加量更明显；导纳曲线变化规律在高
频段较低频段变化更陡峭；导纳在每一频段都有共振频率与反共振频率，而且，随
着频率的增加，共振频率与反共振频率差值减小；因此，运用压电阻抗技术能够得
到混凝土龄期内强度和弹性模量的发展规律。

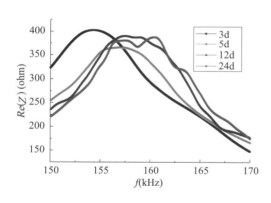

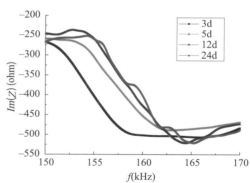

图4-24　不同龄期混凝土试块的压电阻抗

4.4.4 混凝土梁裂纹识别试验

试验中用C25混凝土制作了长2m，宽0.10m，高0.20m的混凝土梁，如
图4-25所示。为了模拟混凝土梁中裂纹损伤，用混凝土切割机来制作裂纹。采用
26.5mm×13.5mm×0.5mm尺寸的PZT。试验前将梁平整地放在试验室地上，开始对
梁表面粘贴PZT前，在粘贴部位用砂纸打磨，用丙酮洗净，然后在上面涂覆一层薄

图4-25　素混凝土梁压电测试

薄的二组分环氧树脂胶粘剂，最后将PZT放到胶粘剂上，用手指轻压，保证PZT与梁表面完整结合。粘贴完之后，放置6~12h，然后将导线焊接到压电片的两极，并连接到阻抗仪，进行试验。

本次试验采用3片PZT。其中PZT1粘贴在距离梁左端13.5cm的位置，PZT2粘贴在距离梁左端79cm的位置，PZT3则粘贴在距离梁左端约160cm的位置。考虑5种损伤工况，如表4-2所示。

图4-26为在工况1和工况2情形下，扫描频段为30k~50kHz时各压电片的压电导纳实部曲线。从图4-26可以看出，对照工况1和工况2，PZT1的压电导纳曲线有较明显变化，而PZT2和PZT3的压电导纳曲线变化很小，甚至没有变化。由此我们可以推断混凝土梁出现了裂纹，裂纹可能在PZT1附近，与预设的梁损伤一致。图4-27所示为扫描频段为30k~50kHz时PZT1-3在工况2-5的导纳实部曲线。可以看出，工况2和工况5，PZT3的压导纳曲线没有明显变化，PZT1的压导纳曲线变化也很小，PZT2的压导纳曲线则有较明显变化；PZT2的导纳实部曲线明显变化。由此可以推断混凝土梁出现了裂纹，裂纹可能在PZT2附近，并且从PZT2的导纳曲线还可以判断裂纹尺寸在增大。以上观察到的现象表明，利用PZT能有效识别混凝土梁的裂缝损伤及损伤发展。

素混凝土梁裂纹损伤工况　　　　　　　　　　　　表4-2

工况	梁损伤状态或裂纹位置	裂纹深度
1	无损伤	0
2	距离梁左端21cm	10mm
3	距离梁左端85.8cm	12mm

工况	梁损伤状态或裂纹位置	裂纹深度
4	距离梁左端85.8cm	20mm
5	距离梁左端85.8cm	28mm

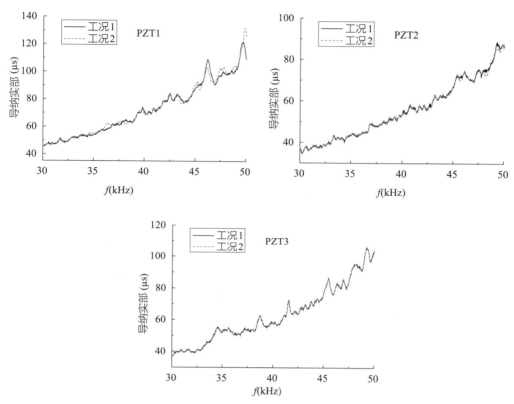

图4-26 不同位置压电片在工况1-2的压电导纳实部（30k～50kHz）

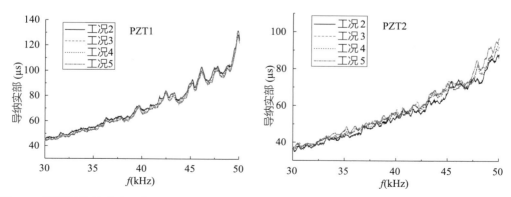

图4-27 不同位置压电片在工况2-工况5的导纳实部（30k～50kHz）

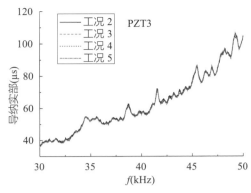

图4-27 不同位置压电片在工况2-工况5的导纳实部（30k～50kHz）（续）

4.4.5 植入式PZT混凝土梁损伤识别

本节探讨利用植入式PZT识别混凝土梁损伤。混凝土梁长1m，宽0.1m，高0.2m。梁侧面粘贴3个PZT传感器，编号为S1，S2，S3，传感器中心点为梁宽方向的中点距梁右端水平距离分别为0.3m、0.6m和0.85m。PZT传感器尺寸为26mm×12mm×0.5mm。混凝土梁内

图4-28 混凝土梁与PV70阻抗仪

部在制作时埋入3个PZT传感器智能骨料，编号为E1、E2、E3，距梁右端水平距离分别为0.3m、0.6m和0.85m，植入的PZT片保持在竖直平面内，并位于截面的中间。混凝土梁顶和梁底保护层厚度均为25mm，左右两侧均为20mm（图4-28）。损伤工况为依次敲掉混凝土梁四个角的保护层，并依次测量导纳信号。

观察表面粘贴与植入式PZT传感器的导纳实部曲线，如图4-29所示，在50k～500kHz频段，曲线有两个峰值，且表面粘贴PZT传感器的峰值比植入式PZT传感器要明显得多。对导纳虚部曲线也有类似发现，植入式PZT传感器的虚部曲线几乎变成逐渐上升有略微波动的一条直线，峰值基本看不到。由图4-30植入式PZT传感器测得的导纳曲线峰值比表面粘贴PZT传感器的要小，曲线更平缓，说明PZT传感器外包水泥基封装后对其产生了一定的束缚作用。在混凝土梁无损和损伤的不同工况下，表面粘贴的PZT传感器和植入式PZT传感器的导纳信号总体变化均较小。这是因为本实验中混凝土梁的四角虽然破损，但剩下部分仍然是紧密的一体。另外，低频冲击荷载产生的疲劳微裂纹对梁的整体安全性能影响也不大。这不同于梁

的内部产生裂缝的情况，梁中的裂缝意味着梁的整体在一定程度上的断裂，改变了PZT与结构的耦合振动方式，对导纳信号的影响较大。

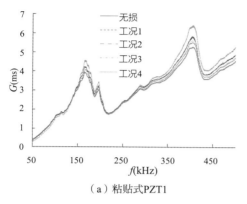
（a）粘贴式PZT1

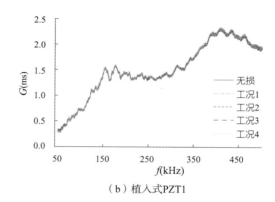
（b）植入式PZT1

图4-29 两种PZT传感器压电导纳实部的比较

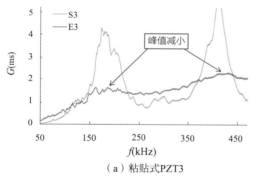
（a）粘贴式PZT3

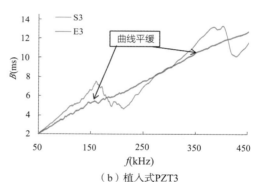
（b）植入式PZT3

图4-30 两种PZT传感器导纳信号的比较

图4-31为依次敲落4个混凝土梁角保护层的各个工况下，表面粘贴PZT传感器S1，S2，S3的导纳实部的*RMSD*损伤指标；图4-32为植入式传感器E1，E2，E3的导纳实部的*RMSD*损伤指标。这两个图反映的是损伤指标与损伤程度的关系。总体上说，随着敲落的混凝土梁角的保护层数量增多，表面粘贴PZT传感器和植入式PZT传感器的损伤指标呈现增大的趋势，即损伤指标随损伤程度增加而增大。这是由于结构质量减小，微裂纹增多而导致整体刚度下降。但是，根据传感器布置于混凝土梁上和梁内的位置不同，损伤指标的增长又呈现出不同规律。试件中，传感器S1和E1距梁左端250mm，距梁右端750mm；传感器S2和E2距梁左端400mm，距梁右端600mm；传感器S3和E3距梁左端150mm，距梁右端850mm。在工况1和工况2

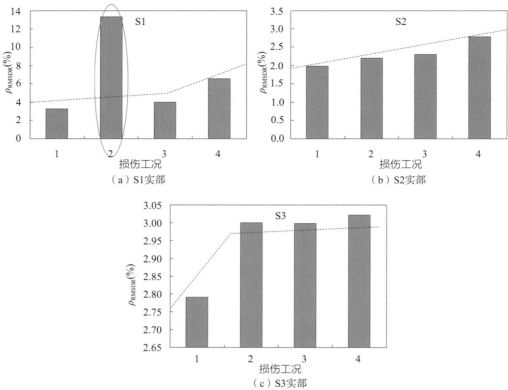

图4-31　表面粘贴PZT传感器的损伤指标

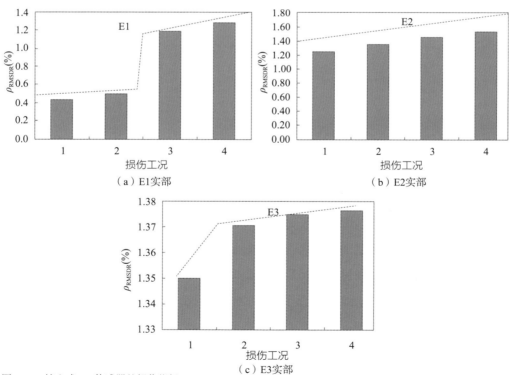

图4-32　植入式PZT传感器的损伤指标

时，梁左端的两角依次受到冲击荷载至保护层脱落。此时，观察距离梁左端最近的两个传感器S3和E3，其损伤指标从工况1到工况2显著增大，说明传感器监测到了结构的性能变化。同时，观察距离梁左端最远的两个传感器S1和E1，其中传感器E1在工况1和2时的损伤指标相比于工况3和4时要小得多，且变化不大，说明传感器E1对混凝土梁内距其750mm远处的损伤并不太敏感。反过来，在工况3和工况4时，即梁右端的两角依次受到冲击荷载至保护层脱落，此时的传感器S3和E3离梁右端的损伤位置最远，观察其损伤指标发现从工况2之后，损伤指标基本保持不变，说明传感器S3和E3对于混凝土梁内距其850mm以外的损伤难以察觉。而此时，距离梁右端较近的两个传感器S1和E1的损伤指标在工况3和工况4时则呈现出随着损伤程度增大而逐渐增大的趋势。对于位于梁中部的表面粘贴传感器S2和植入式传感器E2的损伤指标均呈现出随着损伤程度增加而增大的规律，这说明传感器S2和E2对梁左端400mm和右端600mm处的损伤均能探测到，且损伤指标随损伤程度规律性变化。损伤指标不同规律地变化一方面验证了PZT传感器的近场损伤敏感性，另一方面反映了PZT传感器在混凝土梁内的检测范围，对于距其750mm处的损伤基本上难以监测到。同时也注意到，表面粘贴PZT传感器S1和S3在工况2时的损伤指标比其他工况时要高出许多，并出现了比后续损伤工况损伤指标更大的异常情况。有几种可能原因：表面粘贴PZT传感器对结合面要求非常高，只有与结构紧密粘结才能保证传感器与本体结构的耦合协同振动，而混凝土材料自身的多孔特性，粘结处砂纸打磨的平整度和粘结层的粘结效果都增加了不定性。再者，表面粘贴PZT传感器由于直接裸露在外，没有任何防护，在重锤敲击混凝土梁的过程中有可能被损坏，造成测量信号失真。除此之外，在运用于实际工程时，表面粘贴PZT传感器易受外界环境温度影响，增加了测量结果的不稳定性。

4.4.6 钢梁锈蚀损伤识别试验

1. 试验设计

本试验对象为一根简支钢梁，尺寸为401mm×24mm×24mm。钢梁表面布置了3个PZT传感器，编号为PZT-1，PZT-2，PZT-3，分别距离梁左端70mm，220mm和320mm。3个PZT传感器的尺寸均为8mm×8mm×0.5mm。人为设计的局部锈蚀损伤距离梁左端120mm，则三个PZT传感器距离锈蚀损伤的距离分别为50mm、100mm和200mm。对锈蚀时间为22天、37天、45天、51天、117天和167天的钢梁局部锈蚀损伤进行检测，采用阻抗分析仪PV70A在30～300kHz频段每隔100Hz激励各

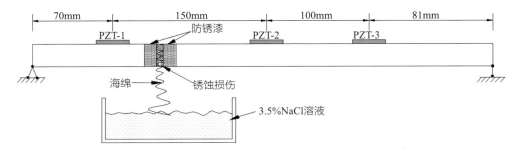

图4-33 钢梁锈蚀识别示意图

个PZT传感器并测量导纳值,整个试验测量过程保持室内温度恒定。试验示意如图4-33所示。

2. 试验步骤

(1)钢梁处理:对钢梁表面进行抛光除锈处理,清除构件表面的毛刺、铁锈、油污及附着物,以保证防锈漆涂料的附着效果和压电片的紧密粘贴效果。

(2)PZT传感器的安放:将3个PZT传感器固定在钢梁表面的预设位置。

(3)加速锈蚀损伤带的设计:在钢梁预设局部锈蚀损伤处留出宽度为2mm的加速锈蚀损伤带,在锈蚀损伤带两边均匀涂上约5mm宽的防锈漆带,使锈蚀损伤限制在两防锈漆带中间的范围,如图4-34(a)所示。

(4)人工加速锈蚀:试验采用氯盐加速锈蚀的方法,配置浓度为3.5%的NaCl溶液,将海绵润湿浸满,包裹在预设锈蚀的部位,用棉条固定。棉条底部接触3.5%浓度的NaCl盐水,引至包裹钢梁的海绵,以保证海绵处于持续湿润状态。由于海绵具有吸湿性和多孔性,NaCl溶液又能加速钢梁的锈蚀过程,因而钢梁上被海绵包裹的局部区域在氧气和水分充足的情况下能迅速锈蚀,如图4-34(b)所示。

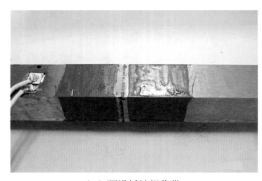

(a)预设锈蚀损伤带 　　　　　　　　(b)人工加速锈蚀

图4-34 加速锈蚀损伤带的设计示意

（5）导纳测量：锈蚀前，对健康梁进行原始导纳测量。开始锈蚀后，先解开棉条，卸下包裹钢梁的海绵，待钢梁自然风干。将钢梁放在简支支座上，即可开始导纳的测量。每次测量时应保证支座对应钢梁的支撑位置固定不变。试验过程如图4-35所示。

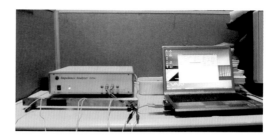

图4-35 导纳测量过程

3. 结果分析

随着锈蚀天数增加，钢梁由出现锈点，到局部锈蚀面积增大，锈点开始连接成片，最后形成整片锈蚀区开始均匀锈蚀。随着锈蚀程度的逐渐加深，锈蚀产物日渐增多，浸润了包裹海绵和棉条，并逐渐脱落沉积在盐溶液中。锈蚀损伤发展的过程如图4-36所示。将传感器PZT1在无损工况和51天、117天及167天的导纳曲线分别进行对照，如图4-37所示。由图发现，随着锈蚀时间的增加，导纳曲线均向左偏移，证明了导纳能够识别锈蚀损伤。另外，图中增加了一些小峰值，并且随锈蚀时间延长，增加的峰值数越多。如图4-37所示，（a）图为无损状态和锈蚀时间51天的导纳曲线对比，相比于无损状态的两个主峰值，锈蚀后的曲线多增加了两处曲线波动，在图中用圆圈表示；到锈蚀117天时，锈蚀后的曲线比无损状态多增加了3处波动，如（b）图所示；到锈蚀167天时，曲线增加的波动数更多，达到4处，如图（c）所示。这是由于锈蚀产物不断增多，堆积在钢梁上，铁锈是松散状态，在一定程度上影响和改变了结构的振动特性。

锈蚀后，PZT传感器的导纳实部曲线随着锈蚀程度增大而逐渐左移。提取PZT传感器导纳实部曲线的谐振频率，比较不同程度锈蚀损伤工况与无损工况的谐振频率的偏移大小。定义谐振频率偏移率指标：

$$S_{\mathrm{RMSD}} = \sqrt{\frac{\left(f_i - f_0\right)^2}{f_0^{\,2}}} \times 100 \qquad (4-93)$$

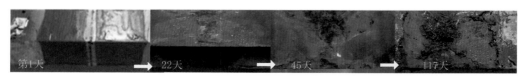

图4-36 钢梁局部锈蚀过程

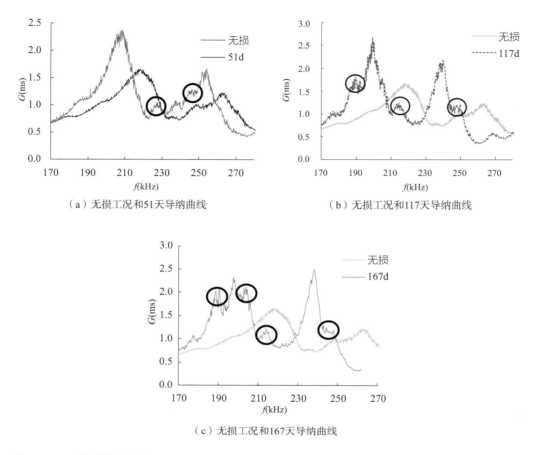

（a）无损工况和51天导纳曲线

（b）无损工况和117天导纳曲线

（c）无损工况和167天导纳曲线

图4-37　PZT1传感器导纳曲线对照示意

其中，f_0为钢梁在无损工况的导纳实部曲线谐振频率，f为锈蚀损伤工况的导纳实部曲线谐振频率。PZT1传感器的谐振频率偏移率指标S_{RMSD}与锈蚀时间的关系如图4-38所示。由图4-38可以看出，PZT1传感器的S_{RMSD}指标与锈蚀时间基本呈线性关系，表明在22天到167天时间段，随着锈蚀天数的增加，锈蚀损伤程度随锈蚀时间基本成线性增长。PZT传感器的谐振频率偏移率指标S_{RMSD}与锈蚀时间的线性增长关系拟合良好，说明PZT传感器能够识别到锈蚀损伤程度的变化，可以用于钢梁锈蚀的监测。

图4-39所示为不同位置的3个PZT传感器在无损及锈蚀时间为51天、117天、167天测量得到的导纳曲线。可以看出，PZT1的曲线峰值最为明显，从无损状态到锈蚀初期，再到锈蚀程度加大，频段内的两个主峰值均清晰显著。PZT2传感器在无损状态和初期锈蚀阶段的导纳曲线较为平坦，但是当锈蚀167天即锈蚀程度较严重的阶段，测量曲线从量变到质变，呈现出明显的峰值。PZT3传感器离锈蚀损伤

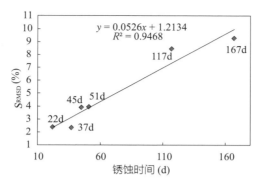

图4-38 PZT1的谐振频率偏移率指标与锈蚀时间关系图

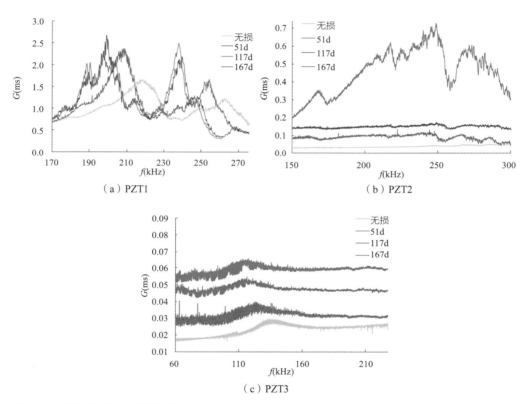

（a）PZT1　　　　　　　　　　（b）PZT2

（c）PZT3

图4-39　PZT传感器的导纳实部曲线

最远，曲线峰值均不明显。结果说明离锈蚀损伤距离最近的PZT1传感器对锈蚀损伤最为敏感，PZT2次之，PZT3的信号变化最小，验证了PZT传感器对局部损伤的高敏感性。

4.4.7　钢管结构损伤识别试验

钢管结构是结构工程领域的常用类型，本小节针对管道结构的裂纹损伤进行试验，提取均方根差、协方差、相关系数和平均绝对偏差等统计特征指标，探讨与损伤类型相对应的最敏感的统计特征指标变化规律，判断管道损伤位置和程度。

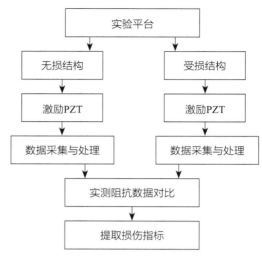

图4-40 试验流程图

1. 试验设计

截取小口径管道作为试验模型，试验试件的长度为500mm，外径为135mm，内径为115mm，钢管规格及材料性能指标见表4-3。通过削减管道局部单元长度、宽度、厚度的方法模拟管道局部裂纹损伤。试验中，为测定不同损伤程度下PZT阻抗信号变化，固定PZT传感器位置，通过钻床和数控切割机等机械加工方法，设置裂缝损伤。利用PV80A超声阻抗分析仪采集导纳信号数据。试验流程如图4-40所示。

钢管规格及材料性能
表4-3

损伤类型	钢号	密度（kg/m³）	弹性模量（MPa）	泊松比	管壁厚度（mm）	钢管长度（mm）
裂纹损伤	Q235	7800	205000	0.29	5	300

试验平台由试验台座、试验构件、PV80A超声阻抗分析仪、带有电极和引线的PZT传感器、GPIB控制线、计算机及数据处理系统等构成，试验设备装置如图4-41所示。

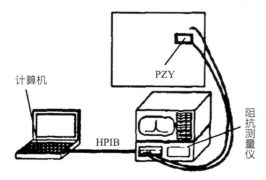

图4-41 试验装置及现场照片

2. 试验工况

管道局部裂缝损伤通过削减单元厚度的方法进行，裂缝长度和宽度均为20mm，损伤处距压电片粘贴位置75mm，具体如图4-42所示。

根据管道运营中的实际情况，拟定管道两端为简支支座；试验工况分为无损、损伤深度1mm、损伤深度2mm和损伤深度3mm四种情况，具体如表4-4所示。

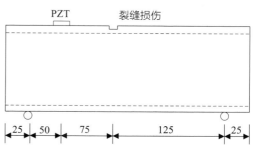

图4-42 局部均匀腐蚀损伤检测示意

试验工况

表4-4

损伤分类	损伤工况编号	损伤程度	损伤深度 h（mm）
裂缝损伤面积（20mm×20mm）	工况0	无损伤	0
	工况1	损伤10%	1
	工况2	损伤20%	2
	工况3	损伤30%	3

3. 试验结果与分析

局部均匀腐蚀损伤试验：在进行管道局部均匀腐蚀损伤试验时，为保证结构微小损伤的高敏感性，在多次初测的基础上，试验中分别在60k~80kHz、80k~100kHz、100k~120kHz和280k~300kHz频段范围内进行检测。试验先测得无损结构的阻抗谱，然后再进行工况1试验、工况2试验和工况3试验。每一次损伤之后测量该状态下的四个频率范围内的电阻抗信号，将数据采集后进行分析。

图4-43和图4-44为三种工况对比无损状态的60k~80kHz、频段范围的PZT导纳实部曲线。对比每个曲线中损伤前后的数据可以看出：与无损伤时相比，当管道出现均匀腐蚀损伤后，PZT导纳实部频谱曲线明显向左偏移，峰值对应频率下降；随着损伤程度的增加，PZT导纳实部频谱曲线图漂移增大，峰值对应频率降低增大。因此，根据PZT导纳频谱图可以对管道结构损伤程度进行判断。

选用均方根偏差RMSD、平均绝对偏差MAPD、协方差Cov、相关系数CC作为评价钢管损伤程度的损伤指标，对以上几种损伤进行定量评价，如图4-45所示。可以看到，在损伤程度不断加大的过程中，*RMSD*值逐渐增长，分别从25.3561增长到33.2394，从33.23增长到42.86，增长率分别为31.09%和28.94%。*MAPD*值逐渐增

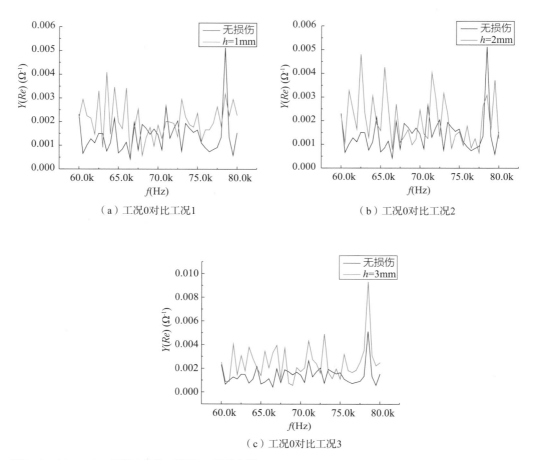

（a）工况0对比工况1

（b）工况0对比工况2

（c）工况0对比工况3

图4-43　60k～80kHz频段内各种工况下PZT导纳实部

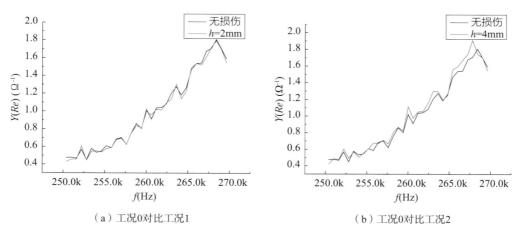

（a）工况0对比工况1

（b）工况0对比工况2

图4-44　250k～270kHz频段内各种工况下PZT导纳实部

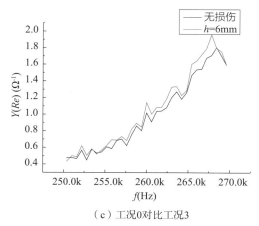

（c）工况0对比工况3

图4-44 250k～270kHz频段内各种工况下PZT导纳实部（续）

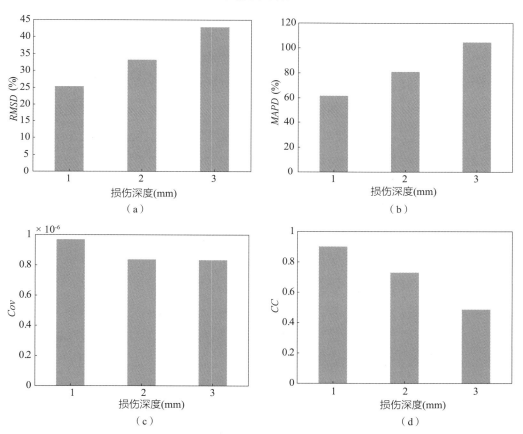

（a）

（b）

（c）

（d）

图4-45 不同工况下的*RMSD*、*MAPD*、*Cov*、*CC*值

长，从61.84增长到81.07，从81.07增长到104.53，增长率分别为31.09%和28.71%。*MAPD*值变化率与*RMSD*变化率基本相同。*Cov*值逐渐减小，从9.6944×10^{-7}减小到8.37×10^{-7}，从8.37×10^{-7}减小到8.34×10^{-7}，降低率分别为13.59%和0.32%。*CC*值分

别从0.9023减小到0.7313，从0.7313减小到0.4866，降低率分别为18.95%和33.46%。可见，以上四个指标随着损伤量的增加表现出增减的趋势，可以定量描述各工况下钢管结构的损伤状况。

4.4.8　工程应用

基于PZT监测信号的损伤识别技术经过研究及改进，已运用于若干实际工程中，图4-46所示为压电传感器应用于某工程结构的实时探伤。但桥梁、隧道、建筑等工程结构体系的损伤识别目前仍处于起步阶段。通过在结构表面或内部布置压电传感器，经过数据采集、传输、分析即可实现对结构损伤的判别和诊断。总结起来，该技术具有以下优点：

（1）该技术不基于任何模型，因此能适用于复杂结构的损伤识别；

（2）具有高频特性。对不同材料典型的扫频范围可达30k～400kHz。其激励的波长可达到微小损伤尺度，因而对微小裂缝等早期损伤很敏感；

（3）压电片具有局部检测特性。对钢材其检测范围可达2m，对混凝土材料则为0.4m左右，这使得它不受结构边界条件、荷载等因素改变以及操作振动的影响；

（4）由于粘贴或埋入压电自传感驱动器引起的附加质量可以忽略，对基体结构影响很小；

（5）在对结构进行探伤时，只需要在结构的关键部位布置压电自传感驱动器，可以实现结构的分布式测量。

图4-46　PZT传感器应用于某工程结构的健康监测

4.5　本章小结

　　本章论述了混凝土内部微裂缝压电智能精准探测技术与装置。详细介绍了智能压电材料的基本性能，讨论了粘贴式和植入式两种PZT传感器的制作技术。分析了PZT片与结构机电耦合机理，并建立PZT与结构耦合的一维和二维模型，以及基于模型的结构损伤识别方法。完成了基于压电阻抗的钢构件、钢筋混凝土构件单个或多个裂纹识别的理论研究，研究表明利用压电阻抗测量得到的结构高频信号的改变能够实现钢构件微小裂纹损伤的准确定位和识别、混凝土试块强度发展的有效识别；完成了具有不同损伤的钢筋混凝土梁、5层钢框架结构模型的制作，并以它们为对象，完成了基于压电阻抗的钢筋混凝土梁、钢框架结构单个或多个节点损伤识别的试验研究，试验结果表明能够利用测量得到的压电阻抗变化实现裂纹损伤的定位。在钢梁局部锈蚀的试验中，分析了导纳信号的变化规律，采用RMSD损伤指标定量的分析导纳变化情况，进而识别结构的损伤情况。同时找出损伤指标与锈蚀时间的关系，为锈蚀损伤的发展与预测作铺垫。在钢管结构腐蚀损伤识别试验中，分别对管道腐蚀及裂纹损伤进行分析。分析不同频段的导纳信号对结构损伤的敏感性。采用均方根偏差RMSD、平均绝对偏差MAPD、协方差Cov和相关系数CC等指标分析不同损伤程度的各指标变化规律，找出能够反映结构损伤程度的指标。通过理论的分析、试验的验证及实际工程运用，说明本课题所提出的基于PZT监测信号的损伤识别方法是有效的。在进行理论、数值与试验研究的基础上，结合计算机仿真与现场测试结果，研制了一套适用于基于压电阻抗信号的钢筋混凝土结构损伤识别和损伤状况评估的集成系统，并将研究成果成功应用到实际工程的长期探伤过程中。虽然目前基于压电阻抗的结构损伤识别方法取得了较多成果，但对损伤的量化评估、排除环境温湿度影响、实现实际工程应用等仍将是未来的研究重点。

第 5 章

钢结构体漏磁无损探伤技术

5.1 引言

钢结构体是土木工程之"筋骨",其可靠性及安全性是确保土木工程能够继续"健在"而不发生物毁人亡及生态污染等灾难性重大事故的先决条件,因此,迫切需要对其进行无损探测(检测)。华中科技大学的康宜华、孙燕华等人在经典电磁无损检测基础上,对电磁磁化方法与技术进行了拓展与创新,在杨叔子等人的带领下,其首次采用集成式霍尔元件实现了缺陷漏磁场的定量检测[141~143]。漏磁无损探伤方法因钢结构的铁磁性特点而被广泛应用在铁磁性材料构件,如钢管、缆索等的无损探伤上[144~148],也进一步因磁激励能量场能直接穿透非铁磁性材料而到达深层待检钢结构体的探伤机理而具有能完成混凝土内部钢筋[149~152]、带PE外套拉索内部钢丝、带润滑油层承重钢索、带油漆层平台支撑钢架、外表生锈铁轨等损伤探测,且具有抗油污、污垢不受光线影响等工程应用特点[153~157]。由于漏磁检测信号与缺陷特征存在一定的定量关系,因此在信号处理,缺陷模式识别等领域也具有广泛的应用背景。针对钢结构体的其他检测手段还包括视觉法、交流电化学阻抗法、电阻层析成像法等[158~163],但均无法满足长程大距离斜拉索在线检测的需求。此外,由于待检测钢结构体通常为两端铆接的闭合式结构,笔者提出一种新型的开式电磁传感与探伤方法,解决了无损检测领域中闭合无端头结构体在线电磁探伤的难题[164~167],漏磁无损检测技术属于主动式一体化结构的钢结构体探测方式,它可对现有土木工程钢结构体形成扫略体检式探测[168, 169];钢结构体的扫略体检式漏磁无损探伤是传感器静态预埋散点收集式健康监控的有力补充。

5.2 铁磁性材料漏磁无损检测原理

5.2.1 磁泄漏效应

1918年,美国工程师霍克(W.F.Hoke)[285]在加工装在磁性夹头上的钢件时,观察到铁粉被吸附在金属裂缝上的现象,这就是最初的磁泄漏效应:由于铁磁性材料(铁磁体)具有高导磁特性,它们被磁化后在体内可聚集高密度的磁感应场,如图5-1所示;当铁磁体上与空气相接触的交界面处出现不连续也即缺陷时,由于磁的边界条件首先引发磁折射,铁磁体体内磁化场由磁折射作用折射偏转到缺陷附近空气中,并很快形成磁扩散;但由于缺陷附近空气区域中较强背景磁场的存在,扩

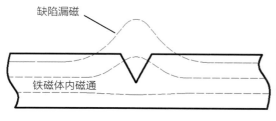
（a）缺陷磁泄漏

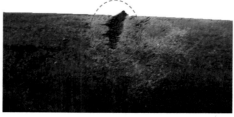
（b）缺陷磁泄漏显示（磁粉）

图5-1 缺陷的磁泄漏效应

散场磁力线在该背景磁场的反向阻碍作用下发生反向挤压变形，最终导致发生磁扩散的同时又发生反向磁压缩，最终形成缺陷漏磁场。

铁磁性材料内磁通经过上述磁折射、扩散及反向磁压缩过程后，形成最终缺陷漏磁场。进一步地，将缺陷漏磁场$\vec{B}_{mfl}$的形成机制采用数学形式描述为

$$\vec{B}_{mfl} = \vec{B}_r + \vec{B}_d - \vec{B}_c \qquad (5-1)$$

式中，$\vec{B}_r$为缺陷处磁折射作用，$\vec{B}_d$为缺陷处磁扩散作用，$\vec{B}_c$为缺陷处磁压缩作用。

式（5-1）中，磁扩散$\vec{B}_d$是紧随磁折射作用$\vec{B}_r$的，它们对缺陷磁泄漏起促进作用；而后的磁压缩作用$\vec{B}_c$是在磁扩散作用的反作用原理基础上所导致的，它对缺陷磁泄漏起着阻碍作用，使得缺陷的磁泄漏受到抑制。

5.2.2 漏磁检测原理

如图5-2所示，当物体处于传导电流产生的外磁场中之后，物体内的分子磁矩在外磁场力矩作用下将会出现一定程度的转向规则排列，使物体对外显示出一定的磁性，同时物体上出现宏观的磁化电流。磁化物质出现的磁化电流同传导电流一样也会产生磁场B'，这个磁场同原传导电流磁场B_0叠

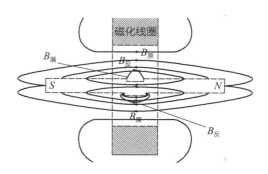
图5-2 漏磁检测机理

加而构成有物体存在时的空间磁场B，即$B = B_0 + B'$，B将不同于原外磁场B_0。这就是说，磁化后的物质将影响和改变磁场，使其由B_0变成B。磁化电流在产生磁场和受外磁场作用力方面与传导电流是完全相同的，只是磁化电流不能从磁化磁介质转移到其他物体上（所以磁化电流又称束缚电流）。

实际上，在漏磁检测技术中磁敏感元件空间某位置处测量的磁场量有

$$B_{磁敏元件}=B_{原}+B_{漏}-B_{反}$$　　　　　　（5-2）

对于前章节，式（5-1）可将缺陷漏磁场的产生过程具体描述为：由于铁磁性材料（磁介质）的高导磁性，被磁化体内可聚集高密度的磁感应场，如图5-3（a）所示，在其与空气相接触的交界面处出现不连续也即缺陷时，由于磁的边界条件首先引发磁折射，磁介质体内磁化场由磁折射作用折射偏转到缺陷附近空气中，并形成磁扩散，如图5-3（b）所示；但由于较强的背景磁场的存在，磁相互作用，磁力线在另一种磁场作用下会发生挤压变化，导致发生磁扩散的同时又产生反向磁压缩，如图5-3（c）所示。

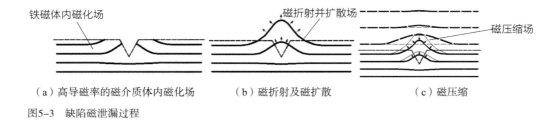

（a）高导磁率的磁介质体内磁化场　　　　（b）磁折射及磁扩散　　　　（c）磁压缩

图5-3　缺陷磁泄漏过程

所以，结合式（5-2）及式（5-1），可进一步获得漏磁检测中磁敏元件的测量物理量的描述为

$$B_{磁敏元件}=B_{原}+B_{磁折射}+B_{磁扩散}+B_{磁压缩}-B_{反}$$　　　　（5-3）

在基于磁介质的高导磁率特性的漏磁检测原理认识基础上所建立起来的漏磁检测方法的具体实施过程为：采用磁化装置对待检测磁介质（铁磁性材料）进行磁化，在铁磁性材料上缺陷处激励出漏磁场，然后采用磁敏元件拾取该漏磁场信息，并依此作为缺陷存在于否的依据。所形成的漏磁检测设备在结构形式上主要是以磁激励的方式不同而划分的，最为典型的两种结构形式为：磁轭式和穿过线圈式。如油井管和钢管自动检测装置，它们是分别由磁轭式漏磁检测探头和穿过式线圈漏磁检测探头构成的探伤设备。

5.2.3　漏磁检测机制探讨

磁场具有扩散与聚集特性，如图5-4所示，在介质的分界面处，磁场的扩散与聚集传递遵循连续条件：（a）切向磁场强度相等；（b）法向磁感应强度相等。即

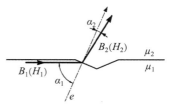

图5-4　介质面处的磁扩散

$$\begin{cases} e \cdot (H_2 - H_1) = 0 \\ e \cdot (B_2 - B_1) = 0 \end{cases} \tag{5-4}$$

式中，e是垂直于界面的单位矢量，由介质1指向介质2；B_1（H_1）及B_2（H_2）分别为介质1（磁导率为μ_1）和介质2（磁导率为μ_2）内的磁感应强度（磁场强度），它们在介质1及2内与中法线e的夹角分别为α_1、α_2。

由式（5-4），可得：

$$\tan\alpha_1 = \frac{B_{1\tau}}{B_{1e}} = \frac{B_{1\tau}}{B_{2e}} = \frac{\mu_1}{\mu_2}\frac{H_{2\tau}}{H_{2e}} = \frac{\mu_1}{\mu_2}\tan\alpha_2 \tag{5-5}$$

或

$$\tan\alpha_1 = \frac{H_{1\tau}}{H_{1e}} = \frac{H_{2\tau}}{H_{1e}} = \frac{\mu_1}{\mu_2}\frac{H_{2\tau}}{H_{2e}} = \frac{\mu_1}{\mu_2}\tan\alpha_2 \tag{5-6}$$

式中，B_{ne}（H_{ne}）及$B_{n\tau}$（$H_{n\tau}$）分别为在介质n（$n=1,2$）内磁感应强度（磁场强度）的法向分量和切向分量。

也即得

$$\alpha_2 = \arctan\left(\frac{\mu_2}{\mu_1}\tan\alpha_1\right) \tag{5-7}$$

式（5-7）构成磁折射扩散规则。磁的折射偏转方向与入射角以及介质的磁导率有关。磁场方向与介质面几何形状构成入射角α_1。由于$\alpha_1=0°$或$\alpha_1=90°$的磁入射角只有在理想的介质面几何形状条件下发生，所以结合实际的磁入射角范围$0<\alpha_1<90°$对式（5-7）作如下讨论。

（1）当$\mu_2=\mu_1$时，有$\alpha_2=\alpha_1$，磁感应线直接穿越界面不发生折射，如图5-5（a）所示。在同一磁化场H下，由$B=\mu H$可知$B_2=B_1$，此时两者磁压相等，磁压差为零的情况下互不发生磁泄漏。

（2）当$\mu_2 \leqslant \mu_1$时，有$\alpha_2 \leqslant \alpha_1$，$\mu_2$介质内磁感应线发生折射，且折向法线$n$，形成磁通量由$\mu_1$介质向$\mu_2$介质的泄漏扩散，如图5-5（b）所示。

此时，由于$B_2=\mu_2 H \leqslant \mu_1 H=B_1$，存在着由$\mu_1$介质向$\mu_2$介质的磁压差，会形成由前者向后者的磁泄漏扩散。当$\mu_1$介质为导磁构件，$\mu_2$介质为空气时，最终形成由导磁构件向空气的磁泄漏。由于在介质的交界面，突变的缺陷也即$0<\alpha_1<90°$条件，所以这就是现有的缺陷磁空气泄漏原理及其相应的漏磁检测方法。

事实上，因为μ_2（$\mu_{air}=1$）$\geqslant 1$，所以：

$$\alpha_2 = \arctan\left(\frac{\mu_2}{\mu_1}\tan\alpha_1\right) \geqslant \arctan\left(\frac{1}{\mu_1}\tan\alpha_1\right) > 0 \qquad (5-8)$$

可见，由于μ_2（$\mu_{air}=1$）$\geqslant 1$的存在，导致偏转泄漏角有最大值$90°-\alpha_2$。

（3）由（1）、（2）分析，进一步地，假设存在某种介质$\mu_2 \to 0$或$\mu_2=0$，则会得到：

$$\alpha_2 = \arctan\left(\frac{\mu_2}{\mu_1}\tan\alpha_1\right) \to 0 \qquad (5-9)$$

$$\text{或} \quad \alpha_2 = \arctan\left(\frac{\mu_2}{\mu_1}\tan\alpha_1\right) = 0 \qquad (5-10)$$

这样，磁感应线的折射线更加偏向中法线并与之重合，发生最为严重的极端折射，导致最终磁泄漏，如图5-5（c）所示。

此时，由于$B_2=\mu_2 H=0$，μ_2介质内无磁感应线，也即对于μ_1介质，其背景磁场呈"磁真空"状，形成μ_2介质对μ_1介质的磁吸附作用趋势，或者说μ_1介质内磁通泄漏时无反向磁压作用，使得缺陷所产生的漏磁场最彻底，达到最大化。在这里，将此种磁泄漏称之为磁真空泄漏。

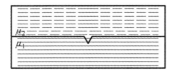 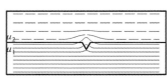 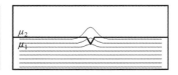

（a）$\mu_2=\mu_1$时介质面处的磁泄漏　　（b）$\mu_2 \leqslant \mu_1$时介质面处的磁泄漏　　（c）$\mu_2 \to 0$或$\mu_2=0$时介质面处的磁泄漏

图5-5　μ_1介质与μ_2介质在交界面处的磁泄漏

5.3　结构一体化扫略体检式漏磁无损探伤系统

5.3.1　检测系统架构

传感器是无损检测系统的首要子系统，而换能是传感器传感信息的必要物理环节和核心机制，对于不同的检测对象往往有着不同的换能方式与结构要求。电磁换能的漏磁检测法因通电线圈匝数及电流大小可调而具有探伤穿透能力强的特点，所以具备适合钢结构体探伤的强换能传感条件，同时该法能通过一体式电磁换能传感器与被检测结构体的相对运动实现扫略遍布式无盲区检测，也进一步可以解决现有点式分布探测而存在的全方位检测难以覆盖的问题。但是，目前电磁换能一直以来都是采用的"螺旋○形筒式"电磁螺线管（环式全圆周封闭结构），该"筒式"结构自1823年英国科学家斯特金（William Sturgeon）[286]首次发明18匝裸铜线螺线管以及1829年美国电学家亨利（Joseph Henry）[287]将裸铜线革新为绝缘导线增加匝数之后就再也未发生过大的改变，也即，一直是环式全圆周封闭结构（"螺旋○形筒式"），该换能结构虽被广泛应用于各种电磁换能传感如人体病况核磁共振检测及有端头钢构件的离线质量漏磁探伤等，但它无法"环套"上自身无端头或即使有端头但两端头被锚固连接的结构体，无法攻克适应无端头结构体电磁换能激励的挑战，所以也无法将这种筒式结构的电磁换能传感应用于服役中的无端头钢结构体如桥梁拉索、吊杆和桥墩、支撑钢架、铁轨及起重钢绳等内部钢丝损伤的探测上。总之，目前缺乏除现有"螺旋○形筒式"电磁螺线管换能之外的多类型电磁换能传感原理与方法，限制了电磁无损检测从零部件加工质量检测向在役无端头钢结构体的广面、多对象检测方向的发展，限制了无损检测方法（特别是漏磁和导波检测）中的换能与传感原理、方法及其关键技术的突破，导致缺少在役钢结构体的电磁探伤关键技术与方法，最终难以提升在役钢结构体的安全、稳定和绿色发展品质。因此，在传统磁轭式漏磁检测技术基础上，初步有了筒式电磁换能器，其磁化效果及缺陷检测能力有所提高，但是仍然无法实现闭合无端头结构体的电磁无损探伤。通过对通电导线周围磁场聚焦的现象预发现，提出一种新型开环电磁换能磁化器，无论在原理还是结构上都是对传统筒式螺旋管型电磁换能器的又一次重大升级，具体检测过程的进化演变如图5-6所示。

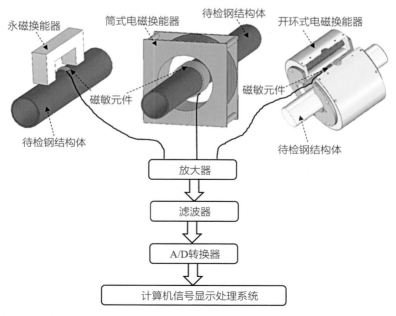

图5-6　两种经典漏磁检测应用探头的磁化方式结构

5.3.2 开环电磁换能漏磁探伤技术

1. 开环电磁换能漏磁探伤原理

1820年，丹麦物理学家奥斯特（Hans Christian Oersted）[288]发现通电导线产生磁场，如图5-7所示。因而，C形通电线圈在内部弧形区域内会产生磁场，如图5-7（a）所示；当在原始C形线圈外侧加入反向电流的C形线圈后，使其形成循环回路时，反向线圈会在其内部弧形区域内产生与原始磁场方向相反的新磁场，如图5-7（b）所示；根据式（5-11），当原始C形线圈与反向线圈的半径足够大时，两者可以看作近似趋于相等。此时，可视为两者磁场相互抵消，因此，C形线圈中心区域的磁场强度是非常微弱的，几乎可以忽略不计，如图5-7（c）所示。

$$B = B_1 - B_2 = \int_0^{\varphi} \mathrm{d}\left(B_1 - B_2\right) = \int_0^{\varphi} \mathrm{d}B_1 - \int_0^{\varphi} \mathrm{d}B_2 = \left| \frac{\mu_0 i \varphi}{4\pi r_1} - \frac{\mu_0 i \varphi}{4\pi r_2} \right|_{r_1 \to r_2} \Rightarrow 0 \quad (5\text{-}11)$$

式中，r_1、r_2分别为内弧和外弧的半径。

而此时，当在两组相反方向的C形回路之间加入铁芯之后，将会产生磁聚集效应，外侧C形线圈所产生的磁场将会聚集到铁芯内部，而内侧C形线圈产生的磁场得以保留，最终形成如图5-7（e）所示的磁场环境；此时，将两组C形开口式循环线圈组合，即可得到一个类似于传统通电螺线管式的环形回路，其产生的磁场与传统管式线圈磁场类似，如图5-7（f）所示；将该种方式运用于钢丝绳检测过程中的电磁磁化，最终可以得到一组磁化效果与传统电磁线圈相当的开环磁化器，如图5-7（h）所示。

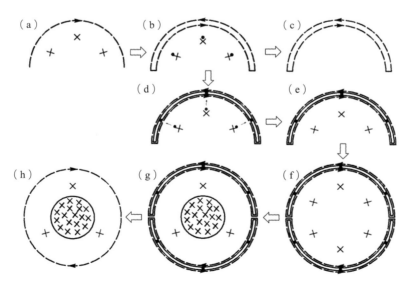

图5-7 C形开环线圈磁化原理

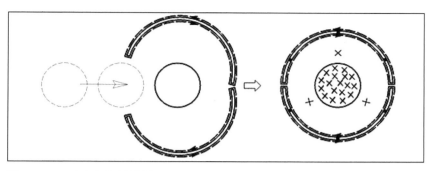

图5-8　180°对开型开环磁化器

　　基于上述方法，研制出一种由两组相同的C形循环电磁线圈180° 对开组合而成的新型磁化器，如图5-8所示。该磁化器具有与传统通电螺线管磁化效果相当的磁化能力，同时解决了传统电磁线圈无法环套上本身无端头或即使有两端头但端头体积过大或被锚固连接的待磁化体的问题，且具有磁吸作用力小、检测提离距离大的优势。

　　上述对开式开环线圈磁化方法基于传统穿过式线圈磁化方法进行了改进，使其更加适合于钢丝绳及其他无端头构件的在线检测。具体检测过程如图5-9所示，开环磁化器首先环套在无端头待检测样件外部，通过直流电源激励对开环磁化器线圈施加激励，并通过移动开环磁化器对待检测样件进行体检式扫查，待检测样件内部出现损伤缺陷，则磁导率的改变形成漏磁场，磁化器内部磁敏感元件捕获拾取该泄漏量之后将漏磁信号传输至数据采集及信号处理系统，最后传输至计算机信号显示系统进行处理，并得到检测结果。

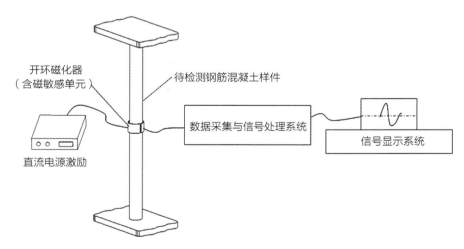

图5-9　开环电磁磁化器损伤探测（检测）过程示意图

2. 开环电磁换能仿真分析

基于ANSYS的开环电磁换能仿真分析模型如图5-10所示，该模型描述了开环磁化器和待检测钢筋截面；图5-10（a）中磁化器内径为60mm，铁磁性对开式C形铁芯厚度为15mm，内侧铁芯和外侧开环电磁线圈轴向长度为120mm；图5-10（b）中螺旋管式电磁磁化器由内径为60mm的螺旋管线圈组成，径向方向的厚度为15mm，轴向长度为120mm；图5-10（c）描述了一组待检测的钢筋样件模型，其中钢筋轴向长度为500mm，单根钢筋直径为10mm；在上述两种磁化仿真分析模型中，外侧钢筋与磁化器内侧轴向距离为35mm，6根待检测钢筋样件内外侧均匀分布且圆心角为60°。三维模型仿真分析过程中选择了ANSYS中的Solid 117 单元，铁芯磁导率根据相应的B-H曲线进行设置，网格划分采用了扫查式自由划分的方式减少网格划分数量并提高划分的对称性，钢筋缺陷采用局部精细划分的策略以获得更高精度且细致的缺陷信号；求解路径选择轴向长度为120mm、径向直径为40.5mm的区域，开环磁化器和对比组闭合式螺旋管电磁激励电流密度为$J=1\times10^{7}\text{A/m}^2$，求解方法采用差分矢量势，边界条件设置为Z方向磁感应强度$A_z=0$，信号求解路径在轴向柱坐标系中的起点为（41×10^{-3}，0，-50×10^{-3}），终点坐标为（41×10^{-3}，0，50×10^{-3}）。

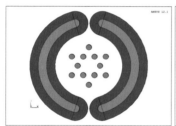 

（a）带钢筋开环线圈截面模型　　　（b）带钢筋螺线管截面模型　　　（c）带缺陷钢筋样件模型

图5-10　ANSYS三维仿真模型

基于上述开环磁化方法及分析模型的ANSYS仿真结果如图5-11所示，仿真描述了开环线圈磁化和传统螺旋管式线圈对常见铁磁性棒料的磁化效果，开环电磁线圈和闭合式螺线管型磁化器分别如图5-11（a）和（b）所示。

同时，分别选取磁化线圈轴向中点处的截面作径向方向的磁通密度分析，如图5-12所示；铁磁性棒料中心点处轴向方向磁通密度分析，如图5-13所示。从图5-12可知，相比传统管式磁化器，开环磁化器在径向靠近线圈的区域拥有更强的磁场密度；由图5-13可知，开环磁化器与传统管式磁化器在轴向方向具有类似的磁场密度。由此可知，上述开环式磁化器与传统管式磁化器具有相当的磁化效果，可用于钢丝绳在线检测。

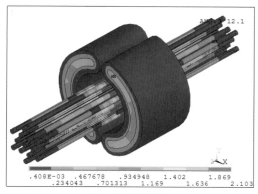

（a）开环磁化状态　　　　　　　　　　　（b）传统管状磁化状态

图5-11　开环磁化与传统管状磁化状态对比

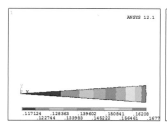 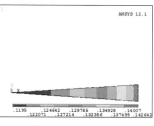 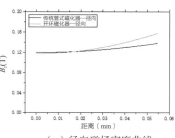

（a）开环磁化式径向磁场密度　　（b）传统管式磁化径向磁场密度　　（c）径向磁场密度曲线

图5-12　线圈内部径向磁场密度

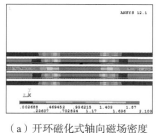 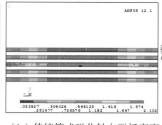 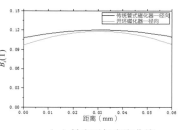

（a）开环磁化式轴向磁场密度　　（b）传统管式磁化轴向磁场密度　　（c）轴向磁场密度曲线

图5-13　线圈内部轴向磁场密度

　　对于缺陷检测能力的对比，钢筋样件内外部缺陷的磁感应强度信号曲线如图5-14所示。根据图5-14可以观察到开环电磁磁化器与螺旋管式磁化器具有相似的缺陷检测能力。

　　此外，基于ANSYS的开环电磁换能仿真分析研究中也对电磁力进行了计算，结果如图5-15所示。根据仿真结果可以观察到，开环磁化器与螺旋管型磁化器对待检测钢筋样件具有相似的磁相互作用力。因此，该方法可适用于缺陷探测（区别于永磁式磁化器具有较强的磁吸力，易造成待检测样件的磨损）。

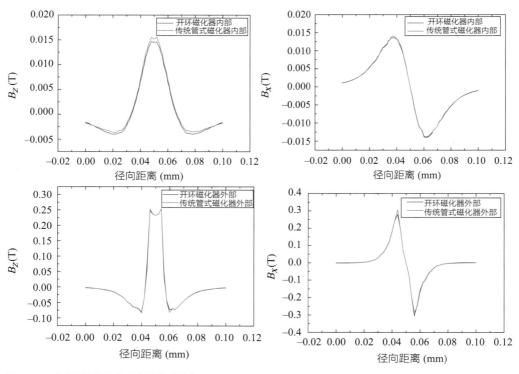

图5-14　开环及螺旋管式磁化器检测能力对比

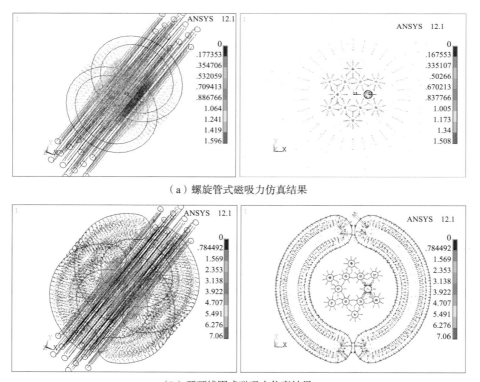

（a）螺旋管式磁吸力仿真结果

（b）开环线圈式磁吸力仿真结果

图5-15　开环电磁磁化器与螺旋管式磁化器磁吸力对比

通过上述磁吸力及磁化效果对比发现，新型开环电磁磁化器与传统螺旋管式磁化器具有相似的缺陷检测能力。因此，对新型开环磁化器线圈进行了进一步的结构优化。如图5-16所示，磁化能力与磁化器线圈径向厚度、铁芯磁导率以及C形开环电磁磁化器线圈轴向长度之间的关系分别如图5-16（a）~（c）所示。结果表明，铁芯最优径向厚度为15mm、材料为45号钢，轴向最优长度为120mm。

3. 开环电磁换能实验分析

基于上述ANSYS仿真及优化分析结果，开展了相应的开环（内部设计并制造了相应的铁芯）电磁换能与传统螺线管式线圈实验分析，如图5-17所示。传统螺线管式线圈主要由铜漆包线和铁芯组成。为了进一步验证仿真分析的可靠性和有效性，选择了上述分析中磁化器线圈的最优尺寸。如图5-17（a）和（c）所示，磁化器线圈的轴向长度均为120mm，开环线圈的厚度为15mm，开环线圈磁化器铁芯选取45号钢，磁化器内部直径均为130mm，实际的电磁线圈分别如图5-17（b）和（d）所示。

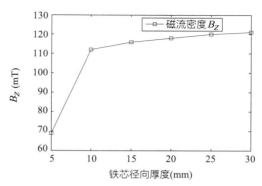

（a）磁化能力与铁芯径向厚度关系

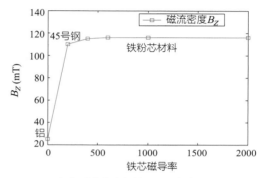

（b）磁化能力与铁芯磁导率关系

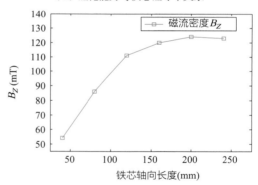

（c）磁化能力与铁芯轴向长度关系

图5-16　磁化能力与铁芯结构参数关系

实验过程中，首先利用高斯计对两种电磁线圈的磁化功能进行了测试，如图5-18所示，根据前述仿真结果，实验中也分别对径向和轴向磁感应强度进行了测试，图5-18（a）和（b）分别表示磁化器线圈的实际检测装置。

其中，电磁激励采用电流大小为3A的直流电源，测试过程中通过移动高斯计探头对电磁磁化器内部径向和轴向的磁化数据进行记录。得到的径向和轴向磁感应强度测试结果分别如图5-19（a）和（b）所示；横坐标表示高斯计磁敏感探头距离

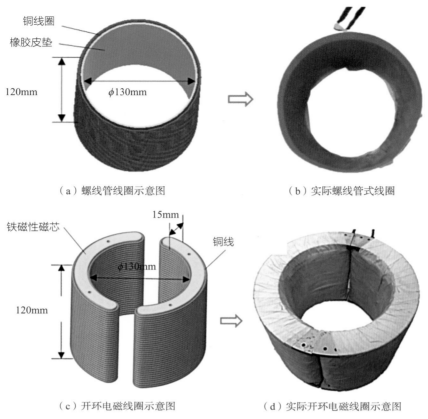

（a）螺线管线圈示意图　　　　　　　　（b）实际螺线管式线圈

（c）开环电磁线圈示意图　　　　　　　（d）实际开环电磁线圈示意图

图5-17　传统螺线管式线圈与开环电磁线圈对比

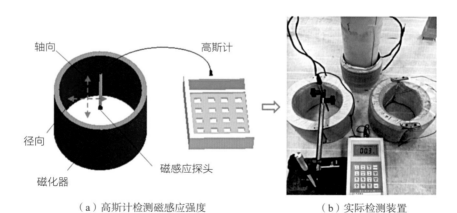

（a）高斯计检测磁感应强度　　　　　　　　（b）实际检测装置

图5-18　磁感应强度测试实验

电磁线圈中心的距离（轴向和径向）。图5-19（a）表明，相对于螺线管型电磁磁化器，开环电磁磁化器内部具有更强的径向磁感应强度，尤其是在靠近内部线圈的区域。同理，如图5-19（b）所示，开环磁化器与螺旋管型电磁磁化器具有相似的磁化功能，该测试结果与前述仿真分析结果一致。

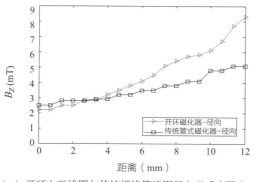

（a）开环电磁线圈与传统螺线管线圈径向磁感应强度高斯计测试结果

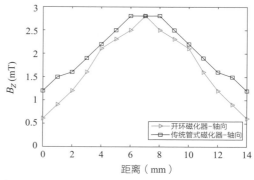

（b）开环电磁线圈与传统螺线管线圈轴向磁感应强度高斯计测试结果

图5-19　磁感应强度高斯计测试

　　此外，模拟实际混凝土钢筋检测实验装置分别如图5-20和图5-21所示，为了与仿真分析中样件结构尺寸保持一致，实验中选取了轴向长度100mm、直径为10mm的钢筋，实验测试过程中，内外两层各6根钢筋呈均匀60°中心角分布，钢筋内外层分布如图5-20（a）所示，两个轴向长度为10mm的人工缺陷分别嵌入在钢筋样件内层和外层结构中，如图5-20（b）所示。

　　钢筋混凝土缺陷检测实验原理图如图5-21（a）所示，该装置包括内外层带缺陷钢筋混凝土、定滑轮、支撑柱、钢筋混凝土外部保护套管、实验用电磁磁化线圈（包括传统筒式电磁螺线管线圈和开环电磁线圈）以及其他辅助装置。实验过程中，当3A的直流激励电源施加到传统螺线管式线圈或开环电磁线圈时，位于磁化器内部的混凝土钢筋被局部

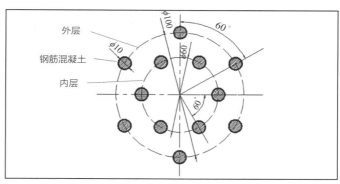

（a）钢筋样件分布截面示意图

（b）实际钢筋样件

图5-20　钢筋混凝土模拟样件

磁化，当装置两端连接磁化器的牵引绳被拉起或松开时，磁化线圈也将随之沿着外部套管上下移动，同时也实现磁化线圈对待检测钢筋混凝土的扫查。当扫查遇到钢筋缺陷部位时，内部钢筋磁化状态发生变化并有漏磁场产生，通过实验装置中磁敏感元件的捕获以及数据采集及信号处理系统，该漏磁信号即实现转化并在计算机端软件进行显示。用于分别检测两类线圈（螺线管型线圈和开环电磁线圈）的实验装置如图5-21（b）所示。其中螺线管式电磁线圈由于其圆周闭合式结构特性只能通过将待检测体一端环套的方式进行安装，而新型开环电磁线圈能够直接利用本身的开合式结构对待检测钢筋混凝土进行环套检测，如图5-21（c）所示。

试验完成后，对钢筋混凝土结构人工缺陷探测信号进行保存，结果如图5-22所示，通过在开环电磁线圈内部放置不同传感方向的霍尔元件，得到相应的漏磁信号轴向分量和径向分量。

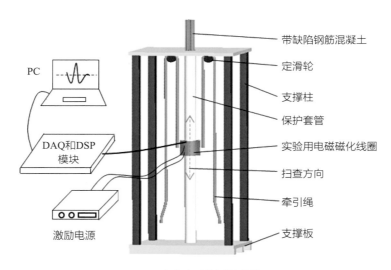

（a）实验装置示意图

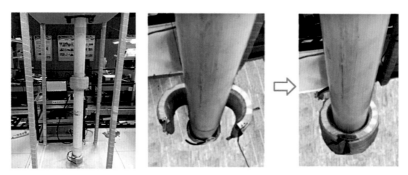

（b）实际实验装置　　　（c）开环电磁线圈环套待检测钢筋混凝土结构

图5-21　实际实验装置及检测结构

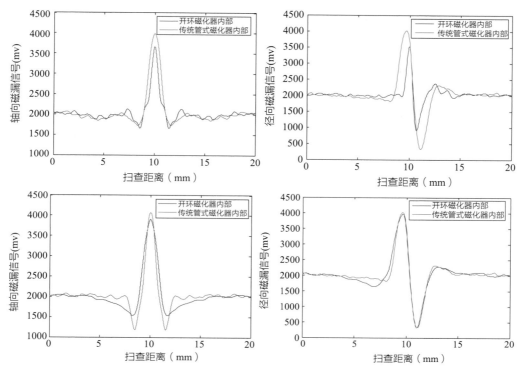

图5-22 两种磁化器线圈缺陷检测能力对比实验结果

5.4 检测仪应用案例

5.4.1 在役结构体检测系统

目前，传统的钢结构体检测多以人工检测为主。以桥梁钢结构体为例，检测内容包括检查索杆表面是否存在损伤、索杆系统是否遭受腐蚀、索杆是否倾斜、各紧固件是否松动等，检测方式主要有两种：一是利用液压升降平台对小型斜拉桥的索杆进行维护；二是利用预先装在塔顶的吊点，用钢丝绳拖动吊篮搭载工作人员沿索杆进行维护。前一种方法的工作范围十分有限，后一种人工方法不仅效率低、质量差、成本高，而且工人的安全性较差。总体来说，现行的人工检测方式仅能对索杆系统的外观损伤进行检测，无法在不破坏索体防护的前提下对索杆内部的锈蚀断丝情况进行检查判别；当发现索体防护严重破损或由于索杆内部严重锈蚀带来的锈胀以鼓包形式反映于PE等防护材料上时，一般仍需通过破坏局部索杆防护的方式对索杆的腐蚀、断丝进行内部人工检查。这种方式不仅费时费力、代价高昂，而且不能满足对桥梁钢结构体腐蚀、断丝进行早期预警和发现的要求，有很多桥梁直至索杆锈断方才意识到原来早已存在严重的腐蚀问题。因此，基于漏磁无损检测技术的检测仪应用案例包括桥钢管、石油钻杆腐蚀缺陷检测、梁钢结构体检测、钢丝绳探伤、电梯运行状态监控等。

在实际应用过程中，开发的检测仪整机系统由探头箱和数据采集处理分析仪表箱构成，探头采用永磁磁化漏磁检测技术，探头节数为3，单次扫描宽度150mm，探测厚度4～10mm，灵敏度15%壁厚，人工驱动扫描速度最大1m/s，适应管直径≥50mm，最大涂层厚度2mm；数据采集处理分析仪表有16通道（15损伤信号+1位置信号）数据通信及显示、信号软硬件滤波/放大处理、检测结果报表（带定位）生成和声音报警功能，额定电压5V，漏磁无损检测技术应用开发仪器如图5-23所示。

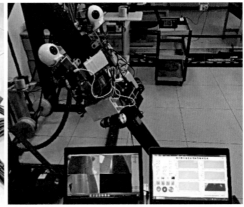

图5-23 漏磁无损检测技术应用开发仪器

该检测仪器采用柔性大推重比的爬行机械结构设计方式，搭载基于磁真空漏磁检测原理和高磁导率器件设计的轻便化漏磁检测模块和视觉检测模块，通过光纤长距离并行实时通信方式（也有无线款式），最终构成自主式柔性驱动斜拉索复合检测仪，具有自由段索体探伤可靠、PE外套检测视频清晰、体积小、重量轻、易于快捷搬运和装卸的检测特点，能完成自由段索体段PE外套开裂、鼓胀、变形、划痕、压痕、蓬松和异物等的视频检测（图5-24）以及钢丝断丝及锈蚀的漏磁探伤（图5-25）。

5.4.2 检测驱动爬行扫描装置

桥梁斜拉索、吊杆及钢筋混凝土支撑体的扫描探测属于细长构件上的高空工况作业，目前该类结构体的检测是依靠桥梁主塔塔顶自身卷扬提升系统拖拽着笼

图5-24 自由段索体PE管外套缺陷

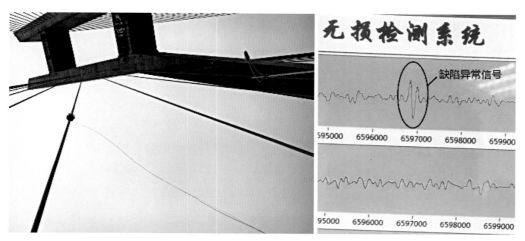

图5-25 漏磁探伤检测仪检测现场及缺陷信号

车或者吊环人工沿着它们滑行从而完成外表面上的人工目测的，存在着人员高空作业安全、目测效率低下及无法探测内部损伤的问题。要完成上述3种类型的细长构件的高空探伤作业，携带探伤传感器的自主式扫描装置存在如下挑战：①易翻转绞线（信号通信线及安全拽线）会导致整个设备失效，加配重降低重心会导致设备体重过大、拆卸和安装麻烦、检测效率低下；②装置应具有柔性，能适应不同直径规格的支撑体，无柔性则不能适应不同直径规格，有柔性则易导致附着力小爬行摩擦力不够；③装置应体积小、重量轻、易于手持拆卸和安装操作，检测效率要高。

目前，对细长构件的检测途径可分为人工检测法和自动检测法，人工检测法效率低、劳动强度大，且有些场合人工检测不安全，因此，细长构件自动检测装置得到越来越多的重视，如公开号CN101138994A[289]，公开日2008年3月12日的专利文献公开了一种轮式永磁吸附管道爬行机器人，其能在铁磁管道外表面沿管道轴线方向按任意路线爬行，操作简便、运动灵活，然而该爬行机器人将电机通过减速器结构对滚轮完成传动，这样将驱动电机布置在驱动装置的上部导致驱动装置的整体重心过高，且安装精度低，在爬行过程中容易发生侧滑现象，检测精度差，适用性不强；申请公布号CN103439415A[290]，申请公布日2013年12月11日的专利文献公开了一种用于外露式管道电磁超声自动检测爬行器，该爬行器能沿着铁磁性管道外壁自动爬行并实现管道的自动超声无损检测，然而，该检测爬行器的驱动轮与电机直接相连，这样的设计，一方面加重了驱动结构本身的自重，同时在爬行过程中运动不平稳，操作不灵活。

总而言之，目前国内外细长构件在线检测爬行装置在结构上仍然存在以下缺陷：①现有的设备安装精度低、占用空间大、重量过重、便携性差；②设备整体重心偏高，检测时不平稳，容易发生侧滑现象；③现有爬行机器人的制造成本高、整体结构复杂，不适用于细长构件如斜拉桥缆索等现场检测的检测环境。

借鉴电力的传输将爬行器动力进行柔性传输，将爬行动力源与执行器件（如滚轮）之间采用软轴连接从而将动力源后撤并加以合并，从而避免了传统的刚性传递的机械复杂性、臃肿性及重心不可控性，通过动力源后撤置底在有效地减轻装置体重的同时也降低了装置的重心，通过动力源与执行器件（如滚轮）之间的动力传递路径的可随意变换特性，有效地提高了装置柔性，可适用不同直径规格的对象。这样最终使得爬行扫描装置具有平稳性好、不易翻转、体积小、重量轻、易于手持拆卸和安装操作、有柔性、能适应不同直径规格的支撑体的特性。柔性爬行扫描驱动方案如图5-26（a）所示，柔性动力传输爬行扫描装置方案如图5-26（b）所示。

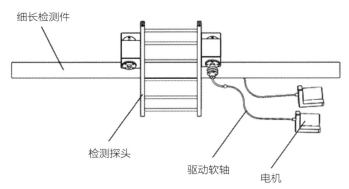

（a）柔性爬行器驱动原理

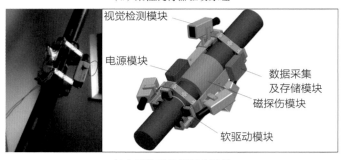

（b）柔性爬行器驱动原理

图5-26 柔性驱动爬行扫描检测装置

5.4.3 检测应用案例

1. 检测对象及描述

仙桃汉江大桥（图5-27）位于仙桃市西郊区，横跨汉江，两岸分别接汉江大桥的仙桃岸和天门岸的引道。总长1472m，全桥跨径组合为（30×14+50×2+50+82+180+50×2+30×18）m。斜拉桥部分为（50+82+180）m三跨一联独塔双索斜拉桥，塔高109m。全桥共40对斜拉索，为PE保护、工厂生产的成品索。

在检测扫描过程中，按照以下规则对斜拉索进行编号：按"U/D（上游/下游索面）+X（塔号）+拉索编号"的方法对每根拉索进行唯一性编号。拉索由如：上游1表示塔左侧索面的第1号拉索，具体如图5-28所示。

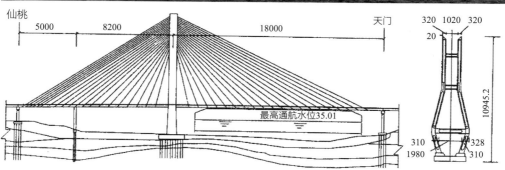

图5-27　仙桃汉江大桥

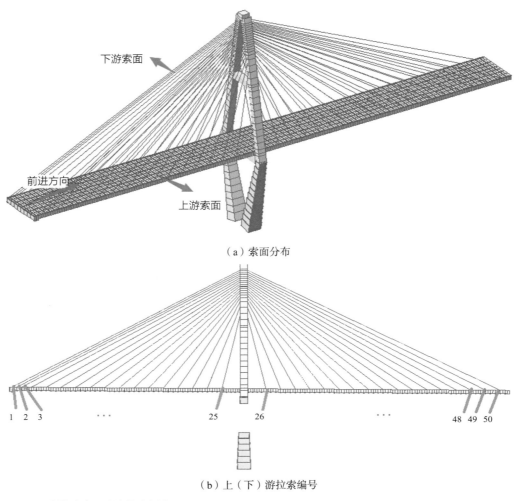

（a）索面分布

1　2　3　　　···　　　25　　　26　　　···　　　48　49　50

（b）上（下）游拉索编号

图5-28　斜拉索索面及编号示意图

2. 检测目的

（1）掌握仙桃汉江大桥拉索PE护套管和内部的病害情况，评定拉索的病害程度；

（2）为仙桃汉江大桥的安全使用和后期养护维修提供依据。

5.4.4　斜拉索机器人检测方法

1. 仪器安装

（1）检测系统如图5-29所示，首先检查检索机器人是否能够正常工作。安装前检查电机电池、摄像头电池的电量是否充足，通信模块电池电量是否足够等；

（2）根据拉索直径，更换好柔性连接环带，将检测机器人环装上斜拉索并调整

图5-29　斜拉索检测系统

好驱动轮与拉索接触平稳姿态；

（3）安装完毕后，连接好电机电源线，检查遥控器能否准确地控制机器人的上下运动；然后连接好摄像头与四合一卡的连线及摄像头的电源线，检查3个摄像头位置和焦距是否合适，在视频接收的电脑里的3个视频图像是否适中、清晰。

2. 仪器操作要点

（1）检索机器人安装、检查完毕后开启机器人视频和磁探伤模块电源，视频和磁探伤模块与下位机电脑进行实时通信，下位机电脑准备开始视频和磁探伤信号接收采集；

（2）在机器人爬升过程中，时刻注意采集的视频，发现机器人卡住，停止机器人爬升；

（3）机器人爬升到拉索塔端附近时，及时停止爬升，以免机器人撞上塔身；

（4）在机器人下降到接近梁端时及时停止下降，结束外观视频和电磁信号采集。

3. 后期数据处理

后期数据处理主要利用播放器进行分析处理，找出有病害的图片，将存在病害的视频片段转化为图片文件。并根据照片判断病害类型、病害程度、病害等级等；同时也通过回放电磁探伤信号波形找出索体内部损伤情况，最终形成检测报告。

4. 检测评定标度

斜拉索PE外观常见病害类型分为8类，具体见表5-1；根据《公路桥梁技术状况评定标准》JTG/T H21—2011，桥梁斜拉索/吊杆PE外观检测评定标度分类见表5-2~表5-4。

桥梁斜拉索/吊杆PE病害类型分类　　　　　　　　表5-1

序号	病害类型	序号	病害类型
1	外表污垢	5	护套开裂
2	轻微磨损	6	环状开裂
3	老化微裂缝	7	护套严重开裂，露出钢丝
4	护套破损	8	护套胀裂且有锈水痕迹

桥梁斜拉索/吊杆PE外观检测评定标度（裂缝）　　　　　　　表5-2

标度	评定标准
	定性描述
1	完好
2	PE 管或金属管轻微胀裂，未造成渗水等；或热挤 PE 护套轻微开裂，未造成其他影响，符合相关要求
3	PE 管或金属管胀裂，出现较多纵向裂缝，造成渗水，钢丝有锈迹或护套内有氧化物，钢束截面削弱，但在规范范围内；或热挤 PE 护套产生环状开裂或 PE 层断开，造成渗水，导致钢丝锈蚀，但在规范范围内
4	PE 管或金属管胀裂，出现很多纵向裂缝，渗水造成钢丝锈蚀和护套内有氧化物，钢束截面削弱超出规范范围；或热挤 PE 护套产生严重环状开裂或 PE 层断开，造成渗水，导致钢丝锈蚀超出规范范围

桥梁斜拉索/吊杆PE外观检测评定标度（破损）　　　表5-3

标度	评定标准
	定性描述
1	完好
2	个别防护层轻微老化或破损
3	个别防护层老化、破损、松动
4	部分防护层老化、破损、裂纹或积水，造成局部渗水或锈蚀；个别护筒甚至脱落

桥梁斜拉索/吊杆内部损伤检测评定标度（钢丝锈蚀、断丝）　　　表5-4

标度	评定标准
	定性描述
1	完好
2	钢丝有极少量锈蚀
3	钢丝少量锈蚀，钢丝无断裂
4	钢丝较多锈蚀或损坏，钢丝断裂，截面出现削弱
5	钢索裸露，钢丝大量严重锈蚀或损坏，钢丝断裂，主梁出现严重变形，造成安全隐患

5. 检测设备与现场情况

检测设备两次到达过现场，两次的现场情况分别如图5-30和图5-31所示。

图5-30　仙桃汉江大桥检测现场（第1次）

图5-31　仙桃汉江大桥检测现场（第2次）

5.4.5 检测结果

仙桃汉江大桥的上下游索面各为40根,共80根斜拉索。经检测,在80根拉索中,该桥斜拉索PE护套管存在不同程度的划痕、压痕,或破损、腐蚀等病害,主要病害以划痕、压痕、轻微破损为主。目前,总体上病害及破损状况程度普遍轻微,为表面小面积损伤,表明PE套管基本完好,内部拉索造成损害的可能性较小。

5.5 本章小结

本章主要介绍了钢结构体漏磁无损探伤检测原理、方法理论及技术应用。通过对铁磁性材料漏磁无损检测技术原理的介绍,引出了钢结构体无损探伤中的磁泄漏原理及机制。有别于无损检测中声发射技术的低信噪比、高耗能;射线检测中的辐射污染及大规模应用推广难;超声波检测需要一定的耦合剂及磁致伸缩需要定点激励等不足,采用了钢结构体无损检测中成熟可靠的磁性检测法,不仅可广泛应用于钢丝绳、桥梁钢结构体(如索杆、钢筋混凝土、吊杆)等铁磁性构件,还在磁性检测法应用装备上进行了开发研究。本技术改变了传统人工检测存在的低效率、高成本等现状,并在传统螺线管式电磁线圈激励磁化基础上,创新性地采用了基于新型开环电磁换能原理的电磁磁化及检测装置。结合ANSYS模拟仿真技术及实验验证,揭示了新型开环电磁磁化器在电磁换能与激励传感方面存在的优势及技术进步特性,实现了对现有土木结构中钢结构体的扫略体检式全方位缺陷探测。此外,在技术应用方面,也开发了成套设备,包括整机系统、机器人爬行装置等,通过对仙桃汉江大桥的实地应用及检测,爬行机器人等装置的检测效果得到了证实。最终,实现了土木工程领域中钢结构体的全面检测,为未来实现自动化、智能化、网络化检测发展方向奠定了有力的理论基础及技术支撑。

第 6 章

基于模糊理论的
结构安全数字化评估方法

6.1 引言

土木工程结构的安全性指的是结构防止破坏以及倒塌的能力，具体是指结构构件承载能力的安全性、结构的整体牢固性与结构的耐久性。结构安全性评估，是指通过各种可能的、结构允许的测试手段，测试其当前的工作状态，并与其临界失效状态进行比较，评价其安全等级。对于不同的结构，其重要程度不同，安全等级也应该有所差别。安全性评估与可靠性不同，可靠性为一种概率，为一种可能性；而安全性评估旨在给出确定的安全等级。

目前我国土木工程结构事故频繁发生，如桥梁突然折断、房屋骤然倒塌等（图6-1），造成了重大的人员伤亡和财产损失，已经引起人们对于重大工程安全性的关心和重视。另外，我国有一大部分基础设施都是在20世纪五六十年代建造的，经过多年的使用，他们的安全性能如何？是否对人民的生命财产构成威胁？这些都是亟待回答的问题。近些年，地震、洪水、暴风等自然灾害也对这些建筑物和结构造成不同程度的损伤；还有一些人为的爆炸等破坏性行为，如美国世贸大楼倒塌对周围建筑物的影响。这些越来越引起人们的密切关注。如果能在灾难到来之前对其预测，进行评估，以趋利避害[170]。因此，对结构性能进行监测（检测）和诊断，及时发现结构的损伤，对可能出现的灾害进行预测，评估其安全性已经成为未来工程的必然要求。

工程结构自身包含众多不确定性。不确定性是指被测量对象知识缺乏的程度，它一般表现为随机性和模糊性。事物本身有明确定义，只是由于条件不充分，使得在条件与事物之间不能出现决定的因果关系，从而在事件的出现与否表现出不确定的程度，这是随机性产生的不确定度。模糊性是由于事物的模糊，在这里，概念

图6-1 建筑事故

本身就没有明确含义，一个对象是否符合这个概念难于确定，导致模糊性产生不确定度[171]。在哲学上，随机性是因果律的一种破缺，而模糊性则是排中律的一种破缺。研究随机性主要对大量结果进行统计分析，找出统计规律，这与概率统计有关。研究模糊性要对多种现象分析，找出从属关系，这与模糊数学有关。对于土木工程结构来说，模糊性广泛存在于结构的材料特性、几何特征、载荷及边界条件等方面[172]。

工程结构安全状态是一个外延不太明确而内涵丰富的概念，状态的好坏是模糊的，而且结构安全状态涉及的因素也比较复杂，这些因素自身表现为随机性，与结构健康的关系又表现为模糊性。一方面，有些因素不能用精确的数量来描述，只能是模糊概念；另一方面，各种因素的变化与健康状态之间不存在一一对应的函数关系，不能建立精确的数学模型来求解。

模糊理论是以模糊集合为基础，其基本精神是接受模糊性现象存在的事实，而以处理概念模糊不确定的事物为其研究目标，并积极地将其量化成计算机可以处理的信息，不主张用繁杂的数学分析即模型来解决模型。模糊理论为土木工程结构安全评估提供了一条行之有效的途径。

模糊综合评判法可以将不确定信息用定量的方法表示出来，再借助于模糊运算得到结构的综合评判矩阵，根据综合评判矩阵，得出评判对象的评判等级以及其隶属于各个等级的程度。它具有结果清晰、系统性强的特点，能较好地解决模糊的、难以量化的问题，因此，在工程结构安全评估中得到了广泛的应用。

6.2 模糊理论基础

在我们的日常生活中有许多的事物，或多或少都具有一定的模糊性。"模糊"的概念十分常见，但又是微妙且难以捉摸的。在近代数学中，人们努力给出其清晰的定义。模糊理论的观念旨在强调以模糊逻辑来描述现实生活中不明确定义边界事物的等级。人类的自然语言在表达上具有很重的模糊性，很难以"对或不对""好或不好"的二分法来完全描述真实的世界问题。故模糊理论采用模糊集合的方法，将事件（Event）属于这集合程度的归属函数（Membership Grade），加以模糊定量化得到同一归属度，从而来处理各种问题。随着科学的发展，研究对象越来越复杂，而越复杂的东西越难以精确化，即复杂性越高，有意义的精确化能力越低，有意义性和精确性就变成两个互相排斥的特性，这是一个突出的矛盾。这是因为复杂性就意味着因素众多，致使我们无法全部认真地去进行考察，从而只抓住其中重要的部分，略去次要部分来对事物加以分析，这有时会使本身明确的概念变得模糊起来，从而不得不采用"模糊的描述"。

6.2.1 模糊集合

1. 模糊集的概念[291]

一般说来，集合是具有某种属性的事物的全体，或是一些确定对象的汇总。构成集合的事物或对象，称为集合的元素。在普通集合中，元素要么属于某集合，要么不属于某集合，二者必居其一，没有模棱两可的情况。这就表明，普通集合所表达的概念的外延必须是明确的。

一个概念所包含的那些区别于其他概念的全体本质属性称为该概念的内涵，符合某概念的对象的全体就是该概念的外延。通常把没有明确外延的概念称为模糊概念。模糊概念不能用普通集合加以描述，这是因为不能绝对地区别"属于"或"不属于"，也就是说论域上的元素符合概念的程度不是绝对的0或1，因而要定量地刻画模糊概念或模糊现象，就必须把普通集合加以拓广。

Zadeh教授首先引入了模糊集（Fuzzy Set）的概念，其基本思想是把普通集合中的特征函数灵活化，使元素对集合的隶属度从只能取{0，1}中的值扩充到可以取[0,1]上的任一数值。

2. 模糊集合的定义及表示法[291]

定义：设在论域X上给定了映射μ，定义μ有如下关系

$$\mu : X \to [0,1] \tag{6-1}$$

则μ确定了X上的一个模糊集，记为$A \in \varpi(X)$，μ称为模糊事件A的隶属函数，记为$\mu_A(x)$。对$x_0 \in X$，$\mu_A(x_0)$称为元素x_0关于A的隶属度，它表示元素x_0属于模糊事件A的程度。

模糊集合完全由其隶属函数所刻划。$\mu_A(x)$的大小反映了x对于模糊集合的从属程度。$\mu_A(x)$的值越接近于1，表示x隶属于A的程度越高；$\mu_A(x)$的值越接近于0，表示x隶属于A的程度越低。

6.2.2 模糊集合与普通集合的关系

1. λ水平截集

模糊集是由它的隶属函数具体刻画的，它所含的元素是模糊的。然而，在处理实际问题时，往往需要对模糊概念有个明确的认识和判定，要判断某个元素对模糊

集的明确归属。这就要求模糊集与普通集合之间可以以某种法则相互转化。

定义：设 $\underset{\sim}{A} \in \varpi(X)$，$\forall \lambda \in [0,1]$，记 $A_\lambda = \left\{ x \middle| x \in X, \mu_{\underset{\sim}{A}}(x) \geqslant \lambda \right\}$，称 A_λ 为 $\underset{\sim}{A}$ 的 λ 水平截集，其中 λ 称为置信水平或阈值。

可以看到，模糊集 $\underset{\sim}{A}$ 的 λ 水平截集 A_λ 为普通集合，其特征函数为：

$$\chi_{A_\lambda} = \left\{ 1, \mu_{\underset{\sim}{A}}(x) \geqslant \lambda \right\} \qquad （6-2）$$

λ 水平截集是联系模糊集合和普通集合之间关系的桥梁，给实际计算带来了方便，而且在理论分析和模型分析方面具有重要的作用。

2. 分解定理

定义：设 $\underset{\sim}{A} \in \varpi(X)$，$\lambda \in [0,1]$，则称数 λ 与模糊集 $\underset{\sim}{A}$ 的乘积为 $\lambda \cdot \underset{\sim}{A}$，它是一个模糊集，其隶属度规定为：

$$\mu_{\lambda \underset{\sim}{A}} = \lambda \wedge \mu_{\underset{\sim}{A}}(x) \qquad (\forall x \in X) \qquad （6-3）$$

设 $\underset{\sim}{A}$ 为论域 X 上的一个模糊集合，A_λ 为 $\underset{\sim}{A}$ 的 λ 截集，χ_{A_λ} 燕为 A_λ 的特征函数，则

$$\underset{\sim}{A} = \bigcup_{\lambda \in [0,1]} \lambda A_\lambda, \text{ 或 } \mu_{\underset{\sim}{A}}(x) = \bigvee_{\lambda \in [0,1]} (\lambda \wedge \chi_{A_\lambda}(x)) \qquad （6-4）$$

图 6-2 给出了分解定理的直观说明。这个定理表明，为求 $\underset{\sim}{A}$ 中某元素 x 的隶属函数，可以先求 λ 与 A_λ 的特征函数的最小值：$\lambda \wedge \chi_{A_\lambda}(x)$，再就所有不同的 λ（即在 $[0,1]$ 中取遍 λ）取最大值：$\bigvee_{\lambda \in [0,1]} (\lambda \wedge \chi_{A_\lambda}(x))$。

分解定理提供了用普通集合构造模糊集合的可能性，它沟通了模糊集合与普通集合的关系。

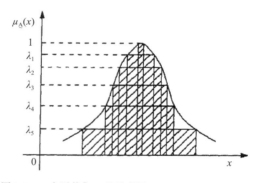

图6-2　λ 水平截集 A_λ 的示意图

6.3　模糊综合评价法

6.3.1　模糊综合评价法概述

工程结构如高层建筑、桥梁、海洋平台结构等，由于地震、火灾、台风等自然灾害或荷载长期作用的疲劳、腐蚀等原因，将产生不同程度的损伤，损伤在其服役期间不可避免，结构损伤在经过累计之后，必然导致结构发生破坏或使用性能降

低。大型工程结构一旦出现事故，所带来的生命和财产损失将是巨大的，对社会的影响更是深远和难以估量的。因此，在重要结构经历了极端灾害性事件后，非常有必要立即对它们的健康状况做出评估，并实时监测和预报结构的性能、及时发现和估计结构内部损伤的位置和程度、预测结构的性能变化和剩余寿命，并做出维护决定，合理疏散居民，对提高工程结构的运营效率、保障人民生命财产安全具有极其重大的意义。其中，模糊综合评价法是一种应用非常广泛和有效的模糊数学方法。运用模糊数学和模糊统计方法，通过对影响某事物的各个因素的综合考虑，对该事物的优劣做出科学的评价。所谓综合判断也成为多目标决策，是指对多种因素所影响的事物或者现象进行总的评价。所论的对象往往受到各种不确定性因素的影响，其中模糊性是最主要时，则考虑了模糊性的综合评判时，称为模糊综合评判。通过前述章节可以看出，以建立评价体系，划定结构整体健康等级及确定各指标判定基准，确定模糊隶属函数，确定指标权重以及模糊算子，来对大型土木结构进行安全状态综合评价，是可行且有效的。到目前为止，模糊综合评价法在基坑、隧道、建筑的安全评估等方面都有长足的应用。

张明轩[173]采用三角模糊数表示权重和评价结果，采用中心点坐标法计算灰关联系数，科学地建立了安全管理成熟度灰关联评价模型。该模型主要包括评价指标体系、模糊权重确定和模糊灰关联度计算三大部分。金倩[174]构建工程项目安全管理评价指标体系，通过引入可拓理论，构建基于可拓理论的模糊综合评价模型，对工程项目安全管理状况进行评价分析。然后分别对工程项目安全管理模式、制度和方法进行创新，最后从人员的安全培训、安全技术管理、建筑企业环境、安全管理制度和安全管理机构的角度出发提出促进管理创新的对策。张乃超[175]建立了面向对象的多层次推理模型，采用了基于模糊理论的指标隶属度测算方法，通过调查咨询方法确定了相对应的模糊隶属度。最后运用AHP-FCE模型，结合工地现场工程师等专家的意见，采用MATLAB程序计算数据，确定了安全评价指标的权重。

不仅在安全管理中，在施工过程中，也需要注意意外事故的隐患，运用管理科学理论中的模糊综合评价模型，结合建筑业的特点，提出一种适用于施工现场的安全评价方法——施工安全模糊评价。

安和生[176]在2012年将模糊综合评价法应用于基坑工程施工安全风险评估的研究中，分析提出基坑工程施工安全的影响因素，并以此为原则，构建一套基坑工程施工安全评估体系，利用模糊综合评价法将定性的问题定量化，最终得到基坑工程项目施工安全的安全风险等级。针对层次分析法存在的不足，采用模糊层次分析法来计算权重，并引进非线性模糊矩阵合成算子进行计算，突出评判过程中不利因素对隧道施工稳定性风险评估结果的影响，使评判结果更具合理性。

许程洁[177]通过模糊综合评价法对工程结构的安全经济和安全评价进行了定性与定量的分析。梁吉[178]针对新奥法隧道施工及安全性影响因素的特点，进行风险识别，选取主要风险因素，并考虑其间层次性和模糊性，建立了新奥法隧道施工风险分析的模糊综合评判模型，能全面、合理地反映各种因素对新奥法隧道施工风险的影响。

除此之外，模糊综合评价法还被用于铁路建设工程安全管理研究中。结合专家调查、调研统计、事故分析等方法，建立了包含建设各方的，适用于铁路建设工程安全评价的指标体系；引入了管理学中较为成熟的层次分析法和模糊评判法对安全管理工作进行分析。其评价结果可为铁路建设工程安全管理工作提供理论依据。

在桥梁施工过程中，结合桥梁施工安全特点，建立构架简单的评价体系，分层次选取评价指标，应用模糊综合评价法来进行安全评估。首次在拱桥安全评价体系中，将人的"健康度"概念引入桥梁中，建立桥梁体系中的"健康""亚健康"和"生病"等状态评估体系。

随着科技的发展，高速铁路也在我国快速发展，为我国经济建设作出巨大的贡献，但由于高铁专业性较强、跨度大、涉及范围较广，而我国投入运营年限较短，其建设和发展都有一定的隐患。所以，鉴于以上原因，利用模糊综合评价法与层次分析法对高铁工程施工安全进行评价，构建高铁工程施工风险评估模型，充分考虑了高铁工程施工系统复杂、危险有害因素多、层次性分明的特性，由风险指标的权重和指标因素评价结果评估高铁项目施工风险状态是十分必要的。

同时，在中小型水库石坝安全度的评估过程中，模糊综合评价法也起到了极大的作用。针对影响中小型水库土石坝安全度因素的复杂性与评价准则的模糊性，将影响大坝安全度的众多因素进行逐级分层，逐层对每个因素的安全等级进行评价得出评价值，最后根据模糊数学综合评价法得出土石坝安全度的评价值，模糊综合评价方法将全面、迅速、准确地对土石坝安全度进行综合判定，能够真实、准确地反映土石坝安全度情况[292]。

然而，正如工程安全评估的其他方法一样，现阶段基于模糊理论和层次分析法的工程安全评估方法也存在很多不足等待改进。其中，存在分析精度不足，对各因素的综合作用分析不足，同时也没有考虑到所有影响因素，只能对可采集到的数据进行分析等问题，具体如下：

（1）评价指标的构架还不够全面。影响高层结构健康状况的因素有很多，从不同角度考量所构建出的评价指标体系就不尽相同。一套全面、科学、有效且易于操作的评价指标体系是一个复杂的系统，需要更多的专家学者参与其中。

（2）到目前为止，所有评价指标体系的有效性和评价结构的可信度都没有得到验证。所有评价指标体系均仅是建立在相关专家学者及有关领域人员进行了较为广泛的调查研讨的基础上。在今后的研究中，其有效性的验证是需要进行改进的部分。

（3）模糊综合评价法最初的层次分析方法还有待改进。打分方法有很多，由此得出的权重也不同，实际工程中应该运用哪种打分方法以及各种方法确定的权重的可靠度问题都需要通过大量实际案例的验证来进行深入的研究。

（4）高层健康状况的动态特性是客观存在的，其评价管理是一个循序渐进的过程。在实践过程中，评价的内容及其相应的规范、标准要实时更新，以达到最优的状态。那么，进一步完善其动态体系，保证其应有的可操作性，是健康管理评价的必然要求。

（5）影响高层结构的健康状况的因素有很多，这是一个复杂的调查系统，由于其安全性和保密性，有些调查取证比较困难，相关数据比较少。

针对以上存在的问题，可以基于四维空间的理论架设模型，结合相关改进理论，例如：灰色理论、支持向量机、遗传算法、BP神经网络以及非线性模糊运算等理论，提出新技术新方法，来对模糊综合评价法在结构安全评估中的应用进行改进。

1. 灰色理论

灰色系统理论（Grey System Theory），简称灰色理论，是我国学者邓聚龙1982年创立的[293]。灰色理论问世以来，已成功地应用于社会、农业、工程控制、经济管理、未来学研究等国内外150多个行业和部门，被誉为在诞生之初的10年内获得重大发展的自然科学学科之一。

根据系统中信息的清晰程度，邓聚龙将系统分为白色系统、黑色系统和灰色系统。白色系统的信息完全清晰可见；黑色系统的信息全部未知；灰色系统介于白色系统和黑色系统之间，即部分信息已知，而另一部分信息未知。由于信息的清晰可见程度是变化的，因此3种系统可以相互转化。

灰色系统理论，其基本思想是根据序列曲线几何形状的相似程度来判断各数据序列的联系是否紧密，曲线关系越接近，相应序列之间的关联度就越大，反之就越小。

2. 支持向量机

支持向量机（SVM）是基于统计学习理论发展而来的，它针对有限样本情况下模式识别中的一些根本性问题进行系统的理论研究[294]。相比于传统机器学习方法，支持向量机采用结构风险最小化准则，在最小化样本点误差的同时缩小模型泛化误差的上界，从而提高了模型的泛化能力，在很大程度上解决了模型中的过学习、非线性、维数灾难等问题。

SVM通过构建最优分类超平面将各类样本正确无误地分开，同时使分类间隔最大，距最优分类超平面最近的向量为"支持向量"（SV）。支持向量机可分为线性支持向量机和非线性支持向量机，在结构安全状况评价过程中，评价因子与工程质量等级之间存在着复杂的非线性映射关系，因此可以针对非线性支持向量机进行研究。

3. 遗传算法

进入20世纪80年代后，遗传算法得到了迅速发展，不仅理论研究十分活跃，而且在越来越多的应用领域中得到应用。其主要特点是用参数的编码空间代替问题的解空间，直接对编码进行操作；并且不存在求导和函数连续性的限定的问题：具有内在的隐并行性和更好的全局寻优能力；采用概率化的寻优方法，能自动获取和指导优化的搜索空间，根据适应度函数值的大小自适应地调整搜索方向，不需要确定的规则[295]。

遗传算法最初采用二进制编码，以后又出现了实数编码、整数编码等一系列编码方式，相对于二进制编码和整数编码，实数编码更具有实用性（二进制编码和整数编码表示的范围小于实数编码，且实数编码更容易进行最优个体保存的操作）。文献提出用实数编码加速遗传算法（Real Coding Based Accelerating Genetic Algorithm，RAGA）的算法原理，据此可以得出编制计算判断矩阵权重程序的思想。

目前遗传算法已得到广泛的应用，在实际应用中的主要问题是如何检验和修正判断矩阵的一致性问题和计算中各要素的排序权值，已提出的现行处理方法主要问题是主观性强，修正标准对原判断矩阵而言不能保证是最优的，或只对判断矩阵的个别元素进行修正，因此至今没有一个统一的修正模式。实际应用时多数是凭经验和技巧进行修正，缺乏相应的科学理论和方法。所以，在判断过程中，加入基于加速遗传算法的层次分析法，利用该法可同时确定层次各要素的相对重要性的排序权值和进行判断矩阵的一致性检验。其方法直观、简便，计算结果稳定、精度高，在各种实际系统评价中具有应用价值。

4. 基于BP神经网络的模型构建

BP神经网络又叫逆向神经网络，它是一种单向传播的多层前馈网络。由输入层、中间层、输出层构成，每一层由多个人工神经元节点组成，相邻层各个神经元之间形成完全连接关系，而同一层内神经元之间没有任何连接关系，前一层的输出作为下一层神经元的输入。输入信号从输入层进入网络，经激励函数变换后到达隐层，然后再经过激励函数变换到输出层构成输出信号。

其信息处理的基本原理是：学习过程由信号的正向传播与误差的反向传播两个过程组成。正向传播时，输入样本从输入层传入，输入信号X_i经各中间层逐层的非线性变换传向输出层，产生输出信号Y_k，若输出层的实际输出与期望的输出不符，则转入误差的反向传播阶段；误差反传是将输出误差以某种形式通过中间层向输入层逐层反传，即网络输出值Y与期望输出值t之间的偏差，通过调整输入节点与中间层节点的联接权值W_{ij}和中间层节点与输出节点之间的联接权值T_{jk}以及阈值θ，使误差沿梯度方向下降。此过程一直进行到网络输出的误差减小到可接受的程度，或进行到预先设定的学习次数为止。此时经过训练的神经网络即能对类似样本的输入信息，自行处理输出误差最小的经过非线性转换的信息[296]。

5. 非线性模糊运算

假设在某一模糊综合评价过程中，要根据一些指标的性能来评价N个同类指标，其中评价指标集$U = \{u_1, u_2, u_3, \cdots, u_n\}$，评语等级论域$V = \{v_1, v_2, v_3, \cdots, v_m\}$，对于任意一个评价对象等级$O_p$都有一个模糊关系矩阵$R^{(p)} = \left(r_{ij}^{(p)}\right)_{n \times n}$，$r_{ij}^{(p)} \in [0,1]$，它表示评价对象$O_p$的指标$u_i$，对评语等级$v_j$的隶属度。则权重模糊向量可以表示为$W = (w_1, w_2, w_3, \cdots, w_n)$。模糊综合评价模型中，评价结论$B = A \cdot R = (b_1 \ b_2, \cdots, b_n)$是将权重模糊向量$A$与模糊关系矩阵$R$按模糊矩阵合成得到的。目前模糊综合评价较为常用的模糊算子为$M(\bullet, +)$，该算子虽然保留了每一单个因素的全部信息，但其实际上是一种线性的加权评价方法[297]。

大量的评价实践证明，评价工作的不确定性导致了评价的非线性。因此非线性的评价模型能更好地符合评价的实际情况。从一般意义上讲，所有的评价问题都应该是非线性评价，线性评价只是非线性评价在一定范围内的近似。

综上所述，对于工程结构的安全评估，可以基于四维空间的理论架设模型，结合相关改进理论，例如：灰色理论、支持向量机、遗传算法、BP神经网络以及非线性模糊运算等理论，提出新技术新方法，来对模糊综合评价法在建筑结构安全评估进行改进。

6.3.2　模糊综合评价基本原理

模糊综合评判法是利用模糊集理论进行评价的一种方法。具体地说，该方法是应用模糊关系合成的原理，从多个因素对被评判事物隶属等级状况进行综合性评判的一种方法。模糊评价法不仅可对评价对象按综合分值的大小进行评价和排序，而且还可根据模糊评价集上的值按最大隶属度原则去评定对象所属的等级。这就克服了传统数学方法结果单一性的缺陷，结果包含的信息量丰富。这种方法简易可行，在一些传统观点看来无法进行数量分析的问题上，显示了它的应用前景，它很好地解决了判断的模糊性和不确定性问题。由于模糊的方法更接近于东方人的思维习惯和描述方法，因此它更适应于对社会经济系统问题进行评价。

综合评判是对多种属性的事物，或者说其总体优劣受多种因素影响的事物，做出一个能合理地综合这些属性或因素的总体评判。例如，教学质量的评估就是一个多因素、多指标的复杂的评估过程，不能单纯地用好与坏来区分。而模糊逻辑是通过使用模糊集合来工作的，是一种精确解决不精确、不完全信息的方法，其最大特点就是用它可以比较自然地处理人类思维的主动性和模糊性。因此对这些诸多因素进行综合，才能做出合理的评价，在多数情况下，评判涉及模糊因素，用模糊数学的方法进行评判是一条可行的也是一条较好的途径。

模糊综合评价作为模糊数学的一种具体应用方法，最早是由我国学者王培庄提出的。模糊综合评价是模糊理论与实际应用相结合的产物，它是应用模糊变换原理和最大隶属度原则，考虑与被评价事物相关的各个因素而对其做出的综合评价。评价的着眼点是所要考虑的各个相关因素[179]。

根据模糊评价模型建立的一般方法，建立模糊综合评价模型的步骤为[298]：

（1）确定评价指标体系；

（2）计算各评价指标权重；

（3）确定各评价指标隶属度；

（4）模型建立与应用。

模糊综合评价的数学模型主要有三个要素：

（1）因素集：因素集是由影响评判对象的各个因素所组成的集合，可表示为：

$$U = \left\{ u_1, u_2, u_3, \cdots, u_m \right\} \tag{6-5}$$

（2）评价集：评价集是由对评价对象可能做出的评判结果所组成的集合，可表示为：

$$V = \left\{ v_1, v_2, v_3, \cdots, v_n \right\} \qquad (6-6)$$

（3）单因素评价集：单独从一个影响因素（指标）u_i出发进行评价，确定对评价集元素v_j的隶属程度，称为单因素模糊评价，这样就得出第i个因素u_i的单因素评价集：

$$\widetilde{R}_i = \left\{ r_{i1}, r_{i2}, r_{i3}, \cdots, r_{in} \right\} \qquad (6-7)$$

它是评价集V上的模糊子集。这样m个影响因素的评价集就构造出一个总的评价矩阵$\widetilde{R}$：

$$\widetilde{R} = \begin{pmatrix} \widetilde{R}_1 \\ \widetilde{R}_2 \\ \vdots \\ \widetilde{R}_m \end{pmatrix} = \begin{pmatrix} r_{11} & r_{12} & \cdots & r_{1n} \\ r_{21} & r_{22} & \cdots & r_{2n} \\ \cdots & \cdots & \cdots & \cdots \\ r_{m1} & r_{m2} & \cdots & r_{mn} \end{pmatrix} \qquad (6-8)$$

以上3个要素就是构成模糊数学综合评价的基础，另外，因素集U中的各个元素在评价中具有的重要程度不同，因而必须对各个元因素u_i按其重要程度给出不同的权数a_i。由各权数组成的因素权重集$\widetilde{A}$是因素集U上的模糊子集，可表示为：

$$\widetilde{A} = (a_1, a_2, a_3, \cdots, a_m) \qquad (6-9)$$

其中，元素a_i（$i=1$，2，$\cdots$，m）是因素u_i对$\widetilde{A}$的隶属度，即反映了各个因素在综合评价中所具有的重要程度，通常应满足归一性和非负性条件：

$$\sum_{i=1}^{m} a_i = 1, \qquad a_i \geqslant 0 \qquad (6-10)$$

当因素权重$\widetilde{A}$和评价矩阵$\widetilde{R}$已知时，按照模糊矩阵的乘法运算，便得到模糊综合评价集$\widetilde{B}$，即

$$\widetilde{B} = \widetilde{A} \cdot \widetilde{R} = (a_1, a_2, a_3, \cdots, a_m) \cdot \begin{pmatrix} r_{11} & r_{12} & \cdots & r_{1n} \\ r_{21} & r_{22} & \cdots & r_{2n} \\ \cdots & \cdots & \cdots & \cdots \\ r_{m1} & r_{m2} & \cdots & r_{mn} \end{pmatrix} = (b_1, b_2, b_3, \cdots, b_n) \qquad (6-11)$$

显然，模糊综合评价集$\widetilde{B}$是评价集V上的模糊子集，b_j（$j=1$，2，$\cdots$，n）量化表示评判对象对评价集V中第j个元素的隶属度。$\widetilde{B}$称为模糊综合评价指标。再对综合评价指标$\widetilde{B}$进行清晰化，就可以使评价结果更加直观、容易接受。

模糊综合评价是以模糊数学为基础，应用模糊关系合成的原理，将一些边界不清、不易定量的因素定量化，然后进行综合评价。设$C = \{c_1, c_2, \cdots, c_m\}$为刻画被评价对象的$m$种评价指标的集合，$V = \{v_1, v_2, \cdots, v_n\}$为刻画每一个指标所处状态的$n$个评

语等级的集合。这里存在两类模糊集，一类是指标集 C 中诸元在人们心中的重要程度，表现为指标集 C 上的模糊权重向量 $\omega = \{\omega_1, \omega_2, \cdots, \omega_m\}$；另一类是 $C \times V$ 上的模糊关系，表现为模糊矩阵 R，这两类模糊集都是人们价值观念或偏好结构的反应。因此，模糊综合评价是找寻模糊权重向量 $\omega = \{\omega_1, \omega_2, \cdots, \omega_m\} \in F(C)$，以及一个从 C 到 V 的模糊变化 $\tilde{f}$，即 $f(c_i) = (r_{i1}, r_{i2}, \cdots, r_{im}) \in F(C)$ $i = 1, 2, \cdots m$，对每一个指标 c_i 单独做出判断，构造模糊矩阵 $R = [r_{ij}]_{m \times n} \in F(C \times V)$，其中 r_{ij} 表示指标 c_i 具有评语 v_j 等级程度，即被评价对象从指标 c_i 来看对评语等级 v_j 的隶属度。同时对于评语等级 V 中的各个等级评语 v_j 赋予不同的数值，构建数值化评语等级向量 $X = \{x_1, x_2, \cdots, x_n\}$，进而求出模糊综合评价 $Z = X \cdot R^{\mathrm{T}} = \{z_1, z_2, \cdots, z_m\}$，其中 z_j 表示评价对象中第 j 个评价指标的综合评价结果。构造函数 $F(\omega, Z)$ 便可计算出评价对象的综合状态。

模糊综合评价法的优点是：数学模型简单，容易掌握，对多因素、多层次的复杂问题评判效果比较好，是别的数学分支和模型难以代替的方法。这种模型应用广泛，在许多方面，采用模糊综合评判的实用模型取得了很好的经济效益和社会效益。

一般地，模糊综合评价法可以按照下述思路进行：

（1）根据对评价系统的初步分析，将评价系统按其组成层次构筑成一个层次结构模型；

（2）两两比较结构要素，建立判断矩阵群；

（3）判断每个矩阵的一致性，若不满足一致性条件，则要修改判断矩阵，直至满足为止。计算其权重向量，进而求出合成权重向量；

（4）建立最底层指标的隶属函数，计算隶属度，解决指标间的可综合性问题；

（5）计算评价综合值，对评价系统进行综合评价。

模糊评价的基本步骤如下：

（1）确定评价指标集

根据评价对象的特点，确定评价指标集

$$C = \{c_1, c_2, \cdots, c_m\} \tag{6-12}$$

（2）确定评语等级集合

根据评价对象的特点，将评价指标划分为若干等级，制定相应的等级判定准则，从而将定性指标转化为定量指标。假定评语有 n 个，评语等级集合为

$$V = \{v_1, v_2, \cdots, v_n\} \tag{6-13}$$

同时将评语等级进行数值化，得

$$X = \{x_1, x_2, \cdots, x_n\} \qquad (6-14)$$

（3）确定评价指标的权重向量

一般情况下，各评价指标对被评价对象并非是同等重要的，各个指标对总体表现的影响是不同的，因此在模糊合成之前要确定权重向量

$$\omega = \{\omega_1, \omega_2, \cdots, \omega_m\} \qquad (6-15)$$

（4）利用隶属度函数进行单因素模糊评价，建立模糊关系隶属矩阵R。

（5）进行复合运算得到综合评价结果向量

$$Z = X \cdot R^T = \{z_1, z_2, \cdots, z_m\} \qquad (6-16)$$

其中，z_j表示评价对象中第j个评价指标的综合评价结果。

（6）对评价目标进行模糊综合评价

$$F = f(\omega, Z) \qquad (6-17)$$

6.3.3 层次分析法

模糊综合评价法是一种根据模糊数学隶属度理论把定性评价转化为定量评价的方法。它具有结果清晰、系统性强的特点，能较好地解决模糊的、难以量化的问题，适合各种非确定性问题的解决[180]。

模糊综合评价法计算的前提条件之一是确定各个评价指标的权重，也就是权向量，它一般由决策者直接指定[181]。但对于复杂的问题，例如评价指标很多并且相互之间存在影响关系，直接给出各个评价指标的权重比较困难，而这个问题正是层次分析法所擅长的[182]。

在层次分析法中，通过对问题的分解，将复杂问题分解为多个子问题，并通过两两比较的形式给出决策数据，最终给出备选方案的排序权重[183]。如果把评价指标作为层次分析法的备选方案，使用层次分析法对问题分层建模并根据专家对此模型的决策数据进行计算，就可以得到备选方案也就是各个评价指标的排序权重。这样就解决了模糊综合评价法中复杂评价指标权重确定的问题[184]。

层次分析法（AHP）[185]是20世纪70年代中期美国匹兹堡大学教授Satty.T.L提出来的一种系统分析方法，该方法是把一个复杂决策问题表示为一个有序的递阶层次结构，通过人们的比较判断，计算各种决策方案在不同准则及总准则之下的相对重要性量度，从而根据对决策方案的优劣进行排序[186]。层次分析法的基本思路是先按问题的要求建立一个描述系统功能或特征的内部的独立递阶层次结构，通过两两比较因素的相对重要性，给出相应的比例标度，构造上层某元素对下层相关元素

的评判矩阵，以及得出下层相关元素对上层某元素的相对重要序列，并据此计算出评价因素层各元素对总目标的相对权重[187,188]。

在综合评价中，利用AHP方法的目的在于取得各个层次的评价因素相对重要度，其步骤为：

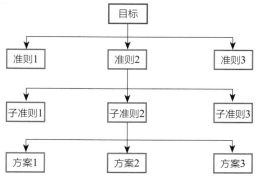

图6-3　递阶层次结构模型

1. 明确问题

用层次分析法进行分析时，首先对问题有明确的认识，弄清问题的范围和提出的要求，了解问题所包含的因素，确定各因素之间的关联关系和隶属关系[189]。

2. 建立递阶层次结构模型

建立如图6-3所示的递阶层次结构模型。

3. 比较判断矩阵的建立

在建立递阶层次结构模型以后，上下层次之间元素的支配关系就被确定了。假定上一层次的元素A_k作为准则，对下一层的元素B_1，B_2，…，B_n有支配关系，我们的目的是在准则A_k之下按它们相对重要性赋予B_1，B_2，…，B_n相应的权重。

对于大多数问题，特别是对于人的判断起重要作用的问题，直接得到这些元素的权重并不容易，往往需要通过适当的方法来导出他们的权重[190]。层次分析法所用的是两两比较的方法，在两两比较的过程中，决策者要反复回答下列问题：

针对准则A_k，两个元素B_i和B_j哪个更重要一些，重要多少。需要对重要多少赋予一定的数值[191]。这里使用1～9的比例标度[192]，它们的意义见表6-1。

层次分析法判断尺度表　　　　　　　　　　　　表6-1

判断尺度	两目标对比
1	表示两个要素相比较，同样重要
3	表示两个要素相比较，稍微重要
5	表示两个要素相比较，明显重要
7	表示两个要素相比较，重要得多
9	表示两个要素相比较，极端重要
2、4、6、8	介于以上相邻情况之间
以上各数的倒数	一个要素不如另一个要素重要，用上述的倒数表示

1～9的标度方法是将思维判断数量化的一种好方法[193]。首先，在区分事物的差别时，人们总是用相同、较强、强、很强、极端强的语言[194]；其次，在对事物比较中，7±2个项目为心理学极限。如果取7±2个元素进行逐对比较，它们之间的差别可以用9个数字表示出来[195]。社会调查也说明，在一般情况下，人们需要7个标点来区分事物之间质的差别或重要性程度的不同。再进一步细分，可以在相邻的两级中插入折中的提法，因此对于大多数决策判断来说，1-9级的判断尺度是适用的[196]；最后，当被比较的元素其属性处于不同的数量级别时，一般需要将较高数量级的元素进一步分解，这可保证被比较元素在所考虑的属性上有同一个数量级或比较接近，从而适用于1-9的判断尺度。对于n个元素A_1，A_2，$\cdots$，A_n来说，通过两两比较得到两两比较判断矩阵A[197]：

$$A = (a_{ij})_{n \times n} \tag{6-18}$$

其中判断矩阵具有如下性质：（1）$a_{ij} > 0$；（2）$a_{ij} = \dfrac{1}{a_{ji}}$；（3）$a_{ii} = 1$。我们称$A$为正的互反矩阵。

根据性质（2）和（3），事实上，对于n阶判断矩阵仅需对其上（下）三角元素共$\dfrac{n(n-1)}{2}$个给出判断即可。

根据回收的专家调查表上两两指标的相对重要度数值判断矩阵的建立。

4. 权重的计算方法

由判断矩阵可求出各因素的权重分配[198]。其方法为：

（1）求出正反矩阵的最大特征根$\lambda_{\max}$。

（2）利用$AW = \lambda_{\max}$解出$\lambda_{\max}$所对应的特征向量W。

（3）将W标准化（归一化）后，即为诸因素x_k的相对重要性排序权重值[199]。

5. 一致性检验

一致性检验是通过计算一致性指标和检验系数检验的。

一致性指标

$$CI = \frac{\lambda_{\max} - n}{n - 1} \tag{6-19}$$

检验系数

$$CR = \frac{CI}{RI} \tag{6-20}$$

其中，RI平均一致性指标，可通过表6-2查得[200]。一般地，当$CR < 0.1$时，可认为判断矩阵具有满意的一致性，否则，需要重新调整判断矩阵[201,202]。

阶数	3	4	5	6	7	8	9
RI	0.58	0.90	1.12	1.24	1.32	1.41	1.45

RI系数表 表6-2

6.3.4 隶属函数

在普通集合理论中，对于任何一个元素或者属于某集合U，或者不属于这一集合。然而，在模糊集合理论中，由于存在模糊性，论域中的元素对于一个模糊子集的关系就不再是"属于"和"不属于"那么简单的关系，因为模糊事物根本无法断然确定其归属，所以不能用绝对的0和1来表示。为了说明具有模糊性事物的归属，将特征函数在闭区间$[0,1]$内取值。特征函数就可以取0～1之间的无穷值，特征函数也就成为一个无穷多值的连续函数，因而就得到了描述模糊集合的特征函数——隶属函数[203]。

隶属函数的概念为：对于任意的$u \in U$都给定了一个由U至闭区间$[0,1]$的映射u_A，即

$$u_A : U \to [0,1] \qquad u \mapsto u_A(u) \qquad （6-21）$$

其中，$u_A(u)$称为模糊集合A的隶属函数，而$u_A(u_i)$称为u_i对A的隶属度。在进行模糊评价的时候，如何建立各个因素对应各个评价等级的隶属程度的大小，是整个评价能否进行的关键。

确定隶属度，在各类评价中有不同的方法。由于模糊数学本来就是用以解决用完全定量的方法难以解决的问题，而且确定隶属函数的方法多数还处于研究阶段，远没有达到像确定概率分布那样成熟的阶段，所以，隶属函数的确定难以避免不同程度上受人为主观性的影响，但是无论其受到主观性的影响如何，都是对客观现实的一种逼近[204]。评价隶属函数是否符合实际，主要看它是否正确地反映了元素隶属集合到不属于集合这一变化过程的整体特性，而不在于单个元素的隶属度数值如何[205]。

在建立模糊评价模型时，通常采用专家调查和集值统计方法相结合来构造单因素评价矩阵，专家调查法是首先制作专家打分调查表，通过专家评价给分，即专家对每一具体评价对象的每一项指标，根据专家的经验和看法进行认定，在打分表中对应等级处做记号，再通过专家调查表的汇总，得到各个因素对应等级的频数，经过归一化处理，即可得到各个因素对应于等级的隶属度，从而得到单因素评价矩阵[206]。

例如，依据一个分为五个等级评价模型，如果运用上述方法，专家调查表可按表6-3进行设计。依据如上述的方法，可以容易地确定各指标等级隶属度。

单因素隶属度调查表　　　　　　　　　　表6-3

因素 u_i	A	B	C	D	E
评价依据 1					
评价依据 2					
……					
评价依据 N					

6.3.5　模糊算子的确定

在确定了评价指标的隶属度和权重后，就要根据指标体系的特点确定模糊算子，即各级下层指标复合成上层指标评价向量或评价值的计算方法。模糊算子的确定也就是模糊合成的确定。

模糊评价的关键在于确定模糊评价的算子。常用的模糊算子主要有以下三种[299]：

"主因素决定型"，即只考虑最突出的因素的作用，其他因素并不真正起作用：

$$M(\wedge, \vee) \quad 即 \quad b_j = \mathop{\vee}\limits_{i=1}^{m}(a_i \vee r_{ij}), \, j = 1, 2, \cdots, n \tag{6-22}$$

"主因素突出型"，即在考虑最突出的因素之外，适当考虑了其他次要因素的作用：

$$M(\cdot, \vee) \quad 即 \quad b_j = \mathop{\vee}\limits_{i=1}^{m} r_{ij}^a i, \, j = 1, 2, \cdots, n \tag{6-23}$$

"加权平均型"使得各因素都会对评价经过有贡献：

$$M(\cdot \, +) \quad 即 \quad b_j = \mathop{\vee}\limits_{i=1}^{m} a_i r_{ij}, \, j = 1, 2, \cdots, n \tag{6-24}$$

结合本文评价模型的特点和各类模糊算子的特性，本文选择的模糊算子为加权平均型 $M(\cdot \, +)$。

这一模糊算子按照普通矩阵算法进行运算，依权重的大小，对所有因素均衡兼顾，考虑了所有因素影响，即此时模糊合成结果与权数、与单项因素（因子）对各等级的隶属度全部相关，从而保留了单因素评价的全部信息，在运算时除要求 a_i 具有归一性外，不需要对 a_i 和 r_{ij}（$i = 1, 2, \cdots, m$；$j = 1, 2, \cdots, n$）施加上限的限制。相比较而言，主因素决定型的综合评价模型，其评价结果只取决于在总评价中起主要作用的那个因素，其余因素均不影响评价结果，此模型比较适用于单项评价最优就能算作综合评价最优的情况，如为了寻求事件中可控的关键因素，可采用主因素决定型。

6.3.6 最终评价向量的清晰化

模糊综合评价的结果$\tilde{B}$是模糊向量，即评价对象隶属于各个评价等级的隶属度向量。确定评价对象的等级时，需要对该模糊向量反模糊化，也称清晰化。

模糊向量清晰化的方法一般有最大隶属度法、重心法[298]。

最大隶属度法是比较常见的一种清晰化的方法，对于最终评价向量$\tilde{B}$，运用最大隶属度法，即

$$b_0 = \max(b_1, b_2, \cdots, b_n) \tag{6-25}$$

得到评价结果b_0，此方法简单可行，但清晰化的结果不够精细，概括的精确量少，没有考虑其他隶属度较小因素的影响和作用，且当最终评价向量中最大隶属度不唯一时，则无法做出判断。

重心法可消除上述缺点，所谓重心法从本质上讲就是通常所说的加权平均法，计算公式如下

$$M = \frac{\sum\limits_{i=1}^{m} b(u_i) \times u_i}{\sum\limits_{i=1}^{m} b(u_i)} \tag{6-26}$$

其中，u_i为各因素与评价集对应的分值。为便于得到一个精确的评价结果，设各个等级变量值的范围为：{优秀，良好，一般，较差，很差}={100～90，89～80，79～70，69～60，59～0}。如果计算其组中值，即为{95，85，75，65，30}，如表6-4。

采用重心法来清晰化可以反映出整个模糊向量的信息量。因此，本文采用该法来清晰化，就得到一个综合评价量化值M，再根据M的大小，对照表6-4找出相应的等级评语，这个评语即为安全评估的最终评价结果。

评价结果与评价等级对照表

表6-4

评价等级	综合评价值	组中值
优秀	$100 \geq u_i \geq 90$	95
良好	$100 \geq u_i \geq 90$	85
一般	$100 \geq u_i \geq 90$	75
较差	$100 \geq u_i \geq 90$	65
很差	$100 \geq u_i \geq 90$	30

6.4 基于模糊算法的结构安全评估数字化方法

本节以城市某高层结构的安全评估为例，叙述模糊综合评价法在结构安全评估中的应用。

6.4.1 评价体系的建立

当需要解决的问题影响因素众多，难以一次性考虑问题的所有细节，且主观因素的影响又过大时，可以运用系统科学中的层次性原理（Analytic Hierarchy Process，AHP）即大系统理论中的分解协调原理，把复杂问题中的各种因素通过划分为相互联系的有序层次，使之条理化，根据对一定客观现实的主观判断结构（主要是两两比较）把专家意见和分析者的客观判断结果直接而有效地结合起来，将一层次元素两两比较的重要性进行定量描述。而后，利用数学方法计算反映每一层次元素的相对重要性次序的权值，通过所有层次之间的总排序计算所有元素的相对权重并进行排序[207]。

结构的整体健康状态表征着整个结构的综合服役性能，因其结构组成以及工作环境复杂，难以建立一个完全适用的健康状态定量化计算公式对其进行计算[208]。各种检测及监测仪器和技术的创新使得我们能够及时、准确地掌握结构工作运行过程中各种性能指标的变化特征[209]。结构物的整体健康状态难以一次性进行评价，但对其产生影响的各种因素可通过各种检测监测仪器进行有效的监控而得到定量化描述，利用层次分析法（AHP），将影响结构物健康状态的各种因素进行归类，并对每一种因素制定检测监测指标，构建合理的整体健康状态多层次多因素评价体系[210]。

进行基于模糊理论的结构安全评价首先要建立合适的指标体系[211]，在构建这个指标体系时要遵循以下原则：

（1）科学性原则：只有坚持科学性原则，获得的信息才具有可靠性和客观性，评价的结果才有效。

（2）系统性原则：指标体系必须层次合理，协调统一，比较全面地反映工程的基本状态，在保证评价系统目的可实现的条件下，尽量简化指标。

（3）代表性原则：所选指标要能代表被评对象某方面的特性，能独立反映事物某些特性，指标之间没有相互影响。

（4）可行性原则：建立的指标体系必须简单规范，方便数据资料的收集，符合客观实际水平。在实际使用中易于实现与掌握，做到评价程序与工作尽量简化，避免面面俱到，繁琐复杂[197]。

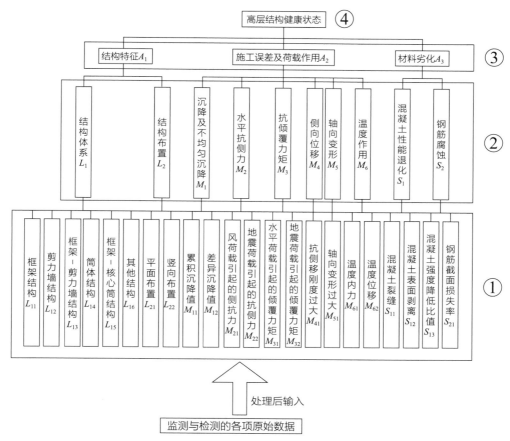

图6-4 高层结构健康状态综合评价体系

以高层结构为例，其结构形式及工作环境都较其他工程结构物更为复杂，是10层及10层以上或房屋高度大于28m的住宅以及房屋高度大于24m的其他高层民用混凝土结构形式，使得其结构安全性能存在诸多薄弱环节。同时，高层结构由于应力增加，设备和装修水平必须提高，施工难度增大，其健康状态的影响因素也较其他构造物更为繁杂[212]。

根据高层结构的日常巡检及定期监测项目，可将主要影响因素指标划归为结构特征影响、施工误差及荷载作用以及材料劣化三个方面[213]（图6-4）。基于层次分析法，对各种表象病害进行归纳和总结，分别制订各病害特征的可检测监测指标，建立包括目标层（高层建筑结构整体健康状态）、因素层（影响因素所属类型）、项目层（各影响因素检测项目）以及指标层（各影响因素定量化检测指标）的四层次高层结构健康状态综合评价体系[173]。其中，目标层为影响高层结构因素的评价等级[177]。因素层指标体系主要从三方面进行选择：结构特征影响、施工误差及荷载作用以及材料劣化。项目层中，结构特征又包括：结构体系和结构布置；施工误差及荷载作用又包括：沉降及不均匀沉降、水平作用（抗侧力）、抗倾覆力矩过大、侧向位移、轴向变形、温度作用、混凝土性能退化以及钢筋锈蚀。指标层包括：框架结构、剪力墙结构、框架-剪力墙结构、筒体结构、框架-核心筒结构、其他结构、平面布置、竖向布置、风荷载引起的水平作用、地震荷载引起的水平作用、风荷载引起的倾覆力矩、地震荷载引起的倾覆力矩、抗侧移刚度、轴向变形过大、温度内力、温度位移、混凝土裂缝、混凝土表面剥离、混凝土强度降低比值以及钢筋截面损失率[174]。

6.4.2 划定结构整体健康等级及确定各指标判定基准

结构物整体健康状态是一个明显带有主观判断的概念，其影响因素众多，在利用物理—经验模型对其进行评价时，可采用语言状态描述各个健康等级，并结合层次分析法的运用进行主观赋值[174]。

以高层结构为例，参考我国关于高层结构的现行规范和标准，如《高层建筑混凝土结构技术规程》《混凝土结构工程施工质量验收规范》和《建筑施工安全检查标准》，高层建筑物工程验收检测指标通常采用四级评价等级进行描述，据此拟定以下健康状态分级及描述[214]（表6-5）。

结构整体健康状态受多因素影响，整体评价须基于单因素评价，考虑健康评价体系中的各健康状态评价指标[215]，可通过：①参考现行工程施工及竣工验收规范、规程；②力学模型演算；③大量病害监测数据统计等方法，对各单因素评价指标分级标准进行确定，各单因素指标健康等级数按整体健康等级数[216]。

高层结构健康状态分级及描述 表6-5

健康等级	健康状态	对策
D	结构无破损或存在轻微破损	监视、观测
C	结构存在破坏	准备采取对策措施
B	结构存在较严重破坏	尽快采取对策措施
A	结构存在严重破坏	立即采取对策措施

例如，以高层结构的层间侧向位移变形病害指标为例：

《高层建筑混凝土结构技术规程》关于高层建筑结构的层间侧向位移变形与层高比控制标准是1/500；以武汉某高层结构为例[217]，根据结构设计文件，与有限元软件计算得出，可以据此制定层间侧向位移变形与层高比控制标准等级评价基准指标如表6-6所示[218]。

高层结构的层间侧向位移变形与层高比的等级评价基准

表6-6

检测指标	D	C	B	A
层间侧向位移变形与层高比（δ）	$1/400 \leqslant \delta < 1/350$	$1/450 \leqslant \delta < 1/400$	$1/500 \leqslant \delta < 1/450$	$\delta \leqslant 1/500$

6.4.3 模糊隶属函数的确定

工程结构构造物健康状态涉及的影响因素往往众多且复杂，这些因素自身表现随机性，故而以上理论分析及数值计算得到的各评价指标健康等级定量化评价基准与各指标实际特征值之间表现明显的模糊性，可采用模糊综合评价方法，利用其中的模糊隶属函数对各指标特征值与各健康等级之间的隶属关系进行定量化[219]。

模糊综合评价有三项核心内容：①隶属函数：对各评价指标特征值归属于各评价等级程度进行定量化；②指标权重：各评价指标对整体状态"贡献"的定量化描述；③模糊算子：由各评价指标状态考虑不同权重值得到整体健康状态的定量化评价单值。

对结构安全评估进行模糊综合评判时，其中最基本的一个问题就是隶属函数的形式。确定隶属函数的方法很多，在实际工程中，需要根据问题的性质及评价指标的特征来决定选择什么形式的隶属函数。

例如，以某工程结构物各评价指标调查数据在四个健康等级判定基准值区间统计分布规律为依据，对模糊理论中常用的三种Cauchy分布函数进行组合，构造如下分布形式的隶属函数（图6-5）。

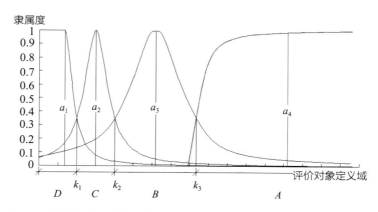

图6-5 评价指标定义域内的隶属度分布

A、B、C、D各等级隶属度的计算隶属函数如下：

$$\mu_D(x) = \begin{cases} 1 & x \leqslant a_1 \\ \dfrac{1}{1+\alpha_1(x-a_1)^2} & x > a_1 \end{cases} \quad (6-27)$$

$$\mu_C(x) = \dfrac{1}{1+\alpha_2(x-a_2)^2} \quad (6-28)$$

$$\mu_B(x) = \dfrac{1}{1+\alpha_3(x-a_3)^2} \quad (6-29)$$

$$\mu_A(x) = \begin{cases} 0 & x \leqslant a_4 \\ \dfrac{1}{1+\alpha_4(x-a_4)^{-2}} & x > a_4 \end{cases} \quad (6-30)$$

以上4组公式中，共有8个未知数，其中的数值与分界值存在一定关系：

$$\begin{pmatrix} a_1 \\ a_2 \\ a_3 \\ a_4 \end{pmatrix} = \begin{pmatrix} 0.8 & 0 & 0 \\ 0.5 & 0.5 & 0 \\ 0 & 0.5 & 0.5 \\ 0 & 0.25 & 0.75 \end{pmatrix} \begin{pmatrix} k_1 \\ k_2 \\ k_3 \end{pmatrix} \quad (6-31)$$

而分界值落入相邻两区间概率相等，即：

$$\begin{cases} \mu_D(k_1) = \mu_C(k_1) \\ \mu_C(k_1) = \mu_C(k_2) \\ \mu_C(k_2) = \mu_B(k_2) \\ \mu_B(k_3) = \mu_A(k_3) \end{cases} \quad (6-32)$$

可求出剩下4个未知数，从而确定单一指标的隶属函数。

模糊理论提供了多种基本隶属函数形式，针对具体工程的各不同评价指标，可根据其特征选用各单一隶属函数或由基本隶属函数构造复合隶属函数。

6.4.4　指标权重的确定

模糊综合评判中指标体系的权重值反映了该指标在综合评价指标体系中的重要程度，科学合理地确定评价因素权重值是进行可靠性模糊综合评价的关键所在[220]。根据混凝土结构的复杂性，本章拟采用乘积标度法确定指标体系的权重值。该方法是建立在层次分析法的基础之上的一种赋权方法，同时考虑了结合混凝土结构健康状况综合诊断的客观特点而提出的一种赋权方法，首先利用层次分析法的定量与定性相结合的特点，递进分析赋权，克服标度过大的缺点，使指标层的权重分布较为合理，并且具有一定的灵活性与实用性[221]。

各评价指标权重可采用层次分析法中的乘积标度法进行确定，该方法的思路是，在评判因素重要性的比较时，只设置两个等级："相同"和"稍微大"，"相同"为1：1，"稍微大"取1～9标度法、9/9～9/1标度法、10/10～18/2标度法及指数标度法等四种常用标度法中"稍微大"标度值的平均值1.354：1，如表6-7所示。

乘积标度法的等级评价基准

表6-7

区分	1～9标度	9/9～9/1标度	10/10～18/2标度	指数标度法
相同	1	9/9（1.000）	10/10（1.000）	（1.000）
稍微大	3	9/7（1.286）	12/8（1.500）	（1.277）
明显大	5	9/5（1.800）	14/6（2.333）	（2.080）
强烈大	7	9/3（3.000）	16/4（4.000）	（4.327）
极端大	9	9/1（9.000）	18/2（9.000）	（9.000）
通式	$K=1$～9	9/1～9 $K=1$～9	（9+K）/（11-K） $K=1$～9	$K=1$～9

根据乘积标度法中"相同"和"稍微大"的标度值以及乘积标度法的思路，确定简单二层评判因素权重的乘积标度法的基本步骤为：

根据经验或实测资料，对m个评判因素定性地进行重要性排序。

对评判因素进行两两对比，确定评判因素A与评判因素B之间的重要性差异属于"相同"或"稍微大"。当评判因素A与评判因素B之间的重要性"相同"时，取权重为：

$$(\omega_{\mathrm{A}}, \omega_{\mathrm{B}}) = (0.5, 0.5) \tag{6-33}$$

当评判因素A的重要性比评判因素B的重要性"稍微大"时，取权重为：

$$(\omega_{\mathrm{A}}, \omega_{\mathrm{B}}) = (\frac{1.354}{1+1.354}, \frac{1}{1+1.354}) = (0.575, 0.425) \tag{6-34}$$

当评判因素A与评判因素B之间的重要性用"稍微大"还不足以反映时，可以用多个"稍微大"来反映。如当认为A与B之间的重要性差异比"稍微大"还要"稍微大"时，可取：

$$\omega_{\mathrm{A}} : \omega_{\mathrm{B}} = (1.354 \times 1.354) : 1 = 1.833 : 1 \tag{6-35}$$

则权重为：

$$(\omega_A, \omega_B) = (\frac{1.833}{1+1.833}, \frac{1}{1+1.833}) = (0.647, 0.353) \qquad (6-36)$$

依此类推；将同层 m 个评判因素两两比较结果进行综合，并满足归一化条件，即 $\sum_{i}^{m} \omega_i = 1$，最终得到下一层各评判因素对相邻上层研究对象的层次单排序权重。

6.4.5 模糊算子的确定

模糊理论中推荐有多个类型的模糊算子，针对不同性质的评价对象应选用合适的模糊算子，当现有模糊算子结合实际需要进行评价的问题存在缺陷时，可考虑对现有模糊算子进行改进[222]。

例如，以高层结构为例，其整体健康状态模糊综合评价的特点是：高层结构病害状态的综合评价结果应该是在单个最不利病害评价结果的基础上再向不利病害等级的取值范围发展，因此，现有的主因素决定型、主因素突出型、不均衡平均型及加权平均型等四种模糊算子均不适用于高层结构健康状态模糊综合评价模型。

构造高层结构健康状态综合评价模糊算子需要满足以下要求：

（1）从安全角度出发，要以各病害指标中安全状况最不利的为基准 F_{max}（即各病害指标数值中选取最大值）；

（2）考虑到其他指标对整体健康的影响，应在基准值上加上修正项 $O(F_{max})$，即最终值 $F = F_{max} + O(F_{max})$；

（3）应始终保证 $F = F_{max} + O(F_{max}) \leqslant 4$ 成立。并且，当 F_{max} 越接近4时，修正项值 $O(F_{max})$ 应越小；

（4）修正项中，各相对权重越大的指标应当对 $O(F_{max})$ 的取值影响越剧烈。

基于以上四点，可以建立高层建筑结构病害评价的模糊综合算子如下：

$$F = F_{max} + \frac{4-F_{max}}{4} \cdot \varphi(F_j, F_{max}, F_{j0}) = F_i + \frac{4-F_i}{4} \cdot \frac{\sum_{j \neq i}^{n} \left[\frac{\omega_j}{\omega_i} (F_j - F_{j0}) \right]}{\sum_{j \neq i}^{n} \left[\frac{\omega_j}{\omega_i} (F_i - F_{j0}) \right]} \qquad (6-37)$$

其中：$F_i = F_{max} = \max\{F_m | m = 1, 2, \cdots, n\}$；$F_j$ 为除 F_i 外的各项；F_{j0} 为当 j 项无病害时的评价数值；ω_i，ω_j 为评价因素 i，j 的权重。

模糊算子的选用合理与否决定了最终的判定结果是否准确，经典模糊理论中给出有多重类型的模糊算子，在选用时需结合待评对象的特征，若已有算子中无合适者时，则可根据待评对象的特征，自行构造合理的模糊算子。

6.4.6 结构安全状态综合评价实例

以上确定了各评价指标与四个健康等级之间的隶属函数，根据乘积标度法确定各指标的不同权重，通过基于最不利病害的模糊算子按照前述高层建筑结构健康状态四层评价体系逐级进行健康评价，并最终得到目标层—高层建筑结构整体健康状态的定量化等级。

武汉某高层建筑结构检测数据信息　　　　　　　　　　表6-8

检测指标	沉降/不均匀沉降（mm）	侧向位移（mm）	轴向变形（mm）	温度内力（mm）	温度位移（mm）	混凝土裂缝（mm）	混凝土剥落（mm²）	混凝土强度降低比值（%）	钢筋截面损失率（%）
检测值	20/11.2	0.97	0.47	—	1	—	—	—	1

根据武汉某高层建筑结构的监测方案在其运营两个月后进行了健康检测，得到表6-8的检测数据信息。

利用以上基于模糊理论的高层建筑结构健康评价模型，根据实际监测检测数据对武汉某高层建筑结构整体健康状态进行综合评价。

如前述中各检测指标判定基准值的划定，研究将高层建筑结构整体健康由劣至优分为 A、B、C、D 四级，分别赋值4、3、2、1，整体健康等级模糊综合评价值如表6-9所示。

高层建筑结构评价等级定量划分　　　　　　　　　　表6-9

病害等级	病害状况	模糊综合评价值F	对策
D	结构无破损或存在轻微破损	$1.5 \geqslant F > 1.0$	监视、观测
C	结构存在破坏	$2.5 \geqslant F > 1.5$	准备采取对策措施
B	结构存在较严重破坏	$3.5 \geqslant F > 2.5$	尽快采取对策措施
A	结构存在严重破坏	$4.0 \geqslant F > 3.5$	立即采取对策措施

1. 检测指标层单一指标评价值的计算

（1）沉降及不均匀沉降

某高层建成后两个月，累积沉降量为20mm，不均匀沉降参考值为11.2mm，代入沉降及不均匀沉降指标隶属度函数计算隶属度并归一化隶属度向量，并计算综合评价值。

累积沉降指标隶属度向量：

$$
\begin{bmatrix} \mu'_{\mathrm{D}}(s_{\mathrm{c}}) \\ \mu'_{\mathrm{C}}(s_{\mathrm{c}}) \\ \mu'_{\mathrm{B}}(s_{\mathrm{c}}) \\ \mu'_{\mathrm{A}}(s_{\mathrm{c}}) \end{bmatrix} = \begin{bmatrix} 0.85 \\ 0.13 \\ 0.02 \\ 0 \end{bmatrix}
\tag{6-38}
$$

累积沉降综合评价值：

$$
F'_i(s_{\mathrm{c}}) = \begin{bmatrix} 1 & 2 & 3 & 4 \end{bmatrix} \cdot \begin{bmatrix} 0.85 \\ 0.13 \\ 0.02 \\ 0 \end{bmatrix} = 1.17
\tag{6-39}
$$

不均匀沉降隶属度向量：

$$
\begin{bmatrix} \mu'_{\mathrm{D}}(s_{\mathrm{d}}) \\ \mu'_{\mathrm{C}}(s_{\mathrm{d}}) \\ \mu'_{\mathrm{B}}(s_{\mathrm{d}}) \\ \mu'_{\mathrm{A}}(s_{\mathrm{d}}) \end{bmatrix} = \begin{bmatrix} 0.90 \\ 0.09 \\ 0.01 \\ 0 \end{bmatrix}
\tag{6-40}
$$

不均匀沉降综合评价值：

$$
F'_i(s_{\mathrm{d}}) = \begin{bmatrix} 1 & 2 & 3 & 4 \end{bmatrix} \cdot \begin{bmatrix} 0.90 \\ 0.09 \\ 0.01 \\ 0 \end{bmatrix} = 1.11
\tag{6-41}
$$

（2）侧向位移

代入高层建筑结构侧向位移指标隶属度函数并归一化，隶属度向量为：

$$
\begin{bmatrix} \mu'_{\mathrm{D}}(k_{\mathrm{p}}) \\ \mu'_{\mathrm{C}}(k_{\mathrm{p}}) \\ \mu'_{\mathrm{B}}(k_{\mathrm{p}}) \\ \mu'_{\mathrm{A}}(k_{\mathrm{p}}) \end{bmatrix} = \begin{bmatrix} 0.675 \\ 0.264 \\ 0.061 \\ 0 \end{bmatrix}
\tag{6-42}
$$

该高层建筑结构侧向位移综合评价值：

$$
F'_i(k_{\mathrm{p}}) = \begin{bmatrix} 1 & 2 & 3 & 4 \end{bmatrix} \cdot \begin{bmatrix} 0.675 \\ 0.264 \\ 0.061 \\ 0 \end{bmatrix} = 1.386
\tag{6-43}
$$

（3）轴向变形

代入高层建筑结构轴向变形隶属度函数并归一化，隶属度向量为：

$$\begin{bmatrix} \mu'_D(k_\delta) \\ \mu'_C(k_\delta) \\ \mu'_B(k_\delta) \\ \mu'_A(k_\delta) \end{bmatrix} = \begin{bmatrix} 0.97 \\ 0.03 \\ 0 \\ 0 \end{bmatrix} \tag{6-44}$$

那么可以计算出高层建筑结构轴向变形的评价得分为：

$$F'_i(k_\delta) = \begin{bmatrix} 1 & 2 & 3 & 4 \end{bmatrix} \cdot \begin{bmatrix} 0.97 \\ 0.03 \\ 0 \\ 0 \end{bmatrix} = 1.03 \tag{6-45}$$

（4）温度内力

该高层建筑结构质量验收合格，建成期温度适宜，故将相关2项变形指标评价值均取为1：

$$F'_i(x_1) = F'_i(x_2) = 1 \tag{6-46}$$

（5）温度位移

该高层建筑结构质量验收合格，建成期温度适宜，故将相关2项变形指标评价值均取为1：

$$F'_i(x_1) = F'_i(x_2) = 1 \tag{6-47}$$

（6）混凝土裂缝

该高层建筑结构质量验收合格后，未发现混凝土裂缝状况，可认为结构性能非常良好，故混凝土裂缝指标评价得分为1，即$F'_i(k_b)=1$。

（7）混凝土剥落

该高层建筑结构质量验收合格后，未发现混凝土剥落状况，可认为结构性能非常良好，故混凝土剥落指标评价得分为1，即$F'_i(k_b)=1$。

（8）混凝土强度降低比值

该高层建筑结构质量验收合格后，可认为结构性能非常良好，故混凝土强度降低比值指标评价得分为1，即$F'_i(k_b)=1$。

（9）钢筋截面损失率

该高层建筑结构质量验收合格后，通过仪器检测钢筋截面损失率为1%，代入钢筋截面损失率隶属度函数并归一化，隶属度向量为：

$$\begin{bmatrix} \mu'_D(e) \\ \mu'_C(e) \\ \mu'_B(e) \\ \mu'_A(e) \end{bmatrix} = \begin{bmatrix} 0.81 \\ 0.15 \\ 0.04 \\ 0 \end{bmatrix} \tag{6-48}$$

钢筋截面损失率综合评价值为：

$$F_i'(e) = \begin{bmatrix} 1 & 2 & 3 & 4 \end{bmatrix} \cdot \begin{bmatrix} 0.81 \\ 0.15 \\ 0.04 \\ 0 \end{bmatrix} = 1.23 \tag{6-49}$$

2. 项目层综合评价的计算

将检测指标层中单项检测指标的评价结果同时考虑各指标的不同权重，代入所在的"检测项目"的模糊算子进行综合运算，整理得到结果如表6-10所示。

项目综合评价结果   表6-10

检测项目	模糊算子	第一层综合评价结果
沉降及不均匀沉降		$F_e(s) = 1.17$
侧向位移		$F_e(p) = 1.32$
轴向变形		$F_e(\sigma) = 1.22$
温度内力	$F_e = F_i' + \dfrac{4 - F_i'}{4} \cdot \dfrac{\sum\limits_{j \neq i}^{n}\left[\dfrac{\omega_j}{\omega_i}\left(F_j - F_{j0}\right)\right]}{\sum\limits_{j \neq i}^{n}\left[\dfrac{\omega_j}{\omega_i}\left(F_i' - F_{j0}\right)\right]}$	$F_e(\delta) = 1.03$
温度位移		$F_e(de) = 1.03$
混凝土裂缝		$F_e(\sigma_b) = 1.03$
混凝土剥落		$F_e(cr) = 1.03$
混凝土强度降低比值		$F_e(ds) = 1.03$
钢筋截面损失率		$F_e(f) = 1.23$

3. 因素层综合评价的计算

将以上求得的"检测项目"评价结果，代入所在的"病害种类"的模糊算子进行综合运算，整理得到结果如表6-11所示。

4. 目标层综合评价的计算及结果判定

由以上因素层计算得到三种病害种类的评价得分分别为$F_p(l) = 1.09$，$F_p(d) = 1.25$，$F_p(w) = 1.02$。

因素层综合评价结果   表6-11

检测项目	模糊算子	第二层综合评价结果
结构特征		$F_p(l) = 1.09$
施工误差及荷载作用	$F_p = F_e' + \dfrac{4 - F_e'}{4} \cdot \dfrac{\sum\limits_{j \neq i}^{n}\left[\dfrac{\omega_j}{\omega_i}\left(F_j - F_{j0}\right)\right]}{\sum\limits_{j \neq i}^{n}\left[\dfrac{\omega_j}{\omega_i}\left(F_e' - F_{j0}\right)\right]}$	$F_p(d) = 1.25$
材料劣化		$F_p(w) = 1.02$

其相应的权重配比为：

$$\left(\omega_{\mathrm{L}} \quad \omega_{\mathrm{d}} \quad \omega_{\mathrm{w}} \right) = \left(0.324 \quad 0.372 \quad 0.304 \right) \tag{6-50}$$

那么有：

$$F_{\mathrm{p}}{}' = \max \left\{ F_{\mathrm{p}}(m) \mid m = 1, 2, \cdots, n \right\} = 1.36 \tag{6-51}$$

$$F = F_{\mathrm{p}}{}' + \frac{4 - F_{\mathrm{p}}{}'}{4} \cdot \frac{\sum\limits_{j \neq i}^{n} \left[\dfrac{\omega_j}{\omega_i} \left(F_j - F_{j0} \right) \right]}{\sum\limits_{j \neq i}^{n} \left[\dfrac{\omega_j}{\omega_i} \left(F_{\mathrm{p}}{}' - F_{j0} \right) \right]} \tag{6-52}$$

$$= 1.36 + 0.05$$
$$= 1.41$$

武汉某高层建筑结构完工后两个月时的结构健康模糊综合评价值为1.41，参照前述高层建筑结构评价结果定量化标准，对应的评价等级为D级，属于结构无破损或者轻微破损的安全状态，需要对结构保持日常的监视、观测。

6.5 本章小结

模糊综合评判法可以将不确定信息用定量的方法表示出来，再借助于模糊运算得到结构的综合评判矩阵，得出评判对象的评判等级，能较好地解决模糊的、难以量化的问题。本章主要介绍了模糊综合评价法在土木工程结构安全评估方面的应用，首先介绍了模糊理论基础，包括模糊集合的概念、模糊集合与普通集合的关系等；然后叙述了建立模糊综合评价模型的方法和步骤；最后，详述了一种基于模糊算法的结构安全评估数字化方法，并以某高层建筑结构为例，给出了具体的应用示范。此外，本章还综述了基于模糊算法的结构安全评估数字化方法的应用现状，指出了其需要进一步改进的方向，如存在分析精度不足，对各因素的综合作用分析不足，同时也没有考虑到所有影响因素，只能对可采集到的数据进行分析等问题。针对以上存在的问题，需要进一步发展模糊综合评价法在土木工程安全评估方面的应用，可以基于四维空间的理论架设模型，结合相关改进理论，例如：灰色理论、支持向量机、遗传算法、BP神经网络以及非线性模糊运算等理论，提出新技术、新方法，对模糊综合评价法在结构安全评估进行改进。

第 7 章

基于人工智能的
结构安全数字化评估方法

7.1 引言

如今，全球正迈向数字化新时代。以云计算、大数据、人工智能与物联网为代表的数字技术推动着社会的变革。人工智能作为一门多学科交叉的、新兴的学科，是当今世界上三大尖端技术之一。人工智能技术主要研究人类智能活动的规律，构造具有一定智能的人工系统，研究如何应用计算机的软硬件来模拟人类某些智能行为的基本理论、方法和技术。人工智能技术可以对大量数据进行挖掘，得到有价值的潜在信息，其研究领域包括自动定理证明、博弈、模式识别、专家系统、机器人、机器视觉、自然语言理解、自动程序设计、智能信息检索、数据挖掘与知识发现、组合优化问题、人工神经网络、分布式人工智能、智能管理与智能决策、智能网络系统与计算智能等。近年来，人工智能技术在结构工程中得到了一定的发展，如贝叶斯网络、深度学习、证据理论以及可拓云方法等，本章主要介绍这些方法的原理及工程应用。

7.2 基于贝叶斯网络的结构安全评估方法

7.2.1 概述

贝叶斯网络（Bayesian Network，BN）技术实质上是一种基于概率的不确定性推理网络，最初主要用于处理人工智能中的不确定性信息。随着近些年的发展，贝叶斯网络技术具备了描述事件多态性和故障逻辑关系非确定性的能力，既能用于推理，还能用于诊断，非常适合于安全性评估。利用贝叶斯网络进行概率安全评估的优点如下[223]：

（1）贝叶斯网络具有坚实的数学基础，具有描述多态性、依赖关系、非单调性和非确定性逻辑关系的能力；

（2）贝叶斯网络所展现的因果关系易于理解，且易通过专家经验获取；

（3）贝叶斯网络可通过参数学习实现网络定量化，避免评估的主观性；

（4）贝叶斯网络的前向算法能用于预测，而后向算法则可用于诊断；

（5）贝叶斯网络易于整合各种证据，可以综合专家经验和测试、运行信息；

（6）贝叶斯网络可以对不同层次的子系统、系统进行建模分析，然后进行整合，较好地实现层次化。

本小节主要简单介绍基于贝叶斯网络的静态系统概率安全评估以及时序系统概

率安全评估方法。

7.2.2 基于贝叶斯网络的静态系统概率安全评估

传统的事件树、故障树方法通常假设事件仅有两种状态，但在实践中经常遇到具有多种失效模式的组件组成的系统。传统的事件树、故障树方法难以解决这类问题，因而有必要研究多态系统概率安全评估方法。

1. 贝叶斯网络的构建

本节主要介绍基于多态事件树、多态故障树来构建多态系统概率安全评估的贝叶斯网络模型。利用贝叶斯网络，可以计算得到后果概率、重要度等常规的概率安全评估结果，此外，还可以对系统进行诊断和预估，获取更为丰富的信息。

所谓多态事件树是指事件树中的环节事件有多种状态。事件的状态空间有如下性质：

（1）该集合包含了有限个确定的状态；

（2）该集合是完全集合，即状态空间包含了事件的所有可能状态；

（3）集合中的各个状态是互斥的。

多态事件树的一般形式是环节事件状态空间笛卡尔乘积的图形表示。每个环节事件的所有状态由从一个共同节点出发的分支来表示。每个事件的分支的尾部对应着下一个事件的起始节点，由该节点发展成新的分支。

2. 基于贝叶斯网络的静态系统概率安全评估

由于贝叶斯网络计算节点的联合概率分布以及在各种证据下的条件概率分布的算法已经很成熟，因而在构建系统的贝叶斯网络之后，就可以很方便地进行概率安全评估，包括计算各个后果发生的概率及重要度[223]。

在贝叶斯网络中，无须求解割集，利用联合概率分布可以直接计算后果j的发生概率：

$$P(\text{Outcome} = j) = \sum_{E_1, \cdots, E_M} P(E_1 = e_1, \cdots, E_M = e_M, \text{Outcome} = j) \qquad (7\text{--}1)$$

其中$j \in O$，O为叶节点Outcome的状态空间，节点$E_i (1 \leqslant i \leqslant M)$对应于贝叶斯网络中的非叶节点，$M$为非叶节点的数目，$e_i \in \{0,1\}$用来表征节点$E_i$对应的事件发生与否。

重要度分析是概率安全评估中的一项重要内容，分析故障树底事件对后果发生概率的影响。在贝叶斯网络中，节点E_i对应的底事件相对于后果j的重要度可以通过计算相应的条件概率分布和联合概率分布得到。

7.2.3 基于贝叶斯网络的时序系统概率安全评估

动态贝叶斯网络是贝叶斯网络在时间上的扩展，具有描述系统的多态性、非单调性以及非确定性逻辑关系的能力，还可以有效地处理顺序失效问题[223]。

动态贝叶斯网络（Dynamic Bayesian Networks，DBN）是基于静态贝叶斯网络和隐Markov模型的图形结构，是初始网络在时间上的一种扩展。它由初始网络和转移网络构成，其中每个时间片段对应一个静态贝叶斯网络。整个网络由有限个时间片段组成（$N>1$），而每个时间片段由一个有向无环图$G_{\mathrm{T}}=\langle V_{\mathrm{T}},E_{\mathrm{T}}\rangle$和满足条件独立性假设的条件概率分布组成，其中$V_{\mathrm{T}}$和$E_{\mathrm{T}}$分别是时间片段$T$的节点集合和有向边集合。各片断之间通过有向边连接，这些有向边称为转移网络，时间片段T的转移网络用$E_{\mathrm{T}}^{\mathrm{tmp}}$表示：

$$E_{\mathrm{T}}^{\mathrm{tmp}}=\left\{(a,b)\big|a\in V_{\mathrm{T-1}},b\in V_{\mathrm{T}}\right\},T_0<T<T_0+N\cdot\Delta T \tag{7-2}$$

其中T_0为初始时间片段。

动态贝叶斯网络满足一阶Markov假设：时间片段T的状态仅与时间片段$T-\Delta T$的状态有关，而与$T-\Delta T$以前的时间片段的状态无关，即：

$$P\left(G_{\mathrm{T}}\big|G_{\mathrm{T-\Delta T}},\cdots,G_{\mathrm{T_0}}\right)=P\left(G_{\mathrm{T}}\big|G_{\mathrm{T-\Delta T}}\right) \tag{7-3}$$

令动态贝叶斯网络$G=\langle V,E\rangle$，则有：

$$\begin{cases} V=V\left(T_0,N\right)=\bigcup_{T=T_0+\Delta T}^{T_0+N\cdot\Delta T}V_{\mathrm{T}} \\ E=E\left(T_0,N\right)=E_{T_0}\cup\bigcup_{T=T_0+\Delta T}^{T_0+N\cdot\Delta T}E_{\mathrm{T}}^{*} \end{cases} \tag{7-4}$$

传统的事件树、动态故障树定量计算需要将其转化为Markov链，然后对不同链长对应的微分方程组进行求解，最后进行累加。由于这种方法存在组合爆炸的缺陷，这种方法难以对大型系统进行分析。而动态贝叶斯网络只需定义初始网络和转移网络，可以有效地避免组合爆炸问题的发生。根据整合之后的动态贝叶斯网络，可以很容易地计算各个后果在任意时刻t的发生概率：

$$P_j\left(t\right)=P\left(\mathrm{Outcome}_t=j\big|E_{01}=\cdots=E_{0m}=0\right) \tag{7-5}$$

其中$j\in O$，O为叶节点Outcome的状态空间；E_{0i}表示根节点E_i在初始时刻t_0所处的状态，m为初始网络中根节点的数目。

利用动态贝叶斯网络的推理算法，可以很容易地根据重要度定义计算底事件在任意时刻t对各个后果的重要度从而对系统进行评估。

7.3 基于深度学习的结构安全评估方法

7.3.1 人工智能与深度学习概述

人工智能是指通过计算机程序呈现人类智能的技术作为计算机科学的一个子类，其主要包括模式识别（Pattern Recognition）、机器学习（Machine Learning）、数据挖掘（Data Mining）以及智能算法（Artificial Algorithms）。目前，其主要研究领域为机器人、语音识别、图像识别以及专家系统等。特别地，机器学习是一门致力于研究如何通过计算的手段形成有效的经验，从而改善系统自身性能的学科，属于人工智能的一个子类。事实上，机器学习可以看作是一种实现人工智能的方法，其主要任务是使用某种算法解析数据的特征并从中学习，进而能够对所需处理的事件进行决策或者预测。其核心部分在于如何从数据中产生模型的有效学习算法，通过将经验数据（训练样本）提供给这种学习算法，从而生成学习得到的结果，即"模型"，因此在面对新的未知情形时，"模型"能够给予我们相应的判断（如分类）。

按照所输入训练数据中包含的经验情况，机器学习可以分为：监督学习（Supervised Learning）、无监督学习（Unsupervised Learning）、半监督学习（Semi-Supervised Learning）、强化学习（Reinforcement Learning）等。在监督学习中，训练数据不仅包含了输入，还包含了其对应的真实输出（标签），基于真实输出判别模型学习的优劣，从而使得模型在不断学习过程中得到反馈，通过对一个设定的目标函数进行有限次迭代后的优化，监督学习算法能够针对新的输入进行预测。而无监督学习的训练数据并不包含对应的理想标签，学习过程无须通过先验知识得到反馈，其通过识别数据中的共同特性，并基于待验数据是否存在这类共性以作出对模型的反应，值得注意的是，目前无监督学习主要的方法和应用是基于聚类分析（Cluster Analysis）有关方面，包括层次聚类（Hierarchical Clustering）、质心聚类（Centroid-based Clustering）以及分布式聚类（Distribution-based Clustering）等。而强化学习是一类能够使智能体以试错的方式进行学习，通过与环境进行交互，不断尝试，从错误中学习，最后找到规律，从而达到学习目的的算法。

Hinton等[224]于2006年提出了深度学习（Deep Learning）的概念，现阶段深度学习已经广泛应用于诸多领域，如图像识别[225]、目标检测[228]、自然语言处理[231]等任务中。深度学习本质上是一种实现机器学习的技术，其一般是指利用深层神经网络来解决数据特征表达、特征学习，从而解决以往需要人工设计特征的难题。常用的深度学习模型有卷积神经网络（Convolutional Neural Network，CNN）、自编码（AutoEncoding）、深度信念网络（Deep Belief Network）、受限玻尔兹曼机（Restricted Boltzmann Machine）和稀疏编码（Sparse Coding）等。进入21世纪以来，计算机的计算能力有了显著的提升，同时伴随着大数据概念的提出，使得深度神经网络的有效训练成为了可能。在这个大背景下，计算机学家对相关的技术和算法进行了整合和改进，提出了"深度学习"这个概念。"深度学习"是一种以人工神经网络为架构，对数据进行表征学习的算法。其中，得益于其高效的表征学习能力，卷积神经网络拥有处理自然语言、图像等数据信息的优越性，随着数值计算设备的高速发展，AlexNet[234]、ZFNet[235]、VGGNet[236]、GoogLeNet[237]以及ResNet[238]等深度卷积神经网络在历届ImageNet大规模视觉识别竞赛（Image Net Large Scale Visual Reccognition Challenge，ILSVRC）中脱颖而出，体现了其在深度学习领域中的关注度和广泛应用。

7.3.2　卷积神经网络概述

介绍卷积神经网络之前，我们首先来简单讲解一下一般的人工神经元模型，如图7-1所示。神经元的每一个输入连接（突触）都有一个强度，称为连接权值。产生的信号可以通过连接权值放大，每一个输入量x_j都对应一个权重ω_j。然后求出其加权值之和，得到一个唯一的输出量y。

神经网络通常由输入层、隐含层（中间层或隐层）和输出层构成。给网络一组输入数据，输入层每个神经元将作为输入模式的一部分。通过连接，输入层将输入传递给隐含层。隐含层接收到整个输入模式，经过激活函数的处理，隐含层的输出将与输入层大不相同。输出层会接收来自隐含层输出活动的全部模式，但是从隐含层单元往输出层单元的信号传递需要经过权重的连接，所以有的输出层单元激发，有的输出层单元抑制，继而产生相应的输出信号。输出层单元输出模式就是神经网络对输入模式的总响应。

1.　反向传播算法（Backpropagation Algorithm）

反向传播算法是指从神经网络的输出

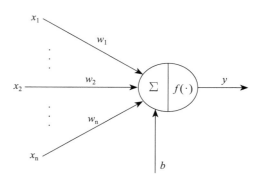

图7-1　简单人工神经元模型

层到输入层进行求解。对于反向传播过程，误差信号是神经网络的实际输出与期望输出之间的差值，因而误差的反向传播指信号由输出层经过隐含层向输入层传递。在该反向传播过程中，网络的权值是依靠误差反馈来调节的，在此过程中，需要求解的是神经网络中的参数梯度方向。

（1）损失函数（Loss Function）

假定有一样本集$\left\{\left(x^{(1)},y^{(1)}\right),\left(x^{(2)},y^{(2)}\right),...,\left(x^{(m)},y^{(m)}\right)\right\}$，其中包含$m$个样例，对于单个样例$(x,y)$，将其损失函数定义为一平方误差损失函数（只是诸多损失函数的一种）：

$$L\left(W,b;x,y\right)=\frac{1}{2}\left\|h_{\mathrm{W,b}}\left(x\right)-y\right\|^2 \tag{7-6}$$

式中，$h_{\mathrm{W,b}}(x)$为假设函数。

而对于整体数据集，可将整体损失函数定义为：

$$\begin{aligned}L\left(W,b\right)&=\left[\frac{1}{m}\sum_{i=1}^{m}L\left(W,b;x^{(i)},y^{(i)}\right)\right]+\frac{\lambda}{2}\sum_{l=1}^{n_l-1}\sum_{i=1}^{s_l}\sum_{j=1}^{s_{l+1}}\left(W_{ji}^l\right)^2\\&=\left[\frac{1}{m}\sum_{i=1}^{m}\left(\left\|h_{\mathrm{W,b}}\left(x^{(i)}\right)-y^{(i)}\right\|^2\right)\right]+\frac{\lambda}{2}\sum_{l=1}^{n_l-1}\sum_{i=1}^{s_l}\sum_{j=1}^{s_{l+1}}\left(W_{ji}^l\right)^2\end{aligned} \tag{7-7}$$

式中，第一项为均方差项，第二项为权重衰减项，目的是减小权重幅度，防止网络过拟合。

（2）梯度下降（Gradient Descent）

梯度下降法中，通过每一次迭代对参数W和b进行更新，如式（7-8）和式（7-9）中所示：

$$W_{ij}^l=W_{ij}^l-\eta\frac{\partial}{\partial W_{ij}^l}L\left(W,b\right) \tag{7-8}$$

$$b_i^l=b_i^l-\eta\frac{\partial}{\partial b_i^l}L\left(W,b\right) \tag{7-9}$$

式中，$\frac{\partial}{\partial W_{ij}^l}L\left(W,b\right)$和$\frac{\partial}{\partial b_i^l}L\left(W,b\right)$分别按式（7-10）和式（7-11）计算：

$$\frac{\partial}{\partial W_{ij}^l}L\left(W,b\right)=\left[\frac{1}{m}\sum_{i=1}^{m}\frac{\partial}{\partial W_{ij}^l}L\left(W,b;x^{(i)},y^{(i)}\right)\right]+\lambda W_{ij}^l \tag{7-10}$$

$$\frac{\partial}{\partial b_i^l}L\left(W,b\right)=\frac{1}{m}\sum_{i=1}^{m}\frac{\partial}{\partial b_i^l}L\left(W,b;x^{(i)},y^{(i)}\right) \tag{7-11}$$

（3）反向传播（Backpropagation）

对于输出层（n_1）的每个输出单元i，根据式（7-12）进行残差（灵敏度）计算：

$$\delta_i^{n_1} = \frac{\partial}{\partial z_i^{(n_1)}}\left[\frac{1}{2}\left\|h_{\text{w,b}}(x) - y\right\|^2\right] = -\left(y_i - a_i^{n_1}\right)\cdot\sigma'\left(z_i^{n_1}\right) \qquad (7\text{-}12)$$

而对于$l = n_1 - 1, n_1 - 2, \cdots, 2$的各个层，第$l$层的第$i$个节点残差按式（7-13）计算：

$$\delta_i^l = \left(\sum_{j=1}^{s_{l+1}} W_{ji}^l \delta_j^{l+1}\right)\sigma'\left(z_i^l\right) \qquad (7\text{-}13)$$

因此，梯度（偏导数）$\dfrac{\partial L(W,b;x,y)}{\partial W_{ij}^l}$和$\dfrac{\partial L(W,b;x,y)}{\partial b_i^l}$分别为：

$$\frac{\partial L(W,b;x,y)}{\partial W_{ij}^l} = \frac{\partial L(W,b;x,y)}{\partial z_i^{l+1}}\frac{\partial z_i^{l+1}}{\partial W_{ij}^l} = a_j^l \cdot \delta_i^{l+1} \qquad (7\text{-}14)$$

$$\frac{\partial L(W,b;x,y)}{\partial b_i^l} = \frac{\partial L(W,b;x,y)}{\partial z_i^{l+1}}\frac{\partial z_i^{l+1}}{\partial b_i^l} = \delta_i^{l+1} \qquad (7\text{-}15)$$

即得出损失函数对参数（第l层第j个节点到$l+1$层第i个节点的权值）的导数。

2. 卷积层（Convolutional Layer）

（1）卷积计算

假设第l层为卷积层，第$l+1$层为下采样层，则第l层第j个特征图的计算公式如下：

$$x_j^l = \sigma\left(\sum_{i \in M_j} x_i^{l-1} * k_{ij}^l + b_j^l\right) \qquad (7\text{-}16)$$

式中M_j表示选择输入特征图的集合，*表示卷积运算，σ表示激活函数，常用的激活函数有Sigmoid、tanh、ReLU（Rectified Linear Unit）以及Leaky ReLU等，b_j^l表示对应每一个输出特征图的偏置。

（2）残差计算

由于反向传播算法中第l层第i个节点的残差计算等于第$l+1$层与其连接的所有节点的权值与残差的加权和，再乘以该点对z的导数值，而卷积层的下一层是下采样层，这里采用一对一非重叠采样，因而第l层第j个特征图的残差计算公式如式（7-17）所示：

$$\delta_j^l = \beta_j^{l+1}\left[\sigma'\left(u_j^l\right)\cdot upsample\left(\delta_j^{l+1}\right)\right] \qquad (7\text{-}17)$$

式中，第l层为卷积层，第$l+1$层为下采样层，下采样层与卷积层是一一对应的关系，"·"表示矩阵对应位置的每个元素相乘，"$upsample$"是上采样操作函数，将第$l+1$层的大小扩展为和第l层大小一致。

（3）梯度计算

通过对第l层中对应第j个残差图中所有节点进行求和，可以快速得到偏置基的梯度，如式（7-18）所示：

$$\frac{\partial L}{\partial b_j} = \sum_{u,v} \left(\delta_j^l\right)_{uv} \qquad （7-18）$$

而对卷积核权值的梯度可以参考式（7-14），另外由于大部分连接的权值是共享的，因此需要对所有与该权值有联系的连接对该点求梯度，再将这些梯度求和，计算入式（7-19）所示：

$$\frac{\partial L}{\partial k_{ij}^l} = \sum_{u,v} \left(\delta_j^l\right)_{uv} \left(p_i^{l-1}\right)_{uv} \qquad （7-19）$$

式中，$\left(p_i^{l-1}\right)_{uv}$ 为 x_i^{l-1} 中的在卷积时与 k_{ij}^l 逐元素相乘的批（Patch），输出卷积图的（u, v）位置的值是上一层的（u, v）位置的批与卷积核 k_{ij} 逐元素相乘的结果。

特别地，如若基于Matlab平台编程，可将式（7-19）改写为：

$$\frac{\partial L}{\partial k_{ij}^l} = rot180\left\{conv2\left[x_i^{l-1}, rot180\left(\delta_j^l\right), 'valid'\right]\right\} \qquad （7-20）$$

式中，"$rot180$"表示对矩阵进行180° 翻转操作，"$valid$"表示过滤器矩阵（残差图）的运动范围完全处于输入矩阵（图像）里面时，进行卷积运算的模式。

3. 下采样层（Subsampling Layer）

（1）下采样计算

对于下采样层，输入特征图与输出特征图数量相等，尺寸减小。具体地，下采样操作如式（7-21）所示：

$$x_j^l = \sigma\left(\beta_j^l downsample\left(x_j^{l-1}\right) + b_j^l\right) \qquad （7-21）$$

式中，"$downsample$"表示下采样操作函数，比较常见的操作是对输入图的不同 $n \times n$ 块中所有像素求和，因而得到的输出图在两个维度上都缩小了 n 倍，每一个输出图都对应了一个权重 β_j^l 和偏置 b_j^l。

（2）残差计算

当下一个卷积层与当前下采样层为全连接时，可以通过反向传播的方法来计算下采样层的残差，基于式（7-17），可以看出能够使用残差递推的关键在于找出当前层的残差图中哪个批对应于下一层的残差图的给定像素：

$$\delta_j^l = \sigma'\left(u_j^l\right) \cdot conv2\left(\delta_j^{l+1}, rot180\left(k_j^{l+1}\right), 'full'\right) \qquad （7-22）$$

式中，"full"表示过滤器矩阵（卷积核）和输入矩阵（残差图）刚相交便开始进行卷积操作，填充过滤器矩阵的空白部分为0。

（3）梯度计算

在得到残差之后，便可以对权重β_j^l和偏置b_j^l进行梯度计算，具体如式（7-23）和式（7-19）所示。

$$\frac{\partial L}{\partial b_j^l} = \sum_{u,v} \left(\delta_j^l \right)_{uv} \tag{7-23}$$

$$\frac{\partial L}{\partial \beta_j^l} = \sum_{u,v} \left[\delta_j^l \cdot downsample\left(x_j^{l-1} \right) \right]_{uv} \tag{7-24}$$

4. Softmax层

从全连接层到Softmax层的关系如图7-2所示，$W(C \times T)$是全连接层的参数，C表示类别数，$X(T \times 1)$是全连接层的输入，该输入由全连接层前面多个卷积层–下采样层处理后得到。logits是未进入Softmax层的概率，即Softmax层的输入。Softmax函数如式（7-25）所示

$$S_j = \frac{e^{a_j}}{\sum_{k=1}^{C} e^{a_k}} \tag{7-25}$$

从式（7-25）可以看出，如果某个a_j远大于其他a_k，其映射分量会趋近于1，并且该函数对输入数据进行了归一化的操作。

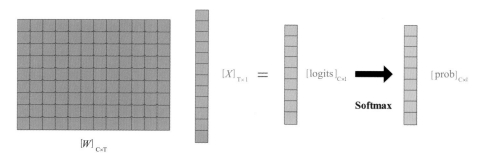

图7-2　全连接层与Softmax层的关系图

7.3.3　基于卷积神经网络的结构安全评估方法

近些年来，传统的人工神经网络已经被广泛地用来进行结构参数分析、结构风险评估[239]、结构健康监测、损伤诊断以及结构安全评估[240, 241]。也有学者通过对比模糊综合评价和人工神经网络，建立了结合遗传算法和神经网络的结构安全评价模型[242]。同时，基于人工神经网络的结构安全评估方法在高层结构中得到了应用[243, 244]。

基于卷积神经网络的工程结构安全评估首先需要建立完善、合理的结构安全评价指标体系和卷积神经网络评价模型，然后进行安全评估的应用。具体步骤为：

　　（1）基于参考文献、规范、经验分析以及专家评价等，对待测结构建立合理的安全评价指标体系；

　　（2）基于实验室模型试验、有限元模型仿真以及结构的实时在线监测系统，采集适当的样本并通过合理的方法对原始数据进行预处理；

　　（3）基于结构安全评价指标体系设计合理的卷积神经网络评价模型，通过试算以及参数分析确定卷积神经网络的结构（一种或多种），包括输入层大小、激活函数、卷积层–下采样层对数、全连接层、输出层以及损失函数等参数；

　　（4）基于Matlab、Python等平台进行编程实现结构安全评价的卷积神经网络模型，并将（2）中处理后的数据输入卷积神经网络中训练模型，作为结构安全评估的知识库；

　　（5）将待测数据输入已训练完毕的卷积神经网络中，得到结构安全评价的结果。

　　关于上述步骤（1），具体地，基于卷积神经网络的结构安全评估主要包括结构评价集和指标体系的建立、评价指标权重分析以及安全评估模型的建立三个方面。

1. 评价集和指标体系构建

　　评价集是关于结构安全状况"优""劣"的描述，是评价指标所属等级的集合。本节将工程结构状况划分五个等级，分别为I级（安全）、II级（较安全）、III级（基本安全）、IV级（较危险）、V级（危险），因此评价集$\Theta = \{I, II, III, IV, V\}$。评价集中的安全状态通过安全系数来直观地进行描述，安全系数取值范围为$[0, 1]$，是安全状态的数值体现。在建立好评价集后，需要设计一种衡量结构是否正常与安全的数值界限，用来反映结构处于评价集所描述的5种状态的界限值，一般参考相关规范、专家评价以及工程经验等确定。

2. 评价指标权重分析

　　通过计算得到评价指标的安全系数后，需要根据该层评价指标对上层评价指标影响的大小对其赋值，并进行综合计算才能得到上一级评价指标的安全系数。例如，可以采用PCA法进行权重分析，然后通过正交变换把多个相关的评价指标转换为几个不相关的评价指标，定量地描述交互指标在整个系统中的贡献量，并根据贡献量的大小来识别各个评价指标的权重值。

3. 基于卷积神经网络的安全评估模型建立

　　结构安全状态评估可以转换为评价特征空间的映射问题，而卷积神经网络具有良好的非线性映射能力，可以实现对多维空间的任意映射。其中，输入层节点的选择，即各项评价指标的原始观测数据，对于网络模型的建立极为重要，根据不同的结构对象、结构形式等因素进行针对性确定；输出层节点为结构的安全系数；隐藏层（卷积层–下采样层对数、全连接层等）可根据具体对象进行试错法优化调整确定。结构的安全系数由判断底层评价指标的安全系数开始，结合各层评价指标对其上层评价指标安全系数的权重值进行逐层综合计算而得。

在确定结构安全评估模型的卷积神经网络结构后，便可对输入样本集进行训练，经过反复学习使得网络实现一定的输入输出映射对应关系并具备良好的学习能力，进而达到结构安全评估的目的。

7.4 基于证据理论的结构安全评估方法

7.4.1 证据理论概述

D–S证据理论起源于20世纪60年代，由美国哈佛大学数学家Dempster基于上下限概率提出，Dempster的学生Shafer对证据理论做了改进，通过引入信任函数概念，将其发展成为一套基于"证据"和"组合"来处理不确定性推理问题的数学方法[245]。

作为一种不确定性精准推理方法，D–S证据理论是一种简洁的融合结果分析与决策方法，最大优势是其计算不需要任何的先验知识，可以很好地解决"不确定性"和"先知"等重要问题。它是在考虑决策问题中的不确定性的基础上[246]，建立证据体信任分配，然后通过融合规则得到决策结果。其基本策略是把证据集合划分为若干不相关的部分，并分别利用它们对识别框架进行独立判断，然后利用组合规则将它们组合起来[247]。

1. 识别框架

设 Θ 是一个互斥的非空有限集合，称其为识别框架。在识别框架下，包含对事件进行判断的所有可能假设。

2. 基本可信度分配

给定一个识别框架 Θ，集函数 m 是 Θ 的幂集 2^{Θ} 上的一个映射 $m:2^{\Theta}\rightarrow[0,1]$，满足 $m(\phi)=0$ 且 $\sum_{X\subset\Theta}m(X)=1$，称 m 为 Θ 的基本可信度分配（Basic Probability Assignment，BPA），$\forall X\subset\Theta$，$m(X)$ 称为 X 的基本可信数或Mass函数，它反映了对 X 本身的精确信度大小。

若$X \subseteq \Theta$且$m(X)$存在，则称X为证据的焦元（Focal Element）。

3. 信任度函数

给定一个识别框架Θ，集函数$m: 2^\Theta \to [0,1]$为识别框架Θ上的基本可信度分配，则

$$Bel(X) = \sum_{Y \subseteq X} m(Y) \qquad \forall X, Y \subseteq \Theta \qquad （7-26）$$

定义的函数$Bel: 2^\Theta \to [0,1]$为识别框架Θ上的信任度函数（Belief Function）。从定义可以看出，$Bel(X)$表示对X所有子集的精确信任度总和，也可解释为对X的总信任程度，表示该命题所有前提本身提供的支持度总和。

4. 似真度函数

给定一个识别框架Θ，$Bel: m: 2^\Theta \to [0,1]$为识别框架$\Theta$上的信任度函数，则

$$Pls(X) = 1 - Bel(\overline{X}) \qquad \forall X, \overline{X} \subseteq \Theta \qquad （7-27）$$

需要说明的是，基本可信度$m(X)$、信任度函数$Bel(X)$、似真度函数$Pls(X)$都是彼此唯一确定的，是同一证据的不同表示。信任度函数与似真度函数之间的关系如图7-3所示。

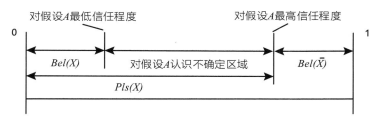

图7-3　信任度函数与似真度函数的关系[248]

7.4.2　基于证据理论的结构安全评估方法

D-S证据理论作为研究不确定性决策与推理问题的重要工具，能处理具有模糊和不确定信息的多个可能冲突的数据融合问题[249, 250]，目前已经广泛运用在状态监测、专家系统、故障诊断、健康评价等多个领域中，但其运用的难点是基本可信度分配的确定，目前主要依据专家经验获得，具体融合过程如图7-4所示。

步骤1：识别框架构建

构建结构安全评估指标体系，并划分$C_k (k = 1, 2, \cdots, n)$个等级状态，则构建的识别框架$\Theta = \{C_1, C_2, \cdots, C_n\}$。

步骤2：BPA获取及证据框架构建

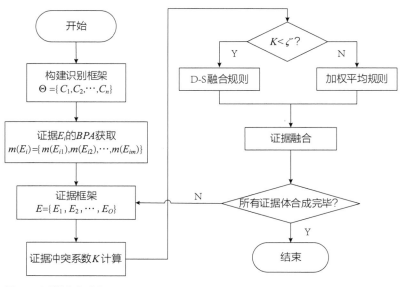

图7-4　证据融合过程

依据工程实际、专家经验或其他隶属度获取方法，计算每条证据 E_i $(i=1,2,\cdots,n)$ 下对每个 C_k $(k=1,2,\cdots,n)$ 等级状态的BPA分配，则由 O 条证据构成的证据框架为 $E=\{E_1,E_2,\cdots,E_O\}$。

步骤3：冲突检测

设 m_i，m_j 是两证据的基本可信度分配，对应焦元分别为 X_1，X_2，L，X_n 和 Y_1，Y_2，L，Y_n，按式（7-29）计算冲突系数 k，若 $0\leqslant k<1$，表明证据不冲突，且在此范围内，k 值越大，证据冲突程度越大，直接用Dempster组合规则对两个证据进行融合处理，如式（7-28）；反之 $k=1$ 表示证据完全冲突，需进行下一步。

$$m(A)=\begin{cases}\dfrac{\sum\limits_{A=X}m_i(X_1)m_j(Y_2)}{1-k} & X\neq\phi \\ 0 & X=\phi\end{cases} \tag{7-28}$$

$$A=X_1\cap X_2$$

$$k=\sum_{A=\phi}m_i(X_1)m_j(Y_2) \tag{7-29}$$

步骤4：证据权重计算

基于证据源的BPA及其焦元属性，根据欧式距离函数[251]计算两证据体 m_i 和 m_j 间的距离，如式（7-30）所示，各证据之间的距离构成一个距离矩阵 D，定义证据体 m_i 和 m_j 的相似测度 Sim_{ij} 如式（7-31），证据体 m_i 的支持度 $Sup(m_i)$ 为式（7-32），将 $Sup(m_i)$ 归一化定义为证据 m_i 的权重。

$$d_{ij} = \left| E_i - E_j \right| = \sqrt{\overline{\sum_{k=1}^{n} \left[m_i(A_k) - m_j(B_k) \right]^2}} \qquad (7-30)$$

$$Sim(m_i, m_j) = 1 - d_{ij} \qquad (7-31)$$

$$Sup(m_i) = \sum_{j=1, j \neq i}^{n} Sim(m_i, m_j); \quad i, j = 1, 2, \cdots, n \qquad (7-32)$$

$$W(m_i) = Sup(m_i) \Big/ \sum_{j=1}^{n} Sup(m_j); \quad i, j = 1, 2, \cdots, n \qquad (7-33)$$

步骤5：证据替换

按式（7-34）计算证据源的加权评价证据替换未冲突证据，按式（7-35）计算平均证据替换冲突证据。再次检测，若冲突按步骤3~5再次替换，不冲突依据式（7-28）融合。

$$\tilde{m}_i = W(m_i) \times m_i \qquad (7-34)$$

$$\bar{m}_i = 1 \Big/ \sum_{i=1}^{n} \tilde{m}_i \qquad (7-35)$$

步骤6：证据合成

依次进行两两证据的融合直至此次融合结束。定义m为不确定性系数，计算入式（7-36），m越小说明融合的不确定性越小，可信度越高。

$$m = 1 - \sum_{i=1}^{n} m(X_i) \qquad (7-36)$$

步骤7：多级融合

在一层融合结束之后，将融合结果作为该证据的基本可信度分配，按步骤3~6步再次进行融合，如此反复至多层融合。

7.4.3　实证分析

（1）按上述步骤，构建的指标体系及基于D-S证据理论的两级融合模型如图7-5所示。并划分五个风险等级，分别为I级（安全）、Ⅱ级（较安全）、Ⅲ级（基本安全）、Ⅳ级（较危险）、V级（危险），则$\Theta = \{I, Ⅱ, Ⅲ, Ⅳ, V\}$。

（2）利用1~5号共五段隧道全套监测数据计算局部病害、结构耐久性、渗透水、外部环境、其他五个指标相对于各个等级的隶属度，并将其进行累加、归一化等操作，转化为该指标对各等级的精确信度，即D-S证据理论中的BPA分配，该基本可信度分配是后期进行多传感器作用下运营地铁结构健康风险状态多源多级融合的基础。

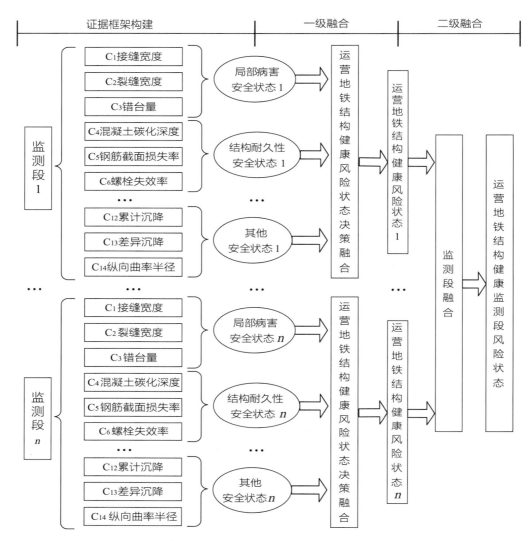

图7-5　基于D-S证据理论的多传感器信息融合模型

　　现以2号区段为例，计算结果列于表7-1，加粗数字为五个等级对应数字中最大的数字，表示目前该套监测值隶属于该等级的程度最高，亦表示该套监测值隶属于该等级的精确信度越大，m为不确定性系数，由式（7-28）计算所得。可看到区段2中结构耐久性、渗透水、其他目前处于等级Ⅰ（安全），局部病害目前处于等级Ⅱ（较安全），外部环境目前处于等级Ⅲ（基本安全）。

　　（3）基于D-S证据理论两级融合评价

　　1）运营地铁结构健康风险状态决策融合

　　按式（7-29）计算冲突系数，得到两两证据体之间的冲突系数均在0～1之间，因此证据之间不冲突。按照式（7-28）对证据体进行两两融合，针对1～5号监测

	I	II	III	IV	V	m	等级
局部病害	0.202	**0.448**	0.178	0.136	0.036	0.202	II
结构耐久性	**0.469**	0.295	0.143	0.091	0.002	0.469	I
渗透水	**0.373**	0.205	0.159	0.156	0.107	0.000	I
外部环境	0.010	0.199	**0.481**	0.201	0.109	0.000	III
其他	**0.396**	0.317	0.173	0.095	0.019	0.000	I

区段的监测值以及多传感器信息融合模型（图7-5），分别将局部病害和结构耐久性作为证据体融合、融合结果与渗透水融合、该结果与外部环境融合、最后结果再与其他指标进行融合，进而得到整套监测值下地铁结构健康风险状态，具体结果如表7-2所示。

运营地铁结构健康风险状态决策融合结果　　　　　　　　　　　表7-2

区段	I	II	III	IV	V	m	所属等级
1号	**0.804**	0.168	0.028	0.000	0.000	0.804	I
2号	0.062	**0.769**	0.152	0.017	0.000	0.000	II
3号	**0.828**	0.086	0.079	0.007	0.000	0.828	I
4号	0.104	0.184	**0.434**	0.163	0.115	0.104	III
5号	**0.925**	0.028	0.034	0.014	0.000	0.925	I

从表7-2可看到1号、3号和5号目前处于等级 I（安全），2号处于等级 II（较安全），4号处于等级 III（基本安全），这五个区段均未处于明显的危险状态，但4号的风险状态较其他区段较大，需要重点注意。

2）监测区段融合

将1～5号五个监测区段作为五个证据体，运营地铁结构健康风险状态决策融合的结果作为各证据体的基本可信度分配，按式（7-28）对证据体进行两两融合，即1号与2号融合，其结果与3号融合，结果与4号融合，最后的结果与5号融合，依次融合可以得到这整条监测区段的结构健康风险状态，具体如表7-3所示。从所选取的监测点来看，目前该监测区段运营地铁结构健康风险状态处于等级 I，为安全状态，但随着运营年限的增长及外界环境的恶化，该地铁的结构状态后期必会逐渐恶化，因此必须采取有效措施缓解当前地铁结构健康状态。

指标	I	II	III	IV	V	m	所属等级
局部病害	0.860	0.133	0.007	0.000	0.000	0.000	I

监测区段融合结果　　　　表7-3

7.5　基于可拓云的结构安全评估方法

7.5.1　概述

1. 可拓学

1983年，广东工业大学的蔡文研究员发表了论文《可拓集合和不相容问题》，创立了新学科"可拓学"。可拓学主要研究事物的可变性，包括变化的条件、途径、规律和方法，通过物元将质与量有机结合起来，从定性与定量两个角度研究解决矛盾或不相容问题规律和方法。根据中国科学院吴文俊院士和中国工程院李幼平院士为首的鉴定委员会对"可拓论及其应用研究"的鉴定，认定《可拓论及其应用研究》总结古往今来种种矛盾现象的表现与处理方法，经过形式化、逻辑化与数学化，形成一门原创性的学问。

（1）可拓表示

可拓理论以物元为基本逻辑细胞，把客观世界的矛盾问题当成可拓物元之间的关系问题来处理，从定性与定量的角度综合考虑事物的量变与质变[252]。物元用来描述事物的基本元，一般包括事物、特征名和相应的量值的有序三元组，可表达为 $R=(N,X,V)$，其中，N 表示事物名称、X 表示事物特征，V 表示该事物特征的量值。事物 N 如有多个特征，可以用 n 个特征 X_1，X_2，$\cdots$，X_n 及相应量值 v_1，v_2，$\cdots$，v_n 来描述，如式7-37所示。

$$R=[N,X,V]=\begin{bmatrix} N & X_1 & v_1 \\ & X_2 & v_2 \\ & \vdots & \vdots \\ & X_n & v_n \end{bmatrix}=[N \quad X_i \quad v_i], \quad i=1,2,\cdots,n \qquad （7-37）$$

（2）节域与经典域

为了描述事物具体特征属性各个区间的取值相对于整个取值界限内的相对位置关系，可拓理论提出了节域与经典域的概率。其中，具体指标的整个取值界限范围称为节域，其单个属性区间称为经典域。节域反映了事物各特征相应量值的全部范围，用 $R_p=\left(N_p,X,V_p\right)$ 表示，如式（7-38）所示，其中，$v_{pi}=\left\langle a_{pi},b_{pi}\right\rangle (i=1,2,\cdots,n)$ 表示事物 N_p 关于特征 X_i 的量值的全部范围；而针对每个特征 X_i 又可以根据实际情况划分为各个不同的评价类别。经典域反映了各个评价类别关于对应的评价指标所取的数据范围，用$R_j = (N_j, X, V_j)$表示，如式（7-39）所示，其中，$v_{ji} = \langle a_{ji}, b_{ji} \rangle \ (i = 1, 2, \cdots, n)$表示事物$N$的第$j$个类别$N_j$关于特征$c_i$的量值范围。

$$R_p = (N_p, X, V_p) = \begin{bmatrix} N_p & X_1 & v_{p1} \\ & X_2 & v_{p2} \\ & \vdots & \vdots \\ & X_n & v_{pn} \end{bmatrix} = \begin{bmatrix} N_p & X_1 & \langle a_{p1}, b_{p1} \rangle \\ & X_2 & \langle a_{p2}, b_{p2} \rangle \\ & \vdots & \vdots \\ & X_n & \langle a_{pn}, b_{pn} \rangle \end{bmatrix} \quad (7\text{-}38)$$

$$R_j = (N_j, X, V_j) = \begin{bmatrix} N_j & X_1 & v_{j1} \\ & X_2 & v_{j2} \\ & \vdots & \vdots \\ & X_n & v_{jn} \end{bmatrix} = \begin{bmatrix} N_j & X_1 & \langle a_{j1}, b_{j1} \rangle \\ & X_2 & \langle a_{j2}, b_{j2} \rangle \\ & \vdots & \vdots \\ & X_n & \langle a_{jn}, b_{jn} \rangle \end{bmatrix} \quad (7\text{-}39)$$

（3）可拓集与可拓关联函数

为了实现定性概念的定量转化，常规采用精确集（Cantor Set）或模糊集（Fuzzy Set）加以描述。其中，精确集采用0或1表示特定事物是否属于该定性概念；模糊集不仅能反映特定事物是否属于该定性概念，同时采用隶属函数表明特定事物属于该定性概念的具体隶属程度，该隶属程度通常用区间［0，1］的某个值表示；可拓集将传统的模糊集从［0，1］延伸至（−∞，+∞）[253]，用于解决传统精确集与模糊集不能解决的矛盾问题[254]。可拓集与传统精确集和模糊集的比较见表7-4。

精确集、模糊集与可拓集之间的关系 表7-4

比较项	精确集	模糊集	可拓集
模型	数字	模糊模型	物元模型
描述函数	转化值	隶属度	关联函数
描述值	精确值	模糊值	可拓值
量值范围	{0，1}	［0，1］	（−∞，+∞）

为了解决不相容问题（即描述点与某区间的位置关系），可拓理论提出了关联函数的概念，定义如下：设$V_0 = \langle a, b \rangle$，$V = \langle c, c \rangle$且$V_0 \subset V$且无公共端点的条件下，令$K(x)$为$x$关于区间$V_0$和$V$的关联函数，其表达如式（7-40）所示。该关联函数在$x = \dfrac{a+b}{2}$处取最大值，其图像可表示为一分段线性函数，如图7-6所示。姜洲等[249]

提出采用这种关联函数可计算反映可拓物元是否处于正域、反域或零域。

$$K(x) = \begin{cases} -\dfrac{x-b}{d-b}, & x > b \\ \min\{x-a, b-x\}, & a \leqslant x \leqslant b \\ -\dfrac{a-x}{a-c}, & x < a \end{cases} \qquad (7-40)$$

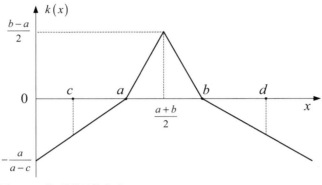

图7-6 可拓关联函数表示

2. 云模型

目前对知识和推理的不确定性研究主要分为模糊不确定性和随机不确定性两个方面，其中，概率论能够很好表示与处理随机不确定性，主要用于对随机现象的不确定性表示与推理；模糊集理论使用隶属度来表现模糊现象的亦此亦彼性，已成为处理模糊不确定性的主要工具。然而，一旦将模糊的概念强行用精确的数字来表述，模糊集理论表现出一定程度的不彻底性。云模型是在概念论与模糊集理论相互渗透的基础上，通过构造特定的算法，形成定性概念与定量表示之间的不确定转换模型，并揭示了随机不确定性和模糊不确定性的内在关联。

（1）云模型概念

云模型是用语言值描述的某个定性概念与其数值表示之间的不确定性转换模型[255, 256]。设U是一个论域$U = \{x\}$，T是与U相联系的语言值。U中的元素x对于T所表达的定性概念的隶属度$C_T(x)$（或称x与T的相容度）是一个具有稳定倾向的随机数，隶属度在论域上的分布称为隶属云[224]。$C_T(x)$在［0，1］中取值，云是从论域U到区间［0，1］的映射，即$C_T(x): U \rightarrow [0,1], P_X \in U, x \rightarrow C_T(x)$。

云模型的数字特征是表示其数学特性实现云计算的数值基础，可用三个数值来表示，分别是期望值E_x（Expected Value）、熵E_n（Entropy）、超熵H_e（Hyper Entropy）。这三个数字特征将事物的模糊性和随机性关联在一起，构成定性概念与定量值之间的不确定性映射。若x满足$x \sim N(E_x, E_n'^2)$，其中，E_n'是以E_x为期望值，以H_{eij}为标准差所产生服从正态分布的随机数，$E_n' \sim N(E_n, H_e^2)$，对于定性概念C的确定度满足式（7-41），则x在论域U上的分布称为正态云。由于正态云模型在定性知识表示中具有相当的普适性，目前已在知识发现[257]、智能控制以及决策分析[258]等领域得到了广泛的应用并取得了良好的效果。

$$\mu_C(x) = e^{\frac{-(x-E_x)^2}{2E_n'^2}} \tag{7-41}$$

式中：$x \in U$，且x是以E_x为期望，E_n'为方差的一个正态随机数：$x \sim N(E_x, E_n'^2)$，而E_n'是E_n为期望，H_e^2为方差的一个正态随机数，即$E_n' \sim N(E_n, H_e^2)$。以"隧道埋深"这一因素为例，该因素在描述地铁盾构施工对邻近建筑物破坏影响上起着重要作用。从大多数专家的经验判断来看，"10～14m"可以用来描述"隧道埋深较浅"这一定性概念，但"10～14m"并非绝对精确，仍然存在一定的模糊随机不确定性，个别专家可能认为稍低或稍高仍然在这一定性概念的范畴内。图7-7通过云模型模拟了4000个专家的经验判断，其中，该云模型的三个参数分别是$E_x = 12$，$E_n = 0.67$，$H_e = 0.3$以及$n = 40000$。很明显，该云模型的云滴主要集中在$[E_x - 3E_n, E_x + 3E_n] = [10，14]$，即所谓的"$3E_n$原则"[259]。

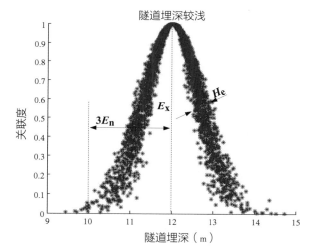

图7-7 "隧道埋深较浅"定性概念的云模型表示

（2）云发生器

云发生器是云图的生成算法，用于建立定性概念与定量描述之间的相互联系、相互转换的映射关系。按照转换方向来看，云发生器可以分为正向云发生器与逆向云发生器：正向云发生器是从定性到定量的映射，实现从定性概念信息中获得定量数据的范围和分布规律，是一个前向直接的过程，如图7-8（a）所示，其具体生成算法见算法1；逆向云发生器与正向云发生器的方向正好相反，是将大量数据有效转换为以数字特征（E_x，E_n，H_e）表示的定性概念，是一个逆向、间接的过程，如图7-8（b）所示，其具体生成算法见算法2。

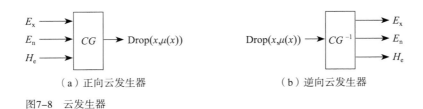

（a）正向云发生器　　　　　　　　　　　（b）逆向云发生器

图7-8　云发生器

算法1：正向云发生器算法

输入：定性概念的数字特征（E_x，E_n，H_e）和云滴数N

输出：N个云滴x及其关联度

算法：

1. 生成期望值为E_n、标准差为H_e的正态随机数E_n'
2. 生成期望值为E_x、标准差为E_n'的正态随机数x
3. 计算的值$y = \exp\left(\dfrac{-(x - E_x)^2}{2E_n'^2}\right)$，$(x, y)$即为数域中的一个云滴
4. 重复1～3中的操作，直到生成n个云滴为止

算法2：逆向云发生器算法

输入：N个云滴样本点x_i（$i=1, 2, \cdots, N$）

输出：反映定性概念的数字特征（E_x，E_n，H_e）

算法：

1. 计算样本点的均值$\overline{x} = \dfrac{1}{N}\sum\limits_{i=1}^{N}x_i$与方差

$$S^2 = \frac{1}{N-1}\sum_{i=1}^{N}(x_i - \overline{x})^2$$

2. $E_x = \overline{x}$

3. $E_n = \sqrt{\dfrac{\pi}{2}} \times B$

4. $H_e = \sqrt{S^2 - E_n^2}$

（3）云计算

云模型的计算规则是利用云模型进行计算分析的数学基础。与普通的代数运算不同的是，云模型的运算规则较为复杂，其加减乘除的运算涉及期望值E_x、熵E_n以及超熵H_e的计算。假设给定论域上云C_1（E_{x1}，E_{n1}，H_{e1}）、C_2（E_{x2}，E_{n2}，H_{e2}），C_1和C_2算术运算的结果为C（E_x，E_n，H_e），其具体的运算规则如表7-5所示。表7-5中，云模型运算所涉及的云计算必须在同一论域下才有意义。当其中某云的熵和超熵均为0，上述运算转化为云与精确数值的运算。

云模型运算规则　　　　　　　　　　　　　　　　表7-5

算法	E_x	E_n	H_e
加	$E_{x1} + E_{x2}$	$\sqrt{E_{n1}^2 + E_{n2}^2}$	$\sqrt{H_{e1}^2 + H_{e2}^2}$
减	$E_{x1} - E_{x2}$	$\sqrt{E_{n1}^2 + E_{n2}^2}$	$\sqrt{H_{e1}^2 + H_{e2}^2}$
乘	$E_{x1} \cdot E_{x2}$	$E_{x1}E_{x2}\sqrt{\left(\dfrac{E_{n1}}{E_{x1}}\right)^2 + \left(\dfrac{E_{n2}}{E_{x1}}\right)^2}$	$E_{x1}E_{x2}\sqrt{\left(\dfrac{H_{e1}}{E_{x1}}\right)^2 + \left(\dfrac{H_{e2}}{E_{x1}}\right)^2}$
除	E_{x1}/E_{x2}	$\dfrac{E_{x1}}{E_{x2}}\sqrt{\left(\dfrac{E_{n1}}{E_{x1}}\right)^2 + \left(\dfrac{E_{n2}}{E_{x1}}\right)^2}$	$\dfrac{E_{x1}}{E_{x2}}\sqrt{\left(\dfrac{H_{e1}}{E_{x1}}\right)^2 + \left(\dfrac{H_{e2}}{E_{x1}}\right)^2}$

3. 可拓云

物元可拓模型是一种解决评价对象的模糊性、多样性以及不相容性的评价方法（蔡文等[260]，1997）。但在理论和应用上也存在不完善之处，如当指标数据超出节域时，关联函数就无法计算，进而无法进行评价等。此外，可拓理论所建立的基本物元中，具体事物的特征值V是一个具体数值，其与某定性概念关联函数的计算也是基于确定数值之间的计算而推导的。而实际受复杂现场环境或人为因素等影响，事物特征观测值V可能是一个不确定的值。尽管存在不确定性，统计规律仍然显示，该监测值V应该在一个相对稳定的范围，且服从某种分布（随机性），仍然采用一个确定数值建立物元并计算关联函数显然是不够完善的。另一方面，具体事物经典域的界限划分是一个模糊性问题，当前主要基于专家经验，没有考虑实际数据的分布规律。由此可见，传统的基于可拓理论的评价被视为一个确定的数学模型，没有考虑事物具体特征值的随机性与经典域界限划分的模糊性，容易造成实际计算结果存在偏差。

云模型通过熵E_n表示定性概念的模糊程度，通过超熵H_e反映样本出现的随机性，能够有效反映知识表达中关于定性概念的模糊性和随机性。云模型的知识表达和不确定性推理为地铁盾构施工环境中邻近建筑物的安全分析与评价提供了新的思路。结合可拓学与云模型的各自优点，提出采用云模型对经典可拓理论中无法考虑的模糊随机不确定性进行统筹处理，用云模型代替事物特征值V，以云物元的形式有效处理安全风险等级界限值的模糊性和随机性，云物元的表达如式（7-42）所示。这样有助于实现分级区间软化，保障最终评价结果的准确性与可靠性。

$$R = [N, X, V] = \begin{bmatrix} N & X_1 & (E_{x1}, E_{n1}, H_{e1}) \\ & X_2 & (E_{x2}, E_{n2}, H_{e2}) \\ & \vdots & \vdots \\ & X_n & (E_{xn}, E_{nn}, H_{en}) \end{bmatrix} \qquad （7-42）$$

在可拓云理论计算中，关联度揭示了待评对象与定性概念之间的相对距离，基于云物元模型的关联度计算可以分为以下两种情况：

（1）数值与云物元之间的关联度。首先，产生一个均值为E_n、标准差为H_e的正态随机数E_n^1。假设某数值为x，x属于这个云模型的关联度为y，则（x，y）为该云模型上云滴，其中，关联度y的计算公式如式（7-43）所示。

$$y = \exp\left(\frac{-(x - E_x)^2}{2E_n'^2} \right) \qquad （7-43）$$

（2）云物元与云物元之间的关联度。通过云生器生成的云图存在如下分布规则：99.74%的云滴落在（E_x-3E_n，E_x+3E_n）之间，也称为$3E_n$法则。假设两个云物元$Y_1=(E_{x1}-3E_{n1}$，$E_{x1}+3E_{n1})$和$Y_2=(E_{x2}-3E_{n2}$，$E_{x2}+3E_{n2})$，将区间看作一个集合，则两个云物元Y_1和Y_2的共有部分和非共有部分分别用N和M表示，其关联度y的计算公式如式（7-44）所示。

$$\begin{cases} N=\left\{(E_{x1}-3E_{n1}，E_{x1}+3E_{n1})\right\}\cap\left\{(E_{x2}-3E_{n2}，E_{x2}+3E_{n2})\right\} \\ M=\left\{(E_{x1}-3E_{n1}，E_{x1}+3E_{n1})\right\}\cup\left\{(E_{x2}-3E_{n2}，E_{x2}+3E_{n2})\right\} \\ y=|N|/|M| \end{cases} \quad （7-44）$$

7.5.2 基于可拓云的安全预评价不确定性推理方法

地铁盾构施工诱发邻近建筑物安全是一个复杂的多层次、多指标评定问题，利用可拓云进行综合评价过程中，一方面借助云模型对评价指标进行云化处理，构建评价指标的云模型；同时，利用可拓云中的关联函数对待评对象符合对应评价等级的关联程度进行定量计算，并结合权重分布，计算并确定待评对象的最终风险等级。基于可拓云的安全评价不确定性推理主要包括以下四个步骤：

1. 评价指标云化

事实上，评价指标分类等级约束区间的边界值具有较大的随机性和模糊性，有必要利用云模型还原等级区间界限设计中存在的不确定性。在此，通过区间数与正态云模型的转换关系式计算出评价指标云模型的期望值E_x、熵E_n、超熵H_e。各项评价指标的标准正态云模型计算公式如式（7-45）所示，其中，s为常数，可根据相应指标的不确定性和实际情况进行调整。由此，可以得到结构安全评估各项指标的标准正态云模型数值。

$$\begin{cases} E_x=\dfrac{C_{max}+C_{min}}{2} \\ E_n=\dfrac{C_{max}-C_{min}}{6} \\ H_e=s \end{cases} \quad （7-45）$$

2. 评价指标权重设计

为确定待评物元的安全综合等级，有必要明确各物元评价指标的权重值。评价指标权重的取值往往对评价结果有较大影响，确定合理的评价指标权重对风险的综合评价至关重要。通常采用的常权设计方法（如层次分析法、德尔菲法等）受评判专家主观影响较大，且难以体现评价对象在综合评价中的主动参与。考虑到拟建的邻近建筑物安全评价指标体系中，既有定量指标，又有定性指标，而且各指标的特点各不相同，为了减少确定评价指标权重时的主观性及体现评价对象在综合评价中的主动参与，运用变权理论确定指标的权重。

变权理论是基于因素空间理论提出的变权综合模型，反映指标值在取不同值时其权重值会发生变化，体现了评价对象在指标权重设计中的主动参与[261]。变权理论提出以后得到了许多专家和学者的关注与发展完善，并在道路安全[262]、电力工程建设[263]、项目风险等[264]评价领域广泛应用。相对于常权理论而言，变权理论在确定权重中主要有以下三个方面优势：1）变权理论在确定指标权重中考虑了客观的指标值；2）变权理论能够很好地避免因指标复杂造成"状态失衡"导致评价公正性和有效性缺乏的问题；3）利用变权理论可对评价指标进行敏感性分析，进而辨识评价对象的敏感性指标。

利用变权理论确定指标权重时，一般包括以下三个步骤：1）首先确定常权权重向量，利用层次分析法确定各指标常权；2）根据各指标值的实际情况计算局部变权向量，如式（7-46）和式（7-47）所示；3）根据得到的常权向量以及局部变权向量计算综合权重，全部权重值计算结果构成地铁盾构施工诱发邻近建筑物安全评价指标的权重矩阵 W，如式（7-48）所示。

$$S_k(X) = \begin{cases} b^{\frac{1}{mW_k^0}} + d & X_k \in [0,a] \\ \left[\dfrac{b(b-X_k)}{b-a}\right]^{\frac{1}{mW_k^0}} + d & X_k \in (a,b] \\ d & X_k \in (b,c] \\ \left[\dfrac{bf(X_k-c)}{1-c}\right]^{\frac{1}{mW_k^0}} + d & X_k \in (c,1] \end{cases} \quad （7-46）$$

$$W_i(u) = W_i^0 \times S_i(u) / \sum_{k=1}^{m} W_k^0 S_k(u) \quad (k=1,2,3,\cdots,m) \quad （7-47）$$

$$W = \left[W_1(u), W_2(u), \cdots, W_n(u)\right]^{\mathrm{T}} \quad （7-48）$$

式中， m 为指标的个数， $W_k^0(k=1,2,3,4,\cdots,14,15)$ 为第 k 个指标的常权权重，$a,b,c,d,e \in [0,1]$，称 a 为否定水平， b 为及格水平， c 为激励水平， d 为调整水平， f 为当 $W_k^0 = 1/m$ 时激励与惩罚幅度之比。

3. 评价对象关联度计算

关联度反映了某待评对象指物元取某一量值时符合相应评价等级规定取值范围的程度，是可拓云综合评价过程中的关键内容。首先，将待评对象用P表示，p_i（$i=1,2,n$）为待评对象P关于第i项评价指标c_i的量值，即待评对象各指标的实际值，如式（7-49）所示。

$$P = (N, X, V) = \begin{bmatrix} N & X_1 & p_1 \\ & X_2 & p_2 \\ & \vdots & \vdots \\ & X_n & p_n \end{bmatrix} \quad (7-49)$$

利用可拓云评价方法过程，可以直接利用原始数据，省去了数据的归一化处理过程，避免了可能出现的信息丢失。第i项指标实测值p_i可被视为一个云滴，其与该指标位于第j级安全等级的正态可拓云模型（E_{xij}, E_{nij}, H_{eij}）之间的关联度用q_{ij}（$i=1$, 2, 3, $\cdots n$；$j=1, 2, 3, 4, 5$）表示，如式（7-50）所示。其中，E_{nij}^{1}是以E_{xij}为期望值，以H_{eij}为标准差所产生服从正态分布的随机数。Q表示待评对象的关联度矩阵，如式（7-51）所示。由于E_{nij}^{1}是通过正态云发生器产生的随机数，因此关联度矩阵Q在计算过程中存在较大的随机性，实际中往往结合Monte-Carlo仿真模拟通过多次重复运算加以消除。

$$q_{ij} = \exp\left(-\frac{(p_i - E_{xij})^2}{2(E_{nij}^{'})^2}\right) \quad (7-50)$$

$$Q = \begin{bmatrix} q_{11} & q_{12} & \cdots & q_{15} \\ q_{21} & q_{22} & \cdots & q_{25} \\ \vdots & \vdots & \vdots & \vdots \\ q_{n1} & q_{n2} & \cdots & q_{n5} \end{bmatrix} \quad (7-51)$$

4. 评价对象安全风险等级确定

结合地铁盾构施工诱发邻近建筑物安全评价指标的权重矩阵W及待评对象的关联度矩阵Q，通过公式（7-52）可得到待评对象的评判向量B。利用加权平均法得出待评对象的综合安全评判等级K，并按[0，1]、（1，2）、（2，3）、（3，4）、（4，5]五个等级分别判定为等级1，2，3，4，5。评判等级的计算公式如式（7-53）所示，其中，f_j（$j=1,2,3,4,5$)是待评对象处于安全等级j的评判得分值，安全等级1~5对应的分数依次取值为1，2，3，4，5。实际计算过程中，K可能不是整数，通过进一法得到待评对象的安全等级。如$K=3.1$，则说明该对象所处的安全等级为4级，但仍有一定的趋势偏向于3级。

$$B = W \times Q = \left[b_1, b_2, \cdots, b_5 \right] \qquad (7\text{-}52)$$

$$K = \frac{\sum_{j=1}^{5} (b_j \times f_j)}{\sum_{j=1}^{5} b_j} \qquad (7\text{-}53)$$

由前文分析，待评对象的关联度矩阵Q在计算过程中存在一定的随机性，结合Monte-Carlo进行仿真模拟，通过m次重复运算后可求得待评对象的综合安全评判等级呈现多个结果（$K_1, K_2, \cdots, K_m$）。m值一般按经验可取1000，分别用式（7-54）和式（7-55）可计算求得综合安全评判等级的期望值$E_x(K)$与$E_n(K)$。其中，$E_x(K)$能够代表待评对象综合安全评判等级的平均水平，$E_n(K)$是对评价结果分散度的衡量。其值越大，评判结果越分散。在此，提出采用可信度因子θ衡量评价结果的可靠性，其计算公式如式（7-56）所示。θ值越大，表示评判结果的集中趋势越明显，可信度就越大；反之，则评判结果的可信度越小。

$$E_x(K) = \frac{K_1 + K_2 + \cdots + K_m}{m} \qquad (7\text{-}54)$$

$$E_n(K) = \sqrt{\frac{1}{m} \sum_{i=1}^{m} \left[K_i - E_x(K) \right]^2} \qquad (7\text{-}55)$$

$$\theta = 1 - \frac{E_n(K)}{E_x(K)} \qquad (7\text{-}56)$$

7.5.3 实证分析

1. 工程概况

武汉是华中地区最大的中心城市、长江中下游特大城市，拥有人口1076万（2016年数据）。为解决城市跨江交通难题，缓解长江一、二桥的交通压力，地铁2号线一期工程于2006年8月28日正式开建，全长27.985km，总投资逾200亿元，其线路走势如图7-9所示。武汉地铁2号线越江隧道是武汉地铁2号线的过长江通道，是中国首条穿越万里长江的地铁隧道，位于万里长江第一桥（武汉长江大桥）和万里长江第一隧（武汉长江隧道）之间。隧道采用双线双洞布置，起于南岸武昌区的积玉桥站，止于北岸江汉区江汉路站，呈S形。左线隧道长3098m，右线隧道长3085m，两线在江中相距约13m。受沿岸建筑物密集，江底地质及长江地下水位影响，越

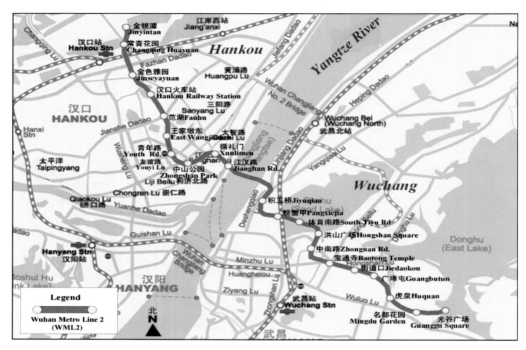

图7-9　武汉地铁2号线一期工程线路图

江段隧道工程施工期间邻近建筑物安全保护是该工程项目安全控制的重点之一。

　　针对武汉地铁2号线越江段隧道工程，对沿岸10栋临近隧道建筑物进行了调查分析，根据课题组承担的大量工程实例及数据仿真分析，对上述因素进行影响分析，总结了一些影响因素对周围建筑物安全影响的规律。同时借鉴其他学者关于地铁盾构施工影响邻近建筑物安全评价指标的分类研究成果，将邻近建筑物安全评价指标划分为"Ⅰ，Ⅱ，Ⅲ，Ⅳ，Ⅴ"5级，级别越高，反映评价指标的安全状况越差，见表7-6。

评价指标安全等级划分及其量值范围　　　　　　　　表7-6

变量	指标	描述	安全等级				
			Ⅰ（1）	Ⅱ（2）	Ⅲ（3）	Ⅳ（4）	Ⅴ（5）
隧道相关参数	X_1	隧道埋深（m）	［20，40］	［14，20）	［10，14）	［5，10）	［0，5）
	X_2	覆跨比	［3，5］	［2，3）	［1，2）	［0.5，1）	［0，0.5）
	X_3	隧道直径（m）	［0，5］	［5，8）	［8，12）	［12，16）	［16，20）
土体性质	X_4	摩擦角（°）	［25，45］	［15，25）	［10，15）	［5，10）	［0，5）
	X_5	压缩模量（MPa）	［40，60］	［20，40）	［10，20）	［5，10）	［0，5）
	X_6	黏聚力（kPa）	［20，25］	［15，20）	［10，15）	［5，10）	［0，5）
	X_7	泊松比	［0.4，0.5］	［0.3，0.4）	［0.2，0.3）	［0.1，0.2）	［0，0.1）

变量	指标	描述	安全等级				
			Ⅰ（1）	Ⅱ（2）	Ⅲ（3）	Ⅳ（4）	Ⅴ（5）
建筑物因素	X_8	临近水平距（m）	［30，40］	［20，30）	［10，20）	［5，10）	［0，5）
	X_9	重要程度（分）	［80，100］	［60，80）	［40，60）	［20，40）	［0，20）
	X_{10}	建筑物现状（分）	［80，100］	［60，80）	［40，60）	［20，40）	［0，20）
	X_{11}	建筑结构（分）	［80，100］	［60，80）	［40，60）	［20，40）	［0，20）
施工与管理因素	X_{12}	施工方法（分）	［80，100］	［60，80）	［40，60）	［20，40）	［0，20）
	X_{13}	管理水平（分）	［80，100］	［60，80）	［40，60）	［20，40）	［0，20）
	X_{14}	监测水平（分）	［80，100］	［60，80）	［40，60）	［20，40）	［0，20）

针对某一待评对象，结合可拓云评价方法，将地铁盾构施工环境中邻近建筑物安全综合评价等级也划分为1～5五个级别，数字越大，风险越高。根据表7-6构建的地铁盾构施工邻近建筑物安全评价指标体系，并结合专家的评价意见。隧道沿线10栋邻近建筑物的评价指标实际值如表7-7所示。

隧道沿线邻近建筑物的评价指标实际值　　　　表7-7

指标 ＼ ID	1号	2号	3号	4号	5号	6号	7号	8号	9号	10号
X_1	13.19	26.13	4.88	18.49	14.05	18.79	16.12	15.26	4.82	7.56
X_2	2.20	4.36	0.81	3.08	2.34	3.13	2.69	2.54	0.80	1.26
X_3	6.0	6.0	6.0	6.0	6.0	6.0	6.0	6.0	6.0	6.0
X_4	21	30	20	25	35	40	15	12	15	10
X_5	5.7	15.7	6.6	16.7	4.9	6.7	5.6	6.3	4.7	3
X_6	12	16	20	22	20	20	13	8	6	21
X_7	0.21	0.27	0.21	0.44	0.31	0.20	0.21	0.22	0.06	0.23
X_8	3.0	35.0	3.4	6.0	18.0	6.0	3.0	4.1	2.6	4.0
X_9	55	86	50	82	81	45	60	55	35	55
X_{10}	78	86	85	90	75	78	48	30	35	35
X_{11}	82	87	95	85	35	82	84	60	20	30
X_{12}	75	86	80	36	79	80	75	56	25	11
X_{13}	76	90	76	40	76	84	76	70	60	30
X_{14}	83	83	85	30	65	83	81	76	44	40

2. 邻近建筑物安全预评价结果分析

限于篇幅，本章仅以1号邻近建筑物为例，阐述具体的计算过程。首先，根据公式（7-50），第i项评价指标c_i处于可拓云模型第j个风险等级的关联度计算结果见Q_1，如式（7-57）所示。然后，利用提出的变权赋权法，根据公式（7-46）~式（7-48），得到各评价指标最终的综合权重矩阵$W=[0.165\ 0.207\ 0.063\ 0.080\ 0.094\ 0.021\ 0.018\ 0.020\ 0.041\ 0.039\ 0.193\ 0.031\ 0.010\ 0.018]^T$。然后，根据公式（7-52）可得到1号建筑物的评判向量$B_1 = W \times Q_1 = [0.0040\ 0.0961\ 0.0443\ 0.0735\ 0.0382\ 0.2561]$。利用公式（7-53）中的加权平均法求出1号建筑物的评价等级$K_1=3.16$。为修正待评对象的关联度矩阵Q_1在计算过程中存在的随机性，经过$m=1000$次重复运算后，可求得1号建筑物的综合安全评判等级呈现1000个结果，利用公式（7-54）~式（7-56）可得1号建筑物的综合安全评判等级可信度因子$\theta=0.99132$。

$$Q_1 = \begin{bmatrix} 0.0000 & 0.0007 & 0.2033 & 0.0000 & 0.0000 \\ 0.0000 & 0.1860 & 0.0001 & 0.0000 & 0.0000 \\ 0.0000 & 0.0000 & 0.0000 & 0.0000 & 0.8354 \\ 0.0001 & 0.8344 & 0.0000 & 0.0000 & 0.0000 \\ 0.0000 & 0.0000 & 0.0000 & 0.0979 & 0.0006 \\ 0.0000 & 0.0000 & 0.0000 & 0.8359 & 0.0000 \\ 0.0000 & 0.0000 & 0.0078 & 0.0051 & 0.0000 \\ 0.0000 & 0.0000 & 0.0000 & 0.0000 & 0.8348 \\ 0.0000 & 0.0000 & 0.3242 & 0.0000 & 0.0000 \\ 0.0015 & 0.0561 & 0.0000 & 0.0000 & 0.0000 \\ 0.0563 & 0.0015 & 0.0000 & 0.0000 & 0.0000 \\ 0.0000 & 0.3244 & 0.0000 & 0.0000 & 0.0000 \\ 0.0001 & 0.1978 & 0.0000 & 0.0000 & 0.0000 \\ 0.1103 & 0.0005 & 0.0000 & 0.0000 & 0.0000 \end{bmatrix} \qquad (7-57)$$

依此类推，按照同样的计算方式，2~10号建筑物的综合安全评判等级及其可信度因子的计算结果，如表7-8所示。针对上述结果，具体分析如下：

隧道沿线建筑物综合安全等级评价结果　　　　　　　　　　表7-8

ID	9号	10号	1号	3号	7号	8号	6号	4号	5号	2号
$E_x(K)$	4.53	4.14	3.62	3.43	3.21	3.03	2.62	2.16	2.07	1.33
θ	0.9865	0.9880	0.9881	0.9663	0.9753	0.9527	0.9702	0.9852	0.9532	0.9877
排序	1	2	3	4	5	6	8	7	9	10

（1）从风险排序来看，9号、10号建筑物在地铁盾构施工环境中存在的风险相当高，均处于5级（严重危险）。其中，9号建筑物风险偏高的原因主要在于隧道埋深很低（$X_1 = 4.86$m）以及泊松比偏低（$X_7 = 0.11$），10号建筑物风险较高的原因主要是覆跨比较小（$X_2 = 0.22$）以及距离隧道较近（$X_{11} = 1$m），均需要引起施工方的足够重视。有必要在隧道工程施工前进行现场加固实验，并结合实验数据进行加固分析优化施工方案，并制定应急预案及监控预警措施。同时，各栋建筑物综合评判等级结果的可信度因子θ均十分接近1，表明评判结果的可信度较高，进一步证明了提出方法的准确性与可靠性。

（2）总体来看，10栋建筑物中有超过6栋（包括9号，10号，7号，1号，8号，6号）所处的安全等级在4级或4级以上，表明隧道沿线上的邻近建筑物所处安全风险均较高。这跟实际情况是一致的，该工程是我国首条穿越长江的地铁隧道，可参考的成功案例经验较少，加上受长江地下水位的影响，地铁盾构施工环境相当复杂，因此，在进行风险指标评价等级划分时大多持相对保守态度，造成最后的评价结果整体相对偏高，而这对实际邻近建筑物的安全控制与保护是有利的。根据不同风险等级下建筑物的安全保护标准，针对不同风险等级的邻近建筑物，制订并落实了相应的保护与监控措施。截至2012年2月26日，整个地铁2号线按原定计划全线贯通，无一起邻近建筑物损害事故发生。

3. 不同安全评价方法比较分析

为进一步验证提出的方法的可行性，分别选用基于模糊数学理论、概率统计学及人工智能算法这三类综合评价方法的典型代表，即模糊层次分析法、密切值法和神经网络，对实例进行计算，并与提出的可拓云方法所得的计算结果进行对比分析，评价结果见表7-9。

评价等级结果比较分析

表7-9

ID	模糊层次分析法（评价等级）	密切值法（评价等级）	神经网络（评价等级）	可拓云		
				K	评价等级	θ
1号	IV	IV	IV	3.62	IV	0.9881
2号	II	II	II	1.33	II	0.9877
3号	IV	IV	IV	3.43	IV	0.9663
4号	III	III	III	2.16	III	0.9852
5号	III	II	III	2.07	III	0.9532
6号	III	III	III	2.62	III	0.9702

ID	模糊层次分析法（评价等级）	密切值法（评价等级）	神经网络（评价等级）	可拓云		
				K	评价等级	θ
7 号	IV	IV	IV	3.21	IV	0.9753
8 号	IV	IV	III	3.03	IV	0.9527
9 号	V	V	V	4.53	V	0.9865
10 号	V	V	V	4.14	V	0.9880

（1）从表7-9可知，结果与其他方法的评价结果保持一致，从而验证了采用方法的可靠性和准确性。上述四种方法中，只有可拓云与模糊层次分析法能够处理评价指标的模糊性。当处理纯客观数据时，密切值法与神经网络法在风险分析与评价中表现出较大的优势。一旦涉及主观数据，受专家知识的主观性与模糊性影响，评价结果容易产生一定程度的偏差。而事实上，由于工程项目与周围环境的复杂性以及实际数据的不充分等影响，专家经验知识在工程安全评价与管理过程中发挥着十分重要的作用。评价指标区间等级划分过程中不可避免地存在模糊不确定性，如何辨识具体的等级界限是一个复杂问题。传统的模糊层次分析法采用分段函数表征具体的等级区间，通过模糊隶属函数反映各等级区间上的模糊信息。然而，模糊隶属函数的类型、边界及参数等的选取往往由个别专家主观确定，缺乏对多专家的问询反馈及群决策的考虑，有可能影响最终计算结果的准确性与可靠性。提出的基于可拓云的风险评价方法，通过标准规范、技术手册及研究报告等先验知识获取及多轮专家问询反馈，全面考虑了工程实践经验与专家群决策，其计算结果更加接近工程实际。此外，受复杂监测环境及人为因素影响，评价指标的实际取值往往具有随机性，其监测误差符合正态分布。传统的基于模糊层次分析法、密切值法及神经网络的风险评价中均未能考虑这种随机不确定性，提出的基于可拓云的风险评价方法，通过Monte-carlo算法模拟这种随机不确定性，并采用可信度因子θ来反映评价结果的合理性与可靠性。

（2）相比于其他3种风险评价方法，提出的基于可拓学的评价方法在工程实际安全管理中表现出更大的适用性。利用模糊层次分析法评价过程中，因判断地铁盾构施工诱发邻近建筑物安全各评价指标的安全状况时，并不呈现完全的线性隶属关系，为此单独设计了38个关于评价指标的隶属度函数，且隶属度函数构建过程中易受主观因素的影响，会降低评价结果的客观性；利用密切值法和神经网络评价过程中，对训练样本的质量与数据均有较高要求，而实际积累的历史数据样本相对有限，尤其是工程领域。因此，出于结果验证方面的考虑，根据风险分级划分规则，模拟生成了5000条样本数据。很明显，在数据生成过程中存在相当大的不确定性势必影响最终结果的准确性。相对来看，基于可拓云提出的综合评价方法客观公正，不需要大量的历史数据样本，可以直接利用原始数据，且省去了数据的归一化处理过程，避免了可能出现的信息丢失。实际使用时仅需输入评价指标分级标准信息和待评对象指标实际值，即可自动得到结果。该方法计算十分简便，适用性强，具有相当大的推广价值。

7.6 本章小结

本章主要介绍了基于贝叶斯网络、深度学习、证据理论以及可拓云的结构安全评估方法。以上基于人工智能的结构安全数字化评估方法在工程领域虽然有了一定的发展，但工程结构的安全状况影响因素错综复杂，实际工程结构安全评估过程存在众多不确定性因素，为安全评估带来一定的困难。信息融合是降低安全评估过程中的不确定性干扰的有效方法之一，其本质是对多个领域专家协同解决安全诊断及评估问题的思维过程的模拟，不过多年来，结构安全诊断和评估中信息融合的研究多数集中在计算上，力求通过数值计算完成数据融合过程，但事实上，专家的思维过程并非是计算过程，更多的是推理诊断过程。确立推理规则是进行推理诊断的关键，目前基于规则推断的数据融合的研究还很少，因此如何确立具有有力的理论支撑的数据融合推理规则是目前基于信息融合的结构健康监测和安全评估所面临的挑战[265]。虽然结构健康监测及评估问题远不是仅依赖信息融合或其他某一方法能解决的，但是在利用其他领域（如智能传感技术、数据采集技术、远程通信技术、信号处理技术和其他人工智能技术等）最新研究成果的基础上，该方法的研究有望推进土木工程结构健康监测技术的不断发展。

第 8 章

结构健康体检与
安全数字化评估系统集成

8.1 引言

本书所论述的大型结构健康体检与传统健康监测是互为补充、融为一体的。本书第2、3、6、7章各种健康体检数据分析方法可用于健康监测系统中加速度、应变、位移等实时动态数据的分析；另一方面，第4章介绍的压电混凝土局部探伤技术、第5章介绍的钢结构体漏磁无损探伤技术可作为健康监测系统数据采集的一部分，也可用传统诊断评估方法予以分析。健康体检技术为健康监测系统提供更丰富的局部探伤数据，也为现有健康监测平台提供更精准的安全诊断评估方法，将有效提高大型结构安全诊断评估的精度。因此，本章基于健康体检局部探伤检测数据和整体—局部安全诊断评估方法，并融合传统健康监测数据，形成结构健康体检与安全数字化评估系统集成。

8.2 结构健康体检与安全数字化系统平台发展

随着经济建设的快速发展，我国在土木领域投入了巨大资金，规划、建设了一批令世界瞩目的大型工程，结构越来越轻柔、越来越复杂，如上海中心大楼、国家大剧院、广州新电视塔、苏通长江大桥、舟山西堠门大桥等。虽然合理保守的设计和高质量的施工是结构安全的保障，但由于结构体系本身的复杂性、模拟计算分析的近似性、材料特性的不均匀性、施工和构件加工的误差或缺陷，使得实际建成的结构与设计仍有不符。另一方面，由于环境侵蚀、材料老化和荷载的长期效应、疲劳效应等灾害因素的耦合作用将不可避免地导致结构的损伤累积，极端情况下将引发灾难性的突发事故，例如：1999年，辽宁营口海龙仓储库半跨雪荷载引起局部失稳，导致大跨度压型钢板拱形结构塌落；2009年6月27日，上海闵行区莲花南路、罗阳路口西侧"莲花河畔景苑"小区一栋在建的13层住宅楼全部倒塌，造成一名工人死亡；2004年建成不到一年的法国巴黎戴高乐机场的一座候机楼拱形顶棚坍塌，造成至少6人死亡，多人受伤；2001年，四川宜宾南门大桥桥面断裂坍塌；2007年，广东九江大桥遭运沙船撞击致垮塌；2011年7月14日上午，福建武夷山公馆大桥垮塌。

这些事故造成了重大的人员伤亡和经济损失，为保障结构的安全性、适用性与耐久性，减少重大经济损失，及时探测结构损伤情况，实时诊断结构的健康状况，并预测灾害对结构的影响，评估结构安全性能具有巨大的现实意义和经济价值。

长期以来，人们对于结构技术状况的检测评估主要是通过人工定期检测，这种

（a）上海13层住宅楼倒塌　　　　　　　（b）法国戴高乐机场候机楼坍塌

（c）宜宾南门大桥桥面断裂坍塌　　　　　（d）福建武夷山公馆大桥垮塌

图8-1　部分结构坍塌事故

方法需要大量人力、物力和财力，而且存在诸多检查盲点；主观性强，检测的结构参数难于量化；周期长、实效性差。随着传感器与测试技术、数据传输技术、数字信号处理技术、网络技术以及人工智能等技术的迅速发展，自动、连续实时监测的健康监测技术的研究与应用发展迅猛。结构健康体检数字化平台与健康监测系统类似，通过采集反应结构服役状况的局部探伤数据，通过整体—局部诊断评估方法，对结构的运营状况、安全性能进行及时有效的评估，为结构维修与管理决策提供依据和指导，保障结构的服役安全。同时，可以通过数字化平台获取的探伤数据和动静力行为来验证结构的理论模型、计算假定，改进结构设计理论，开发与实现各种结构控制技术以及深入研究大型结构的未知问题。

用于结构健康体检中的结构区域损伤智能探测技术及结构整体—局部安全诊断方法一直是国内外学者研究的重点，也是结构健康监测技术中的一个重要分支。近年来，许多大型国际会议，如国际结构控制和监测学会（IACSM）主办的结构控制和监测世界大会（WCSCM）、国际模态分析会议（IMAC）、国际结构健康监测大会（IACSM）、欧洲结构健康监测国际会议（EWSHM）、中国振动工程学会和结构抗震控制与健康监测专业委员会主办的全国结构抗震控制与健康监测学术会议、国家自然科学基金委员会（NSFC）主办的结构工程国际研讨会（ISSE）等都把结构健康体检技术作为研究和讨论的重点，对健康体检中的区域损伤智能探测技术及整体—局部安全诊断评估方法进行了广泛深入的探讨。

结构健康体检及安全评估数字化平台与传统健康监测系统平台在某些模块具有相似性，本书所介绍的系统平台借鉴了传统健康监测系统平台的一些设计思想。健康监测系统的发展较为久远，如米兰理工大学[266]为改建的梅亚查体育场搭建了一套具有领先水平的分布式结构健康监测系统，安装了多个加速度传感器、应变传感器、风速仪和视频摄像机，研究开发了结构分析评估软件，通过采集的数据对结构进行模态分析、静动力分析和腐蚀测评等分析，研究体育场长期的结构性能、变化趋势，并预报危险情况。日本的Iwaki等[267, 268]在一栋12层高的钢框架结构上布设了64个光纤光栅传感器，用以监测结构的受力和地震响应。德国在柏林新建的莱特火车站大楼有一个由几个玻璃方格组成的屋顶，要求相邻支柱的垂直位移差不超过10mm，于是该大楼安装了健康监测系统监测火车运行对结构造成的影响[269]。2002年，美国工程师在加利福尼亚理工学院米利肯图书馆大楼内安装了实时监测系统，实时评估建筑状态和性能[270]。监测系统安装了36个平衡加速度计，监测结构地震响应并将数据公布到互联网上。英国在总长552m的三跨变高度连续钢箱梁桥——Foyle桥上布设各种传感器，监测大桥运营阶段在车辆与风载作用下主梁的振动、挠度和应变等响应，同时监测环境、风和结构温度场。该系统是最早安装的较为完整的监测系统之一，它实现了实时监测、实时分析和数据网络共享。美国在休斯敦的主跨440m的Sunshine Skyway斜拉桥上安装了健康监测系统。另外，安装健康监测系统的典型桥梁还有挪威主跨530m的Skarnsundet斜拉桥、丹麦的主跨1624m的Great Belt East悬索桥、瑞士的Versoixs桥、墨西哥的Tampico斜拉桥、韩国的Youngjong桥等。

我国的结构健康监测虽然起步较晚，自20世纪80年代后才开始结合可靠性评估和安全维修鉴定进行结构损伤检测的研究，近年来由于政府和科研人员对结构健康监测的重视和大量投入，我国在健康监测领域的研究与应用方面发展迅速，取得了很大的进步。深圳市民中心大屋顶网架结构长486m、宽156m的网壳结构，大屋顶网架结构工作环境比较恶劣，风场复杂，该结构为风敏感结构体系。瞿伟廉教授主持安装了一套健康监测系统，系统安装了光纤传感器、应变片、风速仪、风压计和加速度传感器等，是世界上在体型最大和最复杂的网架结构上实现的第一个大跨度网架结构健康监测系统。大连市新体育馆为目前亚洲最大的弦支穹顶结构，最大跨度为145.4m，穹顶结构上部采用了由巨型桁架组成的主环型网架，下部采用了174根拉索，整个穹顶结构通过46个固定支座支撑于混凝土柱上。李宏男等人主持设计了结构健康监测系统，该系统包含30个三向加速度传感、88个光纤光栅应变传感器和温度传感器、36个索力传感器和36个索力温度传感器、24个支座位移传感器和24个支座倾角传感器。我国在一些大型重要桥梁上也建立了不同规模的结构监测系统，如苏通长江大桥、安徽芜湖长江大桥、福建琅岐长江大桥、贵州坝陵河大桥、武汉二七长江大桥、港珠澳大桥、香港的青马大桥等。

由于结构健康监测技术涉及多学科的理论、方法和技术相互交叉，而且工程结构的形式和使用环境十分复杂，为规范、促进、推广和指导健康监测技术理论和应用的更好发展，国内外一些国家和组织开展了对结构健康监测系统技术标准的研究与探讨。

2001年9月，加拿大新型结构及智能监测研究网络中心（Intelligent Sensing for Innovative Structures，ISIS）发布了《结构健康监测指南》。2002年，国际标准化组织（International Organization for Standardization，ISO）发布了《基于动力试验和调查测量结果的桥梁力学振动评估》的国际标准草案。2002年，美国在美国联邦公路管理局（Federal Highway Administration，FHWA）组织由Drexel大学智能基础设施与交通安全中心编写了《重要桥梁健康监测指南的范例研究》。2002年，国际结构混凝土联合会（International Federation for Structural Concrete，FIB）的任务组5.1发布了《现有混凝土结构的监测和安全评估》报告。2006年，结构评估监测与控制组织（Structural Assessment Monitoring and Control，SAMCO）在欧盟的组织下发布了《结构健康监测指南F08b》。

国内相关单位也在健康监测标准方面开展了一些研究工作，并取得了一定的成果。如住房和城乡建设部组织中国建筑科学研究院与海南建筑工程股份有限公司等主编了中华人民共和国国家标准《建筑与桥梁结构监测技术规范》。中国公路学会桥梁和结构工程分会组织中交公路规划设计院有限公司、哈尔滨工业大学等起草了中华人民共和国交通运输行业标准《公路桥梁结构安全监测系统技术规程》；建筑振动专业委员会组织大连理工大学等编写了中国工程建设协会标准《结构健康监测系统设计标准》；福建省住房和城乡建设厅组织福州大学主编了福建省工程建设地方标准《福建省城市桥梁健康监测系统设计标准》。

从当前的健康监测系统研究、应用实施以及行业标准来看，安全监测系统主要包括传感器子系统、数据采集与处理及传输子系统、损伤识别、安全评定和安全预警子系统、数据管理子系统、用户界面等子系统。上述各子系统分别在不同的硬件和软件环境下运行，分别承担安全监测系统的不同功能，它们之间协同工作，完成和实现安全监测系统对重大结构健康与安全的诊断与预警功能。健康监测系统的集成技术就是在一个公共的环境下，对各个子系统进行统一的控制和管理，使不同功能的子系统在物理上、逻辑上、功能上进行联动和协同工作，实现数据信息、资源和任务共享。

众多土木工程结构健康监测系统虽然在应对突发事件及对具有明显病状结构评估等方面发挥着积极作用，普遍存在以下难题：一是内埋传感器存活率低、耐久性差，结构中后期的安全保障无法关注；二是海量监测数据难以分析结构病状尤其是早期损伤。现有健康监测系统不分主次，对整体结构各个区域一视同仁地近乎均匀布置传感器，海量的监测数据无法提取对结构状态敏感的特征参数，导致难以准确评估结构安全状况。

本章将借鉴结构健康监测系统的模块化设计思想，研发健康体检和安全评估数字化平台。首先对结构安全评估数字化系统的总体设计，各子系统的组成、结构和功能等进行详细介绍，包括局部探伤和检测技术、数据采集与网络传输技术、数据库采集管理技术、结构安全预警与评估技术、各系统集成与界面交互技术等。

8.3 健康体检系统总体设计

土木结构健康体检系统服务于结构的安全运营状态监控和维修养护管理，其设计和构建是一个集各种先进传感技术、计算机技术、信息技术以及结构力学分析计算、结构状态评估理论于一体的综合系统工程，其总体目标是通过测量反映结构环境激励、局部探伤数据、整体状态响应的某些信息，诊断结构的工作性能和状况，及时发现结构损伤，在结构出现异常状况时及时预警，以保证结构的安全使用。传统的结构检测方法重在结构发生损伤后检查损伤的存在并采取维修加固的手段，属于被动式养护，而健康体检与监测系统不光可以探测发生的损伤，更重要的在于识别结构可能发生的损伤或灾难的条件和环境因素，评估结构性能退化的征兆和趋势，在结构出现异常时及时预警，以便采取必要的维修措施，同时可以在灾害情况下（如遭遇火灾、地震、台飓风等）利用采集的各种探伤数据对结构进行灾后性能评估，属于主动式、预防性的养护策略。因此，结构健康体检与安全数字化评估系统对于结构设计、建设、使用、维护及管理都有着重要的作用，具体来说，主要包括以下方面：

1. 确立结构关键区域，有针对性地局部探伤、评估与管养

建立大型结构的关键区域，并确定对关键区域的局部探伤与科学管养方案。通过自动化系统对关键区域进行精准探伤，并全面监测结构所处位置温湿度、风速风向等环境状况，地震动荷载等信息，结构温度、变形、应力等静力响应信息，结构动力响应信息等。数字化系统平台综合分析区域探伤数据和实时监测数据，诊断评估结构的安全状况，为结构在灾害性环境下或运营状况严重时触发预警信号，通过采取必要维修措施保障结构安全使用。

2. 对设计假定和设计荷载进行验证，为改进和完善设计规范提供依据

现代大型结构的构造和力学特点十分复杂，结构理论分析常基于理想化的有限元离散模型，有很多假定条件，计算结果与实际结构往往存在一定差别，因此在设计阶段完全掌握和预测结构的力学特性和行为是非常困难的。当然，一些静力模型试验、风洞、振动台模拟试验能更好地预测结构的动力性能并验证其安全性，然而，模型的尺寸、试验室的环境条件与现场真实的环境并不完全相符。因此，通过结构健康体检所获得的实际结构的损伤特性研究验证结构的理论模型、计算假定和设计方法具有重要意义。通过定期局部探伤信息的分析，并收集结构自然环境和结构响应参数，增进对结构在各种环境条件下的真实行为的理解，为改进类似结构设计方法和相应的国家及行业规范或标准的制定提供技术支撑和参考依据。

3. 为结构养护、维修和管理提供依据

传统的结构管理活动在很大程度上依赖于管理者和技术人员的经验，缺乏科学系统的方法，往往对结构特别是大型土木结构等缺乏全面的把握和了解，结构关键信息得不到及时采集，对结构的维护时机、维护频率、维护重点缺乏科学规划。结构健康体检与安全评估数字化系统的建成，不仅能够精准探测局部区域损伤状况，而且能够实时监控结构的关键性能参数，可对结构的损伤情况、可靠性、耐久性和承载能力进行精准智能评估，有效地掌控运营期土木结构的工作状态，为结构养护、维修和日常管理、应急管理决策提供技术支持。

4. 现场试验研究

目前大型土木结构的设计中存在很多未知问题和假定需要研究与验证，结构健康体检与精准诊断评估深入研究与开发也需要结合现场试验。结构健康体检与安全评估数字化系统可以提供有关结构行为与环境规律的最真实的信息，为上述问题提供新的契机，成为结构研究的"现场实验室"。

5. 结构运营管理的数字化，为开展结构科学管理研究提供平台

一直以来，重建设、轻养护在结构管理中表现得十分突出，通过建立结构健康体检与安全评估数字化系统，组建从设计、施工、使用管理和维修系统的、科学的结构全寿命期数字化信息化档案，为相关的单位提供了科学管理研究的平台。

8.3.1 结构健康体检系统设计原则

结构健康体检系统应当综合考虑当前监测系统设计实施与应用过程中的不足，例如现有健康监测系统强调结构整体特征数据的采集与分析，这类整体特征参数对局部损伤不敏感。结构健康体检系统应与现有健康监测系统形成互补，着重于关键区域判断、关键区域探伤、关键区域探伤数据分析及整体—局部安全诊断评估等方面的研发。除此之外，随着大数据、人工智能等技术的发展，系统设计应遵循以下原则：

（1）先进性：系统应具有技术先进性和前瞻性，充分考虑各项相关支撑技术飞速发展，结构动力损伤识别技术的进步，以及结构数字化、信息化建设管理水平和需求飞速提高，如无线监测技术、大数据技术、云计算技术等在未来的引进以及与其他结构监控的兼容合并等需求。

（2）兼容性：各种局部探伤设备传感器、数据采集仪表、通信设备、数据存储和管理以及附属设备和软件系统可协调工作、无缝衔接。

（3）稳定性：结构健康体检的实施周期长达数十年，甚至上百年，这对系统的稳定性提出了很高的要求，局部探伤设备、监测设备及其附属设施安装要保证稳固可靠，探伤、监测设备及其附属设备安装简单、不易损坏、易于缆线布置，系统具有能真实可靠地反映结构所处自然环境、使用环境以及结构响应的各项参数信息，各监测设备应处于正常工作状态，无过载超负荷等现象发生，并考虑一定的富裕度和冗余贮备，即使个别设备出现故障，系统仍能正常工作。

（4）安全性：系统应充分考虑安全性，包括物理安全、逻辑安全和安全管理。同时，系统设计实施与结构设计施工紧密结合，确保系统的实施不对结构相关构件或区域的安全性、耐久性产生影响。

（5）可扩展性：系统应采用开放的架构，可以满足未来新的发展和需求。在结构的全寿命期内，系统的架构和使用可随时便捷地根据管理部门的需要以及科技水平的发展，不断地扩充内容。

（6）可维护性：结构健康体检与安全评估数字化系统作为硬件与软件的结合

体，出现某些异常问题也存在必然性，系统维护应不破坏、损坏系统原安装方式，保证维护的简单、快捷、可恢复，并保证系统的持续性，减少系统间断时间。

（7）经济性：在保障系统的可靠性等各项要求的前提下，应适当考虑经济性，通过科学方法选择关键区域进行探伤和监测，节约投资。

（8）实用性：重点考虑系统须与结构实际养护管理的需要，能够真正用于指导结构使用并进行部分设计验证。

8.3.2　结构健康体检系统功能与构成

结构健康体检与安全评估数字化系统的核心任务与功能是定期探测关键区域局部损伤、自动监测结构使用状况下的环境荷载及结构的静动态响应，利用采集信息对结构的静力和动力使用性、安全性和耐久性进行评估，对结构异常进行识别并对结构的异常反应做出紧急预警，保证结构的安全，为结构的安全运营和管养决策提供技术支持，检验结构设计假定和参数的可靠性和准确性，修正结构有限元模型，改进结构设计分析理论。

为实现上述功能，结构健康体检与数字化安全评估系统通常由四大系统构成：自动化数据采集与传输系统、数据存储与管理系统、安全预警与评估系统和用户界面交互系统。总体构成及功能实现如图8-2所示。

1. 自动化数据采集与监测子系统

自动化数据采集与监测子系统通过科学确定关键区域和布置传感器构成的传感测试系统，按照一定的采集和传输策略，自动获取环境和结构状态数据。具备以下功能：

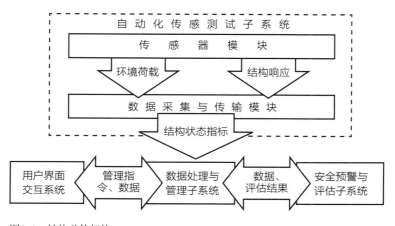

图8-2　结构总体架构

（1）向综合预警安全评估子系统提供数量和精度都满足要求的探测数据；

（2）实现数据的长期、实时、同步采集；

（3）探伤装置、传感器与采集系统长期稳定性好，自动化运行；

（4）满足便于标定、更换和维护的要求；

（5）实现故障自诊断报警、定位，并能够将故障限制在局部范围；

（6）对采集的原始探伤、监测数据进行校验及选择存储；

（7）按照既定程序或在用户干预下进行数据采集。

2. 数据存储与管理子系统

数据处理及其管理系统实现整个结构健康体检与安全评估数字化系统所有数据的平台管理工作，完成数据的归档、查询、存储和维护等操作，在系统全寿命期内统一组织与管理数据信息，为系统维护与管理提供便利，也为各应用子系统提供可靠的分布式数据交换与存储平台，方便开发与使用。该系统具备如下功能：

（1）建立与各种探伤、监测数据的数据类型、数据规模相匹配，并与其采集、预处理、后处理功能要求相适应的分布式数据存储结构，以及相应的数据交换模式，构建系统数据库；

（2）实现探伤、监测数据的预处理、分类存储以及自动备份；

（3）具有相应的软硬件安全机制，保证数据的安全，防止数据丢失或被人为恶意破坏、盗用。

3. 安全预警与评估子系统

该子系统实现根据探伤、监测数据进行结构状态与损伤识别，并综合识别的结果以及巡检结果对结构的安全使用状况进行预警评估。该子系统具备如下具体功能：

（1）对探伤、监测信号进行判断和分级预警，对报警情况进行记录；

（2）对探伤、监测数据和结果进行统计、对比分析，及趋势分析和相关性分析；

（3）能够综合各种探伤/监测数据、巡检信息和分析结果，对结构安全和使用状态进行总体评价。

4. 用户界面交互系统

结构健康体检与安全评估数字化平台的软件子系统主要提供结构探伤/监测及巡检管理的人机界面，是用户与结构健康体检系统的交互平台。通过建立在监控中心监控服务器上基于B/S架构的一系列可视化软件组件，向监控中心现场操作人员以及授权的远程客户端用户提供友好的人机交互界面，实现便捷的系统控制、探伤/监测数据立体查询和在线分析。设计该子系统具备如下具体功能和特征：

（1）提供人工巡检信息录入接口；

（2）提供集图形、表格、文字等多种形式于一体的数据信息展示方式；

（3）远程信息发布与共享，远程授权操控能力；

（4）自动化生成报告、报表生成功能。

8.3.3 施工监测与使用期健康体检系统一体化设计

大型结构在施工期多配备有施工监测系统。结构健康体检与安全评估数字化平台与施工监控系统的最根本目的都是为了保障结构的安全，所不同的只是采用方法、服务阶段和侧重点不同而已，故它们相互之间存在一定的关联性。

施工监测系统是指对施工过程结构内力和变形进行控制，保障结构施工安全，确保其最终内力和变形尽可能与设计相一致；而结构健康体检与安全评估数字化系统主要是对建成后的结构在各种荷载作用下的局部损伤状况进行监控，评估其工作状态和结构性能，保证结构使用安全。

施工监控采用部分先进的传感技术对施工阶段的结构关键部位状态进行监测，其采用的传感器既适合施工阶段短期监测也适应结构使用期长期监测需要。结构健康体检与安全评估数字化系统，也是对运营阶段的关键区域进行精准探伤并对整体结构进行整体评估。运营期的关键区域和施工期的关键部位往往不相同，且测点数量及分布范围往往超过施工控制，其安装的测点亦可为施工控制所用，提供更全面的结构探伤/监测数据。

健康体检系统在施工过程中布设的传感器可为施工监测服务，其测试数据可用于施工监测阶段的结构分析。

施工控制测点布置随结构施工进程而推进，这部分测点数据包含了结构建造过程中力学状态渐进变化信息，将其合理整合至结构健康体检系统中，可建立结构真正意义上的全寿命期状态档案，对使用期结构安全状态评估具有重要参考意义。特别是其施工完成后初状态的探伤/监测数据可作为健康体检与安全评估系统中的部分初始资料，可作为系统模型初始校核和使用期状态结构安全评估的重要资料。

因此在设计时可以考虑将施工监控与健康体检系统联合起来进行一体化设计，将每个阶段的传感器等硬件设备和探伤/监测数据进行优化整合，一方面可以保证探伤/监测信息的完整性，另一方面可以使传感器和探伤/监测数据共享，节约造价，减少重复投资。

施工与使用期健康体检一体化设计主要考虑优化整合以下几点：

（1）传感器等硬件设备的优化设计

将监控采用的适应长期监测要求的传感器并入使用期结构健康体检系统。可极大充实探伤/监测数据量，并且获得结构自建设之初开始全寿命期的连续探伤/监测数据。

（2）探伤/监测数据的整合

将监控期间的探伤/监测数据录入使用期健康体检系统历史数据库，可构建完整的结构建设期状态历史记录，进而为状态评估提供基础数据参考。

（3）基准计算模型的优化

施工监控建立较为精确的结构计算模型，并且随着施工进程实测结构状况，并不断对模型进行修正，使之更加接近结构的真实力学特征。结构体检系统应将该模型继续完善，作为基准计算模型，以利于系统实测数据的有效性检验，以及基于模型和实测数据的结构损伤识别和安全评估。

（4）数据库构建的整合

要将监控数据在使用期健康体检系统数据库中进行有序存储和备份，需要数据库构建充分考虑监控测试数据的数量、格式及存储策略和录入—调用接口，建立专门的施工监控数据模块。施工监控的数据可以自动存储在健康体检数据库中，为结构建立完整的历史记录，同时为使用期探伤/监测提供重要数据参考。

8.4 探伤设备/传感器模块

自动化探伤/监测子系统由探伤设备、传感器模块、数据采集与传输模块组成。探伤设备、传感器是指能感受规定的被测物理量，并按照一定规律转换成可用输出信号的器件或装置，其基本功能是检测信号和信号转换。探伤设备、传感器处于探伤/监测系统的最前端，用于获取探伤/监测信号，其性能将直接影响整个健康体检系统，对测量精确度起着决定性作用。

8.4.1 探伤/监测内容的选择

结构健康体检与安全评估数字化系统的目的和功能决定了探伤/监测内容和项目的选择。大型结构的受力状态以及所处的外部环境均较复杂，要求健康体检系统的探伤传感子系统能够较全面地获取结构的关键参数信息，并且较精确探测关键区域的损伤状况。在选择结构探伤/监测项目时，应考虑结构的特点、结构危险性分析结果、气候和地理环境特点、结构安全评估要求等多个方面，确定需要探伤/监测哪些参数，另外，应综合考虑费用，科学合理地选取适当的探伤/监测项目。通常结构探伤/监测项目主要包括局部损伤状况环境参数与荷载输入、结构响应等，具体内容如下：

（1）外部环境及荷载监测：监测和记录能够对结构的受力状态、安全性、耐久性、完整性等产生影响的外部因素，如风荷载、气压、温湿度、地震荷载、雪荷载等。

（2）结构的静动力响应：监测结构在上述外部荷载作用下的响应，如应变、结构空间变位、基础沉降、倾斜、振动加速度等。

（3）关键区域的损伤状况：探伤局部区域状况，例如混凝土中裂纹情况、刚度损伤大小、斜拉索中断丝、钢筋混凝土梁柱及桥墩内部钢筋截面损失等。

8.4.2 健康体检关键区域探伤中探测位置和探测装置

在结构健康体检系统中，第一步是依据本书第2章中基于子结构灵敏度分析的关键区域确定准则和方法，确定大型结构探伤的关键区域。结构的关键区域并非一成不变的，子结构灵敏度分析综合考虑结构形式、刚度分布、约束条件、损伤状况等特征，能确定土木工程结构不同状态下的关键区域。随着结构使用年限的增加，关键区域会逐步发生变化，子结构灵敏度分析中结构发生损伤的位置灵敏度趋于增大。整体性态参数对区域损伤的灵敏度反映了损伤对整体安全的影响，因此，是损伤关键区域判定的依据。数值计算中灵敏度较大位置，一般选做局部探测的关键区域。

土木工程的主要承力构件由混凝土和钢两部分组成，由于两种材料差异大，针对这两种材料的局部探伤装置也各有不同：混凝土为多项（水泥、砂石等）且各向异性材料。混凝土的破坏起始于微小裂缝，因此，混凝土的局部体检多采用高频波，利用波传播、反射、折射等过程中的特征参数，来提取混凝土微裂缝的损伤信息，例如，现有市场上广泛采用的超声探测、微波探测等各种技术手段，在混凝土探伤中已经相对成熟，可以用作健康体检技术中局部混凝土探伤。然而，由于混凝土材料的不均匀性和各向异性，波传播、反射、折射等特征复杂，环境因素影响大，探测范围小，导致损伤判定精度低。本书第4章我们通过理论与试验研究，从压电信号中提取了压电阻抗特征，它反映了结构固有特性，抗干扰能力强，建立了结构局部损伤（即刚度损失）与压电阻抗关系解析表达式，使得运用压电阻抗的变化能够精确判定损伤大小，也即是，传统方法利用波的特征来间接反映混凝土裂纹的大小，而本书第4章提取结构的压电阻抗特征，是结构自身的一种特征参数，它能高精度反映区域损伤状况。

土木工程中钢结构承担大部分荷载，钢结构的精准探伤至关重要，其中，斜拉桥、悬索桥等大型桥梁的斜拉索、吊杆等通常被判定为损伤关键区域，并且，桥墩、塔等主要受力构件中的钢筋很难探测到。索杆内部钢损伤检测种类多，例如导波法，通过导波传感静态收发导波信号，通过导波信号的变化探测索杆内部断丝或者截面变化。永磁磁化探伤法，通过磁敏元件探测磁通量变化，识别钢结构表面及近表面损伤状况。也有通过测量索力变化，反推频率变化，再推刚度变化。这些方法都可以用作健康体检技术中局部钢结构探伤。大型桥梁中的斜拉索、吊杆、桥墩，以及建筑中的梁柱等，均为超长线状无端头结构，也即是两端头固定，一些环式的检测装置无法套入其中，因此，本书第5章专门介绍了C形开环磁电探伤装置，可以套入斜拉索、吊杆、梁柱等两端头固定的局部构件。

混凝土压电智能探伤和钢结构磁电智能探伤数据可以自动纳入健康体检体系，如图8-3所示。现有的一些人工检测方法可探测到局部混凝土和钢构件的损伤状况，可以纳入结构健康体检体系。本书第4章和第5章介绍局部检测的智能化方法，为自动化健康体检提供了实时方便的途径。

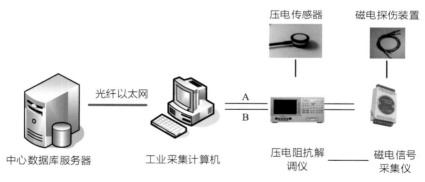

图8-3　局部探伤装置系统集成示意图

8.4.3　整体状态评估中传感器的优化布置

在结构健康监测中，无论是采用动力指纹法、模态修正与系统识别法，还是神经网络等全局损伤诊断法，都需要识别结构的固有频率和模态信息，需要安装较多的加速度传感器采集结构的振动信号，由于现场条件和建造费用等客观因素的制约，在所有自由度上安装传感器是不可能也不现实的，如何在数量有限情况下将传感器布设在结构信息最丰富的位置，尽可能实现从噪声环境下获得结构状态改变的信息，更好地用于结构系统识别和参数估计，提高损伤诊断能力，这是传感器优化布设的关键技术之一。传感器优化布置通常包括传感器数量的优化和位置的优化。目前在实际应用中传感器数量的确定多以经验和经济等方面因素的考虑和确定，具有较大的随意性和不确定性，单独针对传感器数量优化的研究并不多。这方面的研究重点主要针对加速度传感器，针对静力应变传感器的位置优化研究较少。传感器的优化布设方法，既要考虑测量参数的要求，也要以获得最强的信息，具体来讲主要依据以下原则：

（1）利用尽可能少的传感器获取全面、精确的结构参数信息。

（2）所选位置测得的响应对结构的静、动力参数或环境条件变化较为敏感。

（3）传感器的布设应能测量结构局部及整体的荷载和响应变化，考虑其测量参数并与模型分析的结果进行对比分析。

（4）结构反映最不利位置、最易损或已损伤位置。

（5）特殊、敏感部位监测：对特殊、重要部位进行重点监测，以便分析、计算、评估重要构件的工作状态及预测其他构件的内力分布与变化。

（6）所选的位置能使测量结果具有良好的可视性和鲁棒性。

（7）所选择的位置有较好的抗噪声干扰性能。

（8）应考虑方便传感器的安装和更换。

（9）应考虑尽量减少信号的传输距离，降低噪声干扰。

由于通常会采用模态参数识别法对试验数据进行分析处理，因此很多方法以识别参数的误差最小来优化传感器布置，它反映的是传感器测点提供结构性能监测、健康评估和系统控制中重要模态参数信息的能力。

模态动能法（Modal Kienetic Energy，MKE）发展了传统的依赖测试工程师挑选结构振幅较大的位置布设传感器的经验法，通过挑选待选测点中振幅较大的点或者模态动能较大的点，来确定传感器的最优布置。它考虑了各待选传感器位置对目标模态的动力贡献，粗略计算在相应位置可能的最大模态响应，其优点在于可能通过模态动能较大的点提高采集信号的信噪比，一般用在较复杂的测点布设中初选布设位置[271]。

模态应变能方法（Modal Strain Energy，MSE）的基本思想是具有较大模态应变能的自由度上的响应也比较大，将传感器配置于这些位置上将有利于参数识别。

基于模型缩减的Guyan缩聚法，该方法常常将系统自由度区分为主、次自由度，缩减后的模型将保留那些主自由度，去掉次自由度，也可将传感器布置在结构的静力变形与目标振型之间误差最小的自由度上，将传感器布置在这些主自由度上测得的响应，能较好地反映系统的低阶振型。

有效独立法[272]是目前在振动测试中应用最广最成熟的测点优化算法，其基本思想是逐步消除那些对目标振型的独立性贡献最小的自由度，以使目标振型的空间分辨率能得到最大程度的保证。具体来说是从所有可能测点出发，利用复模态矩阵的幂等型，计算有效独立向量，按照对目标模态矩阵独立性排序，删除对其秩贡献最小的自由度，优化Fisher信息阵而使感兴趣的模态向量尽可能保持线性无关，从而获得模态的最佳估计。有效独立法最主要的缺陷是测得的模态应变能不高，而且存在导致传感器布置位置集中，不能使MAC矩阵的非对角元相对较小的缺点。

最小化模态保证准则法（MinMAC）在于尽可能使动力测试得到的结构振型与有限元计算的结果相匹配，因此，要求识别的结构各阶振型能彼此区别开来，即传感器布设位置所定义的结构各阶振型需线性独立，实际量测自由度远小于结构模型的自由度并且受到测试精度和噪声的影响，很难保证测得模态向量的正交性，在极端的情况下甚至会由于向量间的空间交角过小而丢失重要模态，因此需要量测的模态向量尽可能保持较大的空间交角，这可以通过计算模态保证准则矩阵的非对角元最大元素最小化的方法来实现。

模态矩阵的QR分解法。首先对结构振型矩阵的转置进行正交三角分解，然后选择分解后的正交矩阵的前几列所对应的位置布设传感器，其核心思想也是在于找到模态矩阵信息独立的行，其结果也类似于使MAC矩阵的非对角元得到最小化。

奇异值分解法（Singular Value Decomposition，SVD）与有效独立法相似，它直接分解质量加权的信息阵，然后最大化Fisher信息阵最小的奇异值。

特征向量乘积法（Eigen Vector Product，EVP）计算模态矩阵行向量绝对值的积EVP，通过对待选测点上的EVP进行排序，选择较大的EVP值对应的节点作为传感器测点位置。模态分量加和法（Mode Shape Summation Plot，MSSP），与特征向量乘积法类似，它将结构模态矩阵每一行的绝对值相加，选取其中较大者作为传感器的位置。这两种方法比较符合一般的结构测试经验，计算简单，然而实践表明，这两种方法有助于避免选择结构各阶模态节点或模态动能较小的位置，但是不能得出最佳的传感器布设位置，只能粗略选择较好的布设位置，因此也只适合于初选布设位置。

非最优驱动点法（Non-optimal Drive Point，NODP）[273]。该方法基本思想是：任何传感器所测量的振动能量与传感器振型节线间的相对位置有关，删除目标模态位置小的自由度，剩余自由度即为传感器测点位置。

模型缩减法也是常用的测点选择方法，通过刚度或质量子矩阵构成的转换矩阵，可以把对模态反应起主要作用的自由度保留下来作为测点位置。

空间域采样法（Space Domain Sampling Method）。该法认为传感器的布置位置仅取决于最高阶感兴趣的模态，若要有效地区分它们，各传感器间的间距不能大于最高阶模态的半波长，该方法等间距布置传感器，其缺点是未考虑到结构低阶模态，而低阶模态的节点或者模态动能较小的位置可能包含在所选的测点中，使得测得的结构低阶模态信噪比较低。

部分常用传感器优化布置方法如表8-1所示。

常用传感器优化布置方法 表8-1

方法	优化目标
有效独立法（EI）	从所有测点出发，利用模态矩阵形成信息阵，按照各测点对目标模态矩阵独立性的贡献排序，逐步消除对目标模态向量线性无关贡献最小的自由度，达到用有限的传感器采集尽可能多的模态参数信息的目的
运动能量法	所选的传感器位置能使模态应变能达到最大
模态矩阵的 QR 分解法	对结构振型矩阵的转置进行 QR 分解，然后选择分解后的正交矩阵 Q 的前 s 列所对应的位置布设传感器
特征向量灵敏度方法	以为结构损伤识别提供最多有用信息为目标优化布置传感器
信息熵法	利用信息熵范数来优化传感器位置，以减少信息的不确定性
基于应变能的方法	将传感器布置于具有较大模态应变能的自由度上
特征值向量乘积法（ECP）	将传感器布置在特征向量乘积值大的自由度上，避免布置在振型节点上，使得测量点的能量尽可能大
模态分量加和法（MSSP）	将结构模态矩阵每一行的绝对值相加，选取其中较大者作为传感器的位置
非最优驱动点法	通过删除目标模态位移值小的位置，使得任何传感器所测得的振动能量大
模态保证准则法（MAC）	所选择的传感器位置要使 MAC 矩阵的非对角线元素值最小，即测点要使得测的模态向量保持较大的空间交角，尽可能相互线性独立
模态矩阵的奇异值比	模态矩阵奇异值的最大值与最小值之比越小越好，下限是 1，此时是最理想的情况，所选择的传感器位置定义的结构模态矩阵完全规则正交
平均模态动能（AMKE）	要求测点处关心的模态具有相对较大的动能
Fisher 信息矩阵法	极大化 Fisher 信息阵 F 会得到模态坐标的最佳估计，从而使各目标模态线性独立

8.4.4 探伤/监测方法与传感器（探伤设备）选型

探伤设备与传感器是结构健康体检的基础。随着科学技术的进步，研发了大量的局部探伤设备，能用于结构健康体检的传感器种类繁多、型号各异，而且不断有新的更加可靠、精确和便宜的传感器被开发出来。对于具体健康体检系统来说，探伤设备与传感器选型的合理性是获取准确信息的重要前提，直接决定整个系统是否可靠、实用、有效，因此需要根据确定的探伤监测项目，考虑适应性和经济性的要求选取技术成熟、性能可靠的传感器。需要根据具体的项目要求和实际应用条件，力争实现探伤监测完整、性能稳定兼顾性价比最优的主要原则选择合理的传感器类型和数量。要从保证结构全寿命周期安全的要求出发，根据结构状态、体系和形式以及经济条件合理地提出传感器的需求，并结合健康体检中具体内容和目的选择适宜的传感器类型和数量。确保传感器在健康体检期间具有良好的稳定性和抗干扰能力，采集信号的信噪比应满足实际工程需求。具体来讲，设备/传感器的选型应注意以下几个方面：

（1）根据局部探伤与监测要求，尽量选用技术成熟、性能先进的传感器；

（2）传感器和探伤设备应在服役期间具有良好的稳定性和抗干扰能力，保证监测结果的可信度；

（3）传感器应具有良好而稳定的分辨率，且不应低于所需监测参数的最小单位量级；

（4）精度应适中，在满足监测要求的前提下，考虑经济性，选择合适精度的传感器；

（5）应根据所需监测参数来选取传感器的灵敏度和量程范围，应使传感器的量程以被测量参数处在整个量程的80%～90%之内为最好，且最大工作状态点不能超过满量程；

（6）应根据监测参数所需的频率范围选取有相应频率响应特性的传感器，如在对结构加速度等动态反应进行监测时，传感器采样频率应为需监测到的结构最大频率的2倍以上，为了避免混频现象，采样频率宜为结构最大频率的3～4倍；

（7）选取的传感器应具有良好和稳定的线性度，在对结构位移及应变等反应进行监测时需要满足较高的线性度要求；

（8）传感器应有很强的实用性，方便安装和使用；

（9）选用耐久性好的传感器，应根据结构安全监测系统的服役时间来选择满足使用年限的传感器，并充分考虑置换方案；

（10）应采用满足结构实际使用的环境因素如温度湿度条件的传感器，且易于维护和更换；

（11）在满足监测要求的前提下，适度增加传感器的数量，保证传感器数量具有一定的冗余度。

常用各类参数监测方法和传感器选型如下：

1. 风荷载监测

风荷载监测是监测结构处风环境，包括风速、风向、风压等进行实时监测，编制风玫瑰图和换算风功率谱，可以为分析结构的工作环境、验证风振理论提供依据和分析结构在风环境下内力状况提供数据支持，为评估结构在极限风荷载作用下的性能提供依据。

风荷载采用风速仪进行连续监测，分为超声波风速仪和机械式螺旋桨风速仪两种类型，机械式风速仪响应速度慢，三轴风速仪测量风速时，测风轴与风向之间有一定的夹角，存在余弦响应特性，尤其是垂直风速测量的误差较大，需要进行余弦修订。而且机械式风速仪精度随使用时间推移会降低，其使用寿命较短，风速仪价格较低。声波风速风向仪抗风沙、腐蚀、雨水、低温等恶劣环境能力较强，工作稳定，精度及使用寿命较高，但是价格较高。可以按照结构的设计风速确定精度和量程，根据结构工作环境、各部位风场分布特点选择合适的风速风向仪。风速仪的安装位置应尽可能开阔，尽量不受结构绕流场的影响，以便获得自由场风速及其特性。

风速仪其特性对比如表8-2所示。

对比表

表8-2

类型	基本原理	优点	缺点
超声波	超声波探头的超声波信息，利用超声传递的时间来推算风速	精度高、分辨率高、耐久性好、寿命长、免维护	量程相对机械式小
机械式	通过转子的转速来推算风速	量程大	精度相对超声波式稍低、2～3年需要更换轴承等维护

另外也可以通过风压传感器监测风荷载的大小。风压传感器的位置需要根据结构上的绕流场来确定，应布置在风压较大和风压变化较大的位置，可参考风洞试验获得的风压分布为基本参考进行布设。两种风速风向仪见图8-4。

2. 环境温湿度监测

环境温湿度对结构的变形和受力影响显著，环境温度是重要的荷载源输入；环

（a）机械式风速风向仪　　　　　　　（b）超声波风速风向仪

图8-4　风速风向仪

境湿度还是影响结构的腐蚀、老化的重要因素。

温湿度监测通常采用模拟输出型温湿度仪和数字输出型温湿度仪进行温湿度监测（图8-5）。

3. 结构温度场监测

结构内温度场的变化将会导致温度次内力的产生，同时材料随温度的胀缩也会导致结构整体形变，温度改变导致材料弹性模量改变及由上述因素也会引起结构动力特性的改变等。因此，通过监测结构温度场可以分析温度对结构空间位置以及结构应力的影响，同时温度参数也可以为应变计等其他传感器提供温度补偿。温度传感器测点布设的基本原则是监测得到温度场空间分布特征及温度的梯度变化。目前主流的温度传感器主要有数字温度传感器和光纤光栅温度传感器两种（图8-6），光纤光栅温度传感器测量精度高，抗电磁干扰能力强，耐久性好，适用于复杂电磁环境下的长期多点分布式温度监测，但需要现场标定，实施不便。数字化温度传感器由于采用数字信号采集传输，系统的稳定性和抗干扰性较强，且感温元件的制作精度高，传感器也无须另外标定。

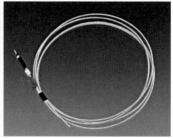

（a）数字温度传感器　　　　　（b）光纤温度传感器

图8-5　环境温湿度仪　　　图8-6　温度传感器

4. 地震监测

地震对结构而言属突发灾害性外荷载输入，虽然发生概率小，但其产生能量和作用力巨大，往往可对结构造成较大破坏，危及结构安全使用。对其进行有效监测，为结构整体和局部的动力和振动特性分析提供依据，为结构承载力验算及震后土木结构的安全性和继续工作性能做出评价，为灾后应急反应提供重要数据。地震监测主要是对地震地面运动的监测，可以采用在结构最底层（如地下室）布设强震仪，并设置阈值，采用触发方式对地震输入进行实时监测（图8-7）。

5. 雪荷载监测

雪荷载是结构特别是大跨度空间结构的重要荷载，直接监测雪荷载较为困难。雪荷载主要导致结构产生静变形和静应力，其效应与重力荷载相似，通常采用在结构自重荷载作用下应变较大位置监测应变。

6. 结构振动监测

结构的动力特性参数（频率、振型、模态阻尼系数）是结构构件性能退化的标志之一。结构的振动水平（振动幅值）反映结构的安全使用状态。结构自振频率的降低、局部振型的改变可能预示着结构的刚度降低和局部破坏，或约束条件的改变。因此监测动力及振动水平，实现对结构承受波动荷载历程的记录，可以从整体使用状态上把握结构的安全使用状况，对结构进行动力损伤评估，识别的结构动态特性还可以用来检验和调校用于结构状态分析预测的有限元模型。结构振动通常采用加速度传感器进行监测。根据结构动态响应确定加速度传感器的精度、量程和轴向（单轴、双轴和三轴）；根据自振特性确定加速度传感器的频响特性；根据结构建设地点的历史统计资料，确定加速度传感器的适宜工作温度和环境。

常用的加速度传感器有（图8-8）：压电式、压阻式、电容式、力平衡式等。压

图8-7 三向地震传感器

图8-8 加速度传感器

电式加速度计压电元件的敏感性较高，与之相匹配的是电荷放大器适用于状态过程监测。压阻式加速度计的敏感元件是固定在悬臂梁的应变计，与之匹配的放大器是动态应变仪，适用于低频振动和极高过载的强烈振动。电容式加速度计低频响应好、阻尼稳定且过载能力强，适合应用于低频、微振等振动测量；力平衡式加速度计的原理与电容式加速度计相似，但是更加小巧，适用于直流与低频振动测量。

7. 结构空间变位监测

主要包括结构的空间位置监测。结构的整体位移是识别与评估结构状态的重要参数，以结构建成时的空间位置为初状态，通过使用期探伤/监测数据与初状态的对比，可分析计算出结构内力的变化及其发展趋势，为使用期结构性能评估提供科学依据。

对于结构的水平变位，通常采用GPS系统进行监测。GPS系统具有速度快、连续、同步、全自动，且能同时获得三维坐标的优点，测量不受气象条件的影响，另外测站之间不要求满足通视的条件，但其价格较昂贵，对结构位移的竖向测试精度也不够高，且需要在结构以外布设基准站。

对于结构的垂直度，主要采用倾角传感器进行监测。传统倾角传感器主要有电容型倾角传感器、电解质型倾角传感器和磁阻式传感器。电容式倾角传感器主要用于测量非接触式倾角的测量。它的分辨率较高，具有良好的测量准确性，并且有很大的动态测量范围；若加上电感，测量结果在振动状态下将更加稳定。电解式传感器角度测试范围灵活性最大，耐久性非常好。磁阻式传感器通常由一个非磁性外壳包着一个永磁体，由磁铁的位置确定倾斜的角度，主要应用于汽车方向盘的倾角测量。近年来基于微机电系统（Micro Electromechanical System，MEMS）的倾角传

（a）GPS   （b）精密倾角仪

图8-9　结构空间变位监测

感器发展迅速，具有体积小、重量轻、功耗低、成本低、可靠性高等特点，未来应用潜力巨大。

8. 应变监测

结构应变（应力）是结构整体和局部受力安全状态的直接反应，通过对主体结构控制部位和重点部位及钢结构疲劳敏感区域进行应力监测，可以了解结构在各种荷载（包括风荷载、雪荷载、温度荷载、地震荷载等）作用下局部结构及连接处在各种载荷下的受力情况，分析其应力和应变状态的变异，检查结构是否有损坏或潜在损坏的可能，也可分析钢结构应力变化幅值，进行疲劳分析，为结构安全评估提供技术支持。

目前常用的应变测量传感器包括电阻应变式应变传感器，振弦式应变传感器和光纤光栅式应变传感器（表8-3）。电阻式应变计利用应变片的电阻变化与被测结构物的应变成正比的原理来测量应变，其敏感性好，测量精度高，但稳定性差，长时间测量会产生漂移，适用于短时间的静力或动力试验。振弦式应变计是利用被测结构物的应变与振弦频率之间的关系，这种方法稳定性好，测量精度高，且硬件成本相对较低，但由于振弦式应变计的尺寸不能做得很小，对应力梯度大的部位难以测出某一点的应变，适用于静态应变或应变变化较慢的长期监测。光纤光栅应变计埋入或粘贴在测点处，当光纤承受应力时，光纤光栅反射波长发生变化，通过测量反射波长就可获得应力值。光纤光栅传感器具有不受电磁及核辐射干扰，输出线性范围宽、测量的分辨率高，无零点漂移问题，长期稳定，质量轻、传输信息量大、易

传感器性能比较表
表8-3

测试原理与性能比较	应变测试传感器		
	电阻应变计	振弦应变计	光纤光栅应变计
原理	应变引起电阻的变化产生输出信号	振弦频率与张拉力成正比例	应变引起波长漂移
线性	较好	好	好
耐久性	差	较高	高
灵敏度	低	较高	高
精度	$3 \sim 5\mu\varepsilon$	$3 \sim 5\mu\varepsilon$	$3 \sim 5\mu\varepsilon$
动态测量	能	不能	能
分布式组网测量	不能	能	能
抗电磁干扰	差	较好	好
传感器费用	低	较高	较高
采集设备费用	较高	低	高

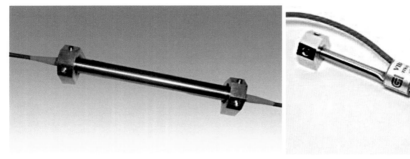

| （a）光纤光栅应变计 | （b）振弦式应变计 |

图8-10　应变计

于分布埋入结构和构成网络，同时系统安装及长期使用过程中无需定标，使用寿命长等优点；但光纤光栅应变计由于其特殊结构埋入式易造成损伤成活率不高，无法集成温度测量，需单独布置温度传感器进行补偿，并且光纤光栅传感采集系统自成体系，需要专门的光纤光栅解调仪采集，无法与其他类型传感器集成统一采集。应变测点通常布设于结构控制截面，如各种梁、柱，控制截面可根据结构分析进行选择。具体见图8-10。

8.4.5　先进传感器技术

1. 分布式光纤传感技术

分布式光纤传感技术是一种以光为载体，利用光的相位、强度等的变化来感知外界被测参量（温度、应变和压力等）的新型传感技术。分布式光纤传感技术的光纤既作为传输光纤也是传感元件，因此比传统机电传感器结构简单，使用方便；光纤价格低廉，工作带宽范围大，损耗小，可实现长距离大范围传感；光信号不易受电磁干扰，可在强电磁场区域使用；与点式传感技术相比，分布式可获得沿着光纤长度方向的所有被测物理量，通过合理布设传输网络可实现结构的整体健康监测。

当激光脉冲在光纤中传输时，由于光纤中含有各种杂质，导致激光和光纤分子出现相互作用，从而产生瑞利、布里渊和拉曼这三种散射光。利用不同散射光可以实现不同类型的传感器，目前研究比较多的有基于瑞利（Rayleigh）散射的分布式光纤损耗检测传感器、基于布里渊散射（Brillouin）的分布式应变传感器及基于拉曼（Raman）散射的分布式温度传感器。

瑞利散射是入射光与介质中的微观粒子发生弹性碰撞所引起的，散射光的频率与入射光的频率相同。光在光纤中传输时，由于光纤本身的缺陷和掺杂成分的非均匀性会使光发生瑞利散射。通过观测光纤内散射光强度以及返回时间信息可以获取整个光纤线路上各处的光损耗、断点等信息。

布里渊散射是由于入射光波场与介质内的弹性声波场相互作用产生的，散射光的频率相对于入射光的频率会发生变化，布里渊散射频移量和光功率与传感光纤表面所受温度和应力成正比，故可以通过检测布里渊散射频移量来测量外界的温度和应力，从而实现温度和应力的分布式传感。

拉曼散射是光纤分子的热振动和光子相互作用发生能量交换产生的。一部分光能转换成热振动发出一个比光源波长长的光，称为斯托克斯光；一部分热振动转换为光能，发出一个比光源波长短的光，称为反斯托克斯光。两者波长的偏移与光纤基本特性及温度有关。通过测试拉曼散射中两种光的光强，可以实现对光纤位置温度的监测。

2. 压电传感器技术

压电材料具有压电效应。在对压电元件施压力（拉力）时，压电元件收缩（伸长）变形，会引起内部正负电荷中心发生相对移动而产生点的极化，从而导致元件两个表面上出现符号相反的束缚电荷，且电荷密度与外力成比例，由"压"产生正压电效应，正压电效应反映了压电材料具有将机械能转变为电能的能力。检测出压电材料上的电荷变化即得知元件埋置处结构的变形量，因此可以利用正压电效应将压电材料制成传感器；在对压电元件施加与极化方向相同（相反）的电场时，造成压电元件内部正负电荷中心产生相对位移，导致压电元件的变形，由"电"产生"伸缩"的效应为逆压电效应，反映了压电材料具有将电能转变为机械能的能力。利用逆压电效应可以用于制造驱动器，改变结构变形或者应力状态。

压电陶瓷（PZT）是压电材料中应用最多的品种之一，它具有自然频率高、频响范围宽、功耗低、稳定性好、重复使用性能好、较好的线性关系、输入输出均为电信号、可操作温度范围广、易于测量和控制等特点。作为传感器，它的工作频率相当高，远远超过结构的自然频率，加上质量轻，对本体结构影响很小，可以粘贴在已有结构的表面或埋入新建结构的内部对结构进行监测。

基于压电陶瓷材料的正逆压效应，目前国内外利用压电陶瓷进行结构健康监测的方法主要分为被动监测和主动监测两大类。

被动监测技术不对结构输入激发信号，只是测量传感器在荷载和环境效应作用下的结构响应来监测结构的状态。由于压电材料阻抗值高，对动态量能给出线性对应的响应值，而对静态量则无响应，压电陶瓷传感器多用于对结构所受冲击荷载的识别以及对结构系统的动态监测,如位移、速度、加速度等。

主动监测技术是利用结构中安装的压电陶瓷发射信号作为激励抑或主动激励结构起振,同时利用结构中安装的压电陶瓷为传感器接收信号,然后通过一些相关算法识别结构损伤评估结构安全。采用主动监测方法有很多优势:可以在任何必要的时候进行在线监测,而无须持续监测,因此更节省能源;可以针对结构损伤的敏感参数优化传感器布置和改变激励信号,由于输入信号已知,接收信号与输入信号的对比更具针对性,能更直接地反映结构物理性质的改变,比如动弹模或损伤程度。主动监测技术包括机械阻抗法和波动检测法。

基于压电陶瓷的机电阻抗法(Electro-mechanical Impedance,EMI)是一种基于智能压电材料阻抗分析的损伤检测方法,PZT传感器与结构绑定后,给传感器施加一个电压使其产生振动,并带动绑定的结构一起振动,这种耦合振动会使通过PZT的电流发生变化,而这个变化中就包含了结构的信息。测出电流的变化,计算得出阻抗的变化,通过信号处理,就能获知结构变化的信息。EMI方法由于给结构施加的激励频率非常高,在微小损伤识别上显示了巨大优势。EMI方法能够在肉眼可观察到的裂纹出现之前检测到微裂纹的存在,从而很大程度上提升损伤检测的精度。

波动检测法采用压电材料分别作为驱动器和传感器来激发和接受波信号,激励端压电驱动器由于交变电压的作用而将能量转变为机械信号,机械波通过结构进行传播,接收端传感器将感应到的机械信号转换成为电磁信号。由于波在结构中传播时,结构损伤会导致波在传输中发生改变,如波形畸变、波速变化以及能量衰减,通过对信号的分析,识别并量化结构损伤缺陷。

3. 声发射检测技术

声发射(Acoustic Emission,AE)是指材料受外力或内力作用产生变形或断裂而突然释放应变能产生的瞬态弹性波,又称为应力波发射、应力波振动等。导致能量释放的结构变化称为声发射源,声发射源分为一次声发射源和二次声发射源两种类型,一次声发射源指由于变形和断裂而直接产生的弹性波源,如金属塑性变形、断裂、相变、磁效应以及表面效应产生的声发射源。二次声发射源指与变形和断裂没有直接关系的声发射源,比如流体泄漏、摩擦、撞击、燃烧等产生的声发射源。声发射波沿介质传播,在介质表面处将形成表面机械振动,声发射传感器能将介质表面处的机械扰动转变成电信号。物体不同损伤类型将产生不同特性的声发射信号,因此对损伤产生的声发射信号进行连续在线监测,就可以实现对结构损伤的实时监测，而不管损伤类型是否发生了变化，因此声发射检测是一种动态检测技术。各种材料的声发射信号频率范围很宽，通常要考虑声发射源的类型和应力波的传播条件等因素来选取传感器的频率范围，对于金属结构，声发射传感器的频率范围一般为100～300kHz；而对于混凝土材料，则可以选取较低的频率范围。对于宽频带的声发射源，可以通过选取较高的频率范围来提高声发射信号的信噪比。

声发射检测技术损伤检测灵敏度和精度高，可以达到零点几毫米数量级，并且能够对复杂形状的构件进行监测，但是材料特性对声发射波的特性影响很大，同时声发射信号往往比较微弱，容易受到外界噪声的干扰。声发射波传播过程中能量和幅值都会随距离衰减，材料变化时会发生模式变换，结构边缘可能会发生界面反射，因此需要研究声发射信号的传播、衰减特性，及信号的滤波、去噪技术来提高结构损伤识别及定位精度。

4. MEMS传感技术

微电子机械系统（Micro-Electro-Mechanical Systems，MEMS）传感器采用微型加工工艺技术将微型的、复杂的机械结构与电子线路集成在同一片集成电路内，将计算、传感与执行融为一体，从而改变了感知和控制自然的方式。与传统的传感器相比，它具有体积小、重量轻、成本低、功耗低、可靠性高、适于批量生产、易于集成和实现智能化等特点，同时，在微米或纳米级的特征尺寸使得它可以完成某些传统机械传感器所不能实现的功能。目前，市场上应用比较多的MEMS传感器主要有MEMS压力传感器、MEMS加速度计、微机械陀螺、MEMS流量传感器、MEMS气体传感器、MEMS磁力计等。

MEMS压力传感器应用广泛，绝大多数的MEMS压力传感器的敏感元件是硅膜片，根据敏感机理的不同，可分为压阻式、电容式和谐振式压力传感器三种。MEMS硅压阻式压力传感器将4个高精密半导体应变片刻制在周边固定的圆形应力杯硅薄膜内壁表面应力最大处，组成惠更斯测量电路，将压力转换为电量。电容式压力传感器是利用压力变化引起介电常数、极板间距或极板相对面积等的变化，从而改变电容量来测量压力的。对于谐振式压力传感器，压力的变化将引起敏感膜的变形，敏感膜的变形又会改变其上的双端固支谐振梁的谐振频率，通过测量谐振梁的谐振频率变化可以间接测量压力。

EMS加速度传感器可分为压阻式、压电式、电容式、热电偶式、光波导式等多种类型，应用最广泛的是电容式加速度传感器，其基本原理为：当加速度计连同被测结构一起运动时，传感器内质量块由于惯性力的作用会向相反方向运动，同质量块相连的可动极板与固定极板之间的电容就会发生相应的改变，通过测量感应器输出电压的变化，即可测得结构的加速度。

5. 机器视觉技术

机器视觉技术经历了两个发展阶段：第一阶段是以层次划分计算机视觉理论，从信息处理的角度，将计算机视觉自下而上分为三个层次，初级视觉抽取图像中的点线面等基本几何和结构元素，中级视觉以摄像头为中心，将输入的图像恢复为可见的景深、线条、轮廓等信息，高级视觉将前面两个层次的信息综合处理，形成物体的三维表示；第二阶段将射影几何学引入形成的以多视图几何为理论基础的计算机视觉理论，直接根据空间点在摄像头中成像点的位置计算空间点的三维坐标，从而实现三维重构，使得机器视觉问题可以直接量化，而不需要重构对象的任何先验知识。

结构表面裂缝是其内部损伤积累过程中的突变，是内部损伤达到的危险程度的集中表现，传统的人工视觉检测法，对检测人员的要求较高，依赖检测人员经验，主观性强，可重复性差，受环境局限性大，部分位置人员很难到达，安全性低，工作强度大，效率低，费用昂贵。基于机器视觉的裂缝检测方法通过获取结构表观图像，采用基于图像的裂缝自动识别理论与算法对裂缝损伤进行检测识别，进一步研究实现基于图像的裂缝宽度等病害程度定量化，可以实现对结构进行远距离、高精度、低成本的自动检测。

结构动态位移监测是机器视觉技术的又一个重要应用。普通的经纬仪、连通管等技术仅适用于静态位移测试，激光多普勒测振仪可以为结构的振动和变形监测提供精确的位移测量结果，但测量成本相对较高，GPS位移测量系统定位精度较高，具有较高的采样频率，可以实现远距离测量，但易受电磁干扰，如要提高精度和采样频率则非常昂贵。利用机器视觉技术监测结构动态位移时，将相机固定对准结构系统上的目标点拍摄结构运动，形成的数字图像是一个二维数据矩阵。结构发生动态位移时，目标点对应着图像矩阵中不同的坐标位置。将目标点和矩阵中的数值对应起来，那么就测得结构目标点的动态位移变化。

6. 超声导波技术

导波是由于声波在介质中的不连续交界面间产生多次往复反射，并进一步产生复杂的干涉和几何弥散而形成的，是由于结构边界的存在所形成的多模式并存，具有频散特性的弹性波。普通体波在介质中进行传播时不需要边界来维持。与普通的体波不同，超声导波受边界制约，在介质的表面和边界上传播。因此，导波可以被认为是传播状态受介质几何形状约束的机械弹性波，而导波的传播介质称为波导。典型的波导包括管、板、杆及其他复杂截面的结构。采用超声导波检测结构时，先激励导波使其在结构中传播，当结构中存在缺损、空洞、腐蚀、断裂等缺陷时，导波会产生强烈的折射、散射现象，并从损伤边界处产生回波，通过对由损伤产生的折射回波的信号进行分析，提取出其中反映损伤信息的信号特征，最终结合相应的损伤识别方法确定结构的健康状况。超声导波频率比常规超声探伤的工作频率低，因而在构件中传播时衰减小，传输距离大，适合大范围、长距离的检测。

7. 导电膜技术

将导电涂料涂装固化后形成柔性导电膜，其内导电粒子相互接触而导电，导电膜一旦受到拉伸变形，部分导电粒子脱离接触，导电膜整体电阻会明显增加，颗粒间距一旦大于某阈值，就会形成不导电的状态，这就是导电膜的电阻拉—敏效应，其对变形的灵敏度远远超过应变片等传统电阻式传感器。将导电膜制备成传感附着在混凝土表面，由于膜与混凝土表面附着力好，且本身弹性模量远小于混凝土弹性模量，能够很好地和混凝土构件变形保持一致，使其与混凝土协调变形，通过测试导电膜电阻变化可以实现对混凝土构件应变与开裂情况的监测。当产生裂缝时导电膜电阻明显增加，电阻变化曲线发生突变，通过仪器检测其电阻变化可以实时感知裂缝出现以及是否扩展。导电膜技术是一项对混凝土裂缝实现分布式监测的新技术。导电涂料具有低成本、高耐久性、安装简单及灵敏度高等优点。

8. 无线传感网络技术

随着传感技术、无线通信技术和微机电系统技术的飞速发展，促进了无限传感技术的发展，无线传感器网络（Wireless Sensor Networks，WSNs）是一种由许多固定或可移动的无线传感器组成的网络，该网络可以动态地自动连接组网，各个无线传感器可以相互协同工作，收集、采样处理无线传感器网络内监测对象的数据信息，并通过整个网络覆盖范围内的无线传感器，发送所采集到的数据信息到上级系统，实现对监测区域内任意地点信息在任意时间的采集、处理和分析。无线传感器网络的工作过程包括协作式采集数据、处理数据、存储数据以及传输数据信息。

无线传感器网络通常包括传感器节点、汇聚节点、任务管理节点。

传感器节点通常是一个微型的嵌入式系统，它的计算能力、存储能力和通信能力相对较弱，通过携带能量有限的电池供电。每个传感器节点兼顾传统网络中终端和路由器的双重功能，除了进行本地信息采集和数据处理外，还要对其他节点转发来的数据进行存储、管理、融合和转发等处理，与其他节点协作完成相应的特定任务。传感器节点一般包括传感器模块、处理器模块、无线通信模块和能量供应模块四部分，传感器模块负责监测区域内信息的采集和数据转换；处理器模块负责控件整个传感器节点的操作，存储和处理本身采集的数据以及其他节点发送来的数据；无线通信模块负责与其他传感器节点进行无线通信，交换控制信息和收发采集数据；能量供应模块为传感器节点提供运行所需的能量。

网络汇聚节点的处理计算能力、存储和网络通信能力相对较高，汇聚节点是连接无线传感器网络与Internet等外部网络的网关，该节点能够实现两种协议间的转换，还可向无线传感器网络的传感器节点发布来自系统管理节点的新的监测任务，并把无线传感器网络采集到的数据收集、发送到外部网络中。

无线传感器网络的管理节点用于动态管理整个无线传感器网络。无线传感器网络的使用者通过管理节点能够访问无线传感器网络的资源。

无线传感网络具有功耗低、成本低、可扩张性强、分布式和自组织等优点，吸引了大量研究和应用。由于没有布线的束缚，利用无线传感网络组成的分布式监测网络可以大大减少器件引线数量，降低系统的搭建、维修费用和难度，无线传感网络在设计时所着重考虑的低功耗特点也可减少能源供给装置的重量，并可实现对监测对象的长期在线监测，因此无线传感器网络在大型工程结构健康监测中的应用目前正成为国内的研究热点。

9. 无人机监测技术

对于大型土木结构如体育馆、高层建筑和大跨桥梁等，很多部位难以企及或者人工检测非常危险，随着无人机技术的发展进步，采用无人机监测结构的技术日渐成熟（图8-11）。无人机监测技术通常通过无人机搭载高清摄像头，由飞行控制人员控制无人机沿被监测结构表面飞行，由另一技术人员操作云台控制系统完成结构各部位的拍摄，获取结构病害图片资料回传至后台系统，为专业人员分析结构局部裂缝损伤提供数据，及时发现险情，极大减轻结构维护人员的工作强度，提高结构检测维护效率。无人机监测技术具有如下优点：无人机可以直接到达监测部位，无需其他辅助措施，节省费用，同时避免了人员高空作业，提高了安全性。对于结构无法企及的部位，无人机可以抵达近距离提供更多细节。只要天气允许，无人机监测可以随时实施，效率高，及时性强。

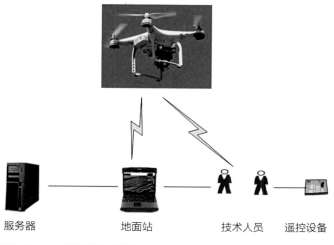

图8-11 无人机监测技术框架

服务器　　　地面站　　　技术人员　遥控设备

8.5 数据采集与传输模块

数据采集与传输是整个自动化结构健康体检子系统的中枢，主要完成原始数据的获取与传输，是连接现场采集设备和监控中心应用软件的中转站，所以要求系统有较高的稳定性和可自修复性。

8.5.1 数据采集系统总体设计

为保证数据采集与传输系统的稳定性、可靠性和耐久性，数据采集与传输系统的设计应遵循并实现如下技术要求：

（1）数据采集系统应具有与其安装位置、功能和预期寿命相适应的质量和标准。通信协议以及电气、机械、安装规范应采用相应国家标准或兼容规范；

（2）该系统应能在无人值守条件下连续运行，在报警状态下（强风、地震等）能够进行特殊采样和人工干预采样，采集得到的数据可供远程传输和共享，采样参数可以远程在线设置；

（3）数据采集软件具有数据采集和管理功能，并能对现场数据进行基本的统计运算，以便显示相应信息；

（4）系统管理员可以在数据服务器上通过远程操作实现对模拟、数字和视频等所有信号的采样频率、触发阈值、时间间隔等参数进行调整；

（5）系统具有实时自诊断功能，能够识别传感器失效、信号异常、子系统功能失效或系统异常等。出现故障时，应能立即自动地将故障信息上传至数据处理和控制服务器，并激活警报信息，与此同时，隔离故障传感器或子系统以保障其余部分正常工作；

（6）当系统的一个或多个部分暂时断电时，系统的各个部分应无需人为干涉即可自动重新启动、同步校准和继续正确运行，并保留断点信息；

（7）数据采集软件应具有数据采集和缓存管理功能，并能对现场数据进行基本的统计运算，以便显示相应信息；

（8）通信网络的设计和构造要考虑将来的扩展，且扩展不需要中断系统操作和影响现有的用户。在各站之间的数据交换应符合ISO或CCITT标准；

（9）为了与其他基于TCP/IP的设备和网络相协调，数据采集的网络应基于TCP/IP标准；

（10）通信故障和自动重构都能在数据处理和控制服务器上显示并发出警报。

数据采集与传输模块由分布在现场的现场数据采集站、监控中心、数据传输网络、数据采集软件以及其他附属设备等构成。

现场数据采集站由多个数据采集模块组成。各采集模块分别采集不同的电压、电流，对应压电混凝土探伤、磁电钢结构探伤、风速风向、温湿度、空间位移、倾斜、温湿度、加速度、应变等多种参量，对于光纤光栅传感器光信号、加速度信号等需要专用解调设备的信号通过专用信号电缆直接传输至最近的现场数据采集站进行数据的解调与采集。压电混凝土探伤、磁电钢结构探伤等经信号调理设备至数据采集站，现场数据采集站组成框架如图8-12所示。

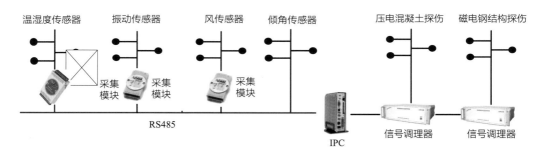

图8-12　现场数据采集站组成

采集模块应根据传感器的空间分布情况而布置，主要考虑的因素是数据采集模块的数量和传感器布线长度。在一个综合数据采集站中融合各种不同类型的信号输入形式，在不增加数据采集模块的情况下，尽量缩短传感器信号馈线，减小干扰、降低成本；对传感器输出的不同类型的电信号，考虑降噪、去伪等问题，应对传感器采取信号屏蔽、接地技术等措施，并安装相匹配的信号调理器，降低系统模拟信道的噪声干扰，提高采集信号的精度、稳定性和可靠性。

现场数据采集站应具有适当的数据预处理能力和充足的缓冲存储器容量，以保存一定时段的采样数据。当数据传输出现故障时，现场数据采集站不中断采集工作，并将数据备份到现场数据采集站中。为保证信号传输的可靠性，数据传输网络可采用工业以太网技术，选用双环冗余光纤网络，在现场采集站和监控中心之间建立可靠的连接，保障网络通信的畅通无阻。现场采集站间可以采用双环自愈冗余光纤网连接，数据采集与传输总体架构如图8-13所示。

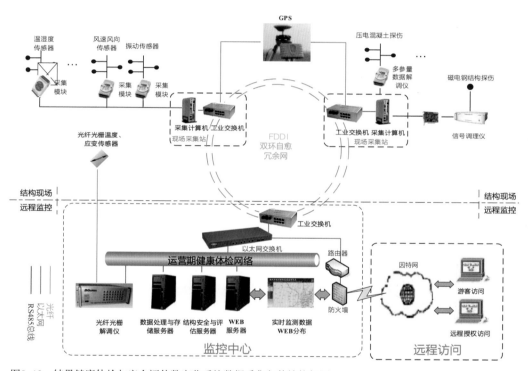

图8-13　结果健康体检与安全评估数字化系统数据采集与传输构架图

8.5.2　数据的采集与调理

数据采集模块主要完成局部探伤数据、环境参数与结构静动态响应数据的采集、存储与格式转换，包括对传感器网络数据的收集和对收集数据进行信号处理，如对信号进行交直分离、信号滤波、信号放大、A/D转换（信号采集）、采样控制，将传感器输出的电、光信号转换成可供计算机识别和易于远程传输的数据格式，以完成数据采集的基本功能，供数据传输系统进行数据的调用和操作。数据采集模块可以实现初步的在线数据分析和阈值报警，实现系统自诊断，及时向相关管理人员提供所探伤/监测到的结构现状。系统的硬件设备包括安装在土木结构上的各类放大器、传输光缆及计算机等，主要是对传感器输出的信号进行采集、现场至中心控制室的数据传输和存储。数据采集模块相应的技术要求包括：

（1）对所有传感器信号按照相应的采样频率进行连续的数据采集；

（2）应根据每个传感器相应的工程单位和传感器读数，设置适当的满度值；

（3）能够通过远程网络功能对采样参数进行调整；

（4）采集数据可以在本地进行长期的数据存储；

（5）存储数据应能够满足远程传输的网络接口等要求；

（6）采集软件可实现数据的预处理功能；

（7）采集软件可实现对自身运行状态的监测和监控功能。

结构健康体检与安全数字化评估系统所包含的传感器与探伤设备种类多、分布广，为防止长距离传输造成的信号失真，同时又不大量增加数据采集单元的数量，现场数据采集站可以采用集中控制、分布采集、远程存储、本地备份的采集模式。

8.5.3 传输网络的设计

为保证结构健康体检系统数据传输网络的可靠与稳定，可以设计采用双环光纤冗余网络，当光纤网络上的某个节点一个环路出现故障时，自动切换到另一条环路上，从而保证系统能可靠、稳定连续工作，根据系统传感器类型，可以由以下几种传输系统组成：（1）主干光纤传输网络；（2）光纤光栅应变传输系统；（3）GPS传感器网络；（4）视频监控网络。

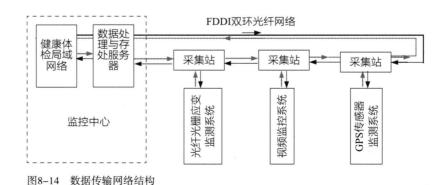

图8-14 数据传输网络结构

（1）主干光纤传输网络

主干光纤传输网络完成现场各采集站与监控中心的数据交互，为保证数据传输的可靠性，采用FDDI双环光纤网络进行数据传输。

（2）光纤光栅应变监测网络

光纤光栅应变监测网络终端解算设备为光纤光栅解调仪，解调仪通过以太网将解算结果写入数据存储与管理服务器，以备调用和查询。

（3）GPS光纤传输网络

GPS采用参考站+流动站的方式，各流动站的测试数据传输到基准站后进行集中解算。各测点的GPS主机输出的数据由RS232信号转换为TCP/IP、经电—光转换后由光纤传输到监控中心，在监控中心进行反变换通过以太网进入解算服务器，解算后的数据存入数据存储与管理服务器，供其他程序调用和查询。

（4）视频监控系统

视频监控光纤传输网络采用点对点的光纤传输模式，将视频监控信息传输到监控中心，进行数据储存、回放和显示等操作。在视频监控光纤传输网络前端，摄像机输出网络信号，经光纤收发器进行电—光信号转换后通过光纤传输至监控中心，再经过光纤收发器进行光—电反变换接入监控局域网。

1. 风荷载、温湿度和倾斜监测

风速风向传感器和模拟温湿度传感器输出4～20mA模拟电流信号或0～±5V模拟电压信号，无法进行长距离传输且不能直接被采集计算机识别，需要数据采集设备对其进行A/D转换后远距离传输及供采集计算机识别和存储。数据采集模块运行于RS485工作模式下，采集的数据传输到现场采集站，然后通过光纤以太网传输到监控中心数据库，网络拓扑图如图8-15所示。

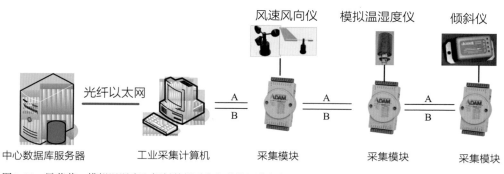

图8-15　风荷载、模拟温湿度和倾斜数据采集与传输网络拓扑图

2. 数字温湿度和温度传感器

数字温湿度和温度传感器输出1-wire总线信号，不能直接被采集计算机识别，需要数据采集设备对其进行采集转换后供采集计算机识别和存储，可以采用数字采集模块（如LTM8662系列等）完成数字温湿度数据的采集，采集数据通过RS485总线传输至现场采集站，然后传输至监控中心数据库，网络拓扑图如图8-16所示。

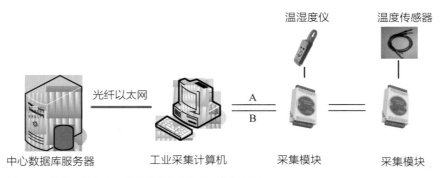

图8-16　数字温湿度和温度数据采集与传输网络拓扑图

3. 振动监测

加速度传感器采集的信号首先接到信号调理仪，然后输入采集计算机的数据采集卡，最后通过交换机传输到数据服务器（图8-17）。

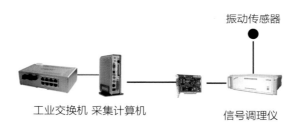

图8-17　振动数据采集与传输网络拓扑图

4. GPS空间位移监测

GPS传感器的控制主机输出RS232信号，经串口服务器转换为网络信号后接入光纤收发器中，光纤收发器经过光电转换后转换为光纤信号传输至监控中心供采集计算机进行数据解算。GPS主机运行于光纤以太网TCP/IP模式下，采集计算机对空间三维坐标进行数据解算和存储后上传至监控中心数据库，网络拓扑图如图8-18所示。

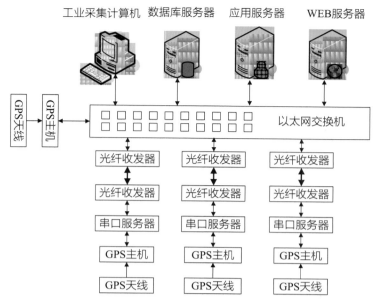

图8-18　GPS数据采集与传输网络拓扑图

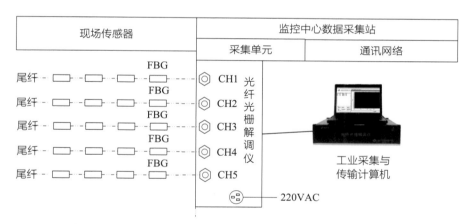

图8-19　光纤光栅应变数据采集与传输网络拓扑图

5. 应变监测

对于光纤光栅应变传感器，采集传输的是光信号，首先要连接专门的光纤光栅解调仪进行解调，然后通过工业采集计算机进行波长的结算，将解算后的数据进行存储并上传至监控中心数据库，网络拓扑图如图8-19所示。

8.5.4　数据的同步

结构探伤/监测点分布非常广，特别是用于提取整体特征参数的传感器类型也非常多，为了降低各种信号干扰，降低布线成本，系统通常设计采用分布式采集而不用集中式采集，由于涉及多种传感器数据采集设备，多个数据采集中心（现场和监控中心），也涉及多个采集计算机服务器，如何保证这多个采集设备以相同的时钟为基准，采集得到的探伤/监测数据具有对比性，实现快速准确的数据分析与处理，需要采取技术措施实现对数据的同步，包括采集终端的时钟同步和采集计算机设备时钟的同步。通常采用的时钟同步技术有以下几种：

1. GPS时钟同步

全球定位系统（GPS）提供了一种共享定时信号的方法，并依据全球标准的时间为探伤/监测数据标记时间。常见的GPS定时信号包括是PPS（Pulse Persecond）和IRIG-B两种。PPS信号通常不包含特定的时间、日期或者年的信息，而是每秒输出一个脉冲信号。而IRIG-B信号在每秒帧内包含了秒、分钟、日以及状态等多种信息。系统设计时可以在监测系统每个终端连接一个GPS同步时钟装置[274]。通过该装置接收GPS卫星信号，并通过算法补充信号的传输延时，输出与国际标准时间同步的脉冲信号，以此校正各采集系统的时间。

2. 以太网网络时间协议的同步

基于网络时间协议NTP（Network Time Protocol）的同步是通过网络中NTP时间服务器来同步网络中的系统时钟。NTP将国际标准时间UTC保存在NTP时间服务器中作为基准时间，国际标准时间UTC可以从原子钟、天文台、卫星和Internet上获取，时间按NTP服务器的等级传播。各采集设备与服务器通过基准时间来校正自身时间。

NTP协议可以利用三种方式对时间服务器和各采集设备与服务器进行时间同步。

（1）在多路广播/广播模式。时间服务器周期性地以广播的方式，将时间信息传送给其他网络中的时间服务器，其时间仅会有少许的延迟，而且配置非常的简单。主要适用于在支持多播的高速局域网中实现对很多客户的同步，该模式可以获得毫秒量级的同步精度，对时间精确度要求不是很高的情况下可以采用。

（2）对称模式。是在2个以上的服务器之间互相进行时间消息的通信，互相校正对方的时间，以实现整个网络的时间同步。该方式适用于配置冗余的时间服务器，可以提供更高的精确度给主机。

（3）客户服务器模式。客户机首先向服务器发送一个NTP包含离开客户机时间的数据包，服务器接收到该数据包时，填写该包到达时的时间和离开的时间，再将数据包发回给客户机，客户机接收到数据包后再填入返回时间。利用这4个时间就可以计算出客户机本地时间与服务器时间之间的偏移，即可调整客户机本地时间与服务器保持同步[275]。该模式与对称模式比较相似，适用于一台时间服务器接收上层服务器的时间信息，并提供时间信息给下层的用户，但不提供给其他时间服务器时间信息。

3. IEEE 1588协议的同步

IEEE 1588协议可以实现更高精度的时间同步，同时完全兼容原有的以太网协议。IEEE1588协议定义了一个在测量和控制网络中，与网络交流、本地计算和分配对象有关的精确同步时钟协议（PTP协议）。PTP协议定义了4种多点传送的信息类型：一种是同步信息，简称Sync；一种是同步之后的信息，简称Follow_Up；一种是延时要求信息，简称Delay_Req；还有一种是Delay_Req的回应信息，简称Delay_Resp。Sync信息是从主时钟周期性发出的包含发出预计时间的数据包。随后的Follow_Up信息中包含之前Sync信息的真实发出时间。接收方记录下真实的接收时间，并利用Follow_Up信息中的数据真实发出时间和接收方的真实接收时间，可以计算出两个服务器时钟间的时差，从而可以时间同步。但是该计算方法包含了网络传输的延时，网络延时通过Delay_Req信息来计算，与Sync信息类似，由前述的接收方服务器发出包含准确发送时间的Delay_Req信息，原发送方接收信息后记录下准确的接收时间并包含在Delay_Resp信息中，利用这些信息可以计算出网路延时。

4. 网内的同步

如果只需在本局域网内进行系统间的时钟同步，一般可以选择局域网中任何一个系统节点的时钟作为基准时间，然后其他的节点与这个基准时间进行时间同步即可[276]。

8.6　数据处理与管理系统

数据处理与管理子系统主要是在数据采集服务器与其他服务器之间起到桥梁作用，分担整个系统的处理压力，它主要完成探伤/监测数据的校验、整合、分类存储与备份、管理、可视化以及对探伤/监测数据的预处理、后处理等工作，包括对所有信号进行收集、处理、分析、显示、归档和存储，将经过处理和分析的数据提供给其他子系统。系统应具有相应的软硬件安全机制，保证数据的安全，防止数据丢失或被人为恶意破坏、盗取。

8.6.1 探伤/监测数据预处理

由于结构现场各种环境条件、系统故障、环境噪声、通信故障等原因，直接从传感器采集得到的原始探伤/监测数据往往都伴随有各种误差、噪声、奇异值、数据重复及数据丢失等情况，不能直接提供给结构安全评估系统使用，必须对数据进行一系列的预处理，保证后续数据分析与评估的可靠性和准确性。

探伤/监测数据预处理包括数字滤波、去噪、数据规约、异常点处理、缺失数据修复、重复数据处理、数据的统计分析等。处理的结果以指定格式进行存储备份并传输至Web服务器和综合评估服务器，以便进行数据调用和实时显示。

探伤数据处理类似，需要降噪、滤波、数据统计分析等，并提取探伤数据特征，精确定量关键区域局部损伤量大小。

1. 异常数据的处理

探伤/监测数据异常情况通常分为以下三类：

数据失真：实际的数据曲线与理想数据特性不符合，数据失真在结构健康体检系统软硬件上都可能产生，可分为单点数据失真和连续段数据失真。

数据缺失：由于软件故障、系统断电、传输通信故障、存储问题或人为原因导致在预定采集时间点或时间段内出现数据缺失，导致探伤/监测数据不具有连续性，不利于监测结构长期发展过程。为保证信息的连续性，需要对缺失数据进行补充。

数据的重复：在某一时间段内，探伤/监测数据一直保持不变，但这些数据与实际结构理想数据特性不符合，可能是传感器故障或软件异常等造成的。

造成探伤/监测数据出现异常的原因有很多，主要包括以下几个方面：

（1）传感器、探伤设备误差

传感器与探伤设备采集到的数据一般存在各种误差，如系统误差、粗大误差、随机误差，这些误差都会影响到探伤/监测数据的可靠性，而且传感器的安装松动、探伤/监测条件变化、传感器性能衰退、老化、温漂和时漂等各种故障，都会导致探伤/监测数据发生异常。

（2）现场环境噪声

结构现场环境非常复杂恶劣，各种高低温变化，腐蚀气候、高尘，风雨振动等体检系统受到各种噪声的干扰，都会导致探伤/监测数据发生异常。

（3）数据采集、传输与通信故障

探伤/监测数据从传感器模块采集到现场采集站以及传输至监控中心的过程中，

外部噪声及各种通信干扰都会使得数据失真，若通过无线方式传输，则无线通信设备及网络的质量也会对探伤/监测数据产生影响。

（4）电磁干扰

由于现场布线不合理，如强电和弱电线缆没有分开或者距离不够大，强电电磁干扰对信号线数据干扰很大，使用非屏蔽线缆也会受到各种电磁干扰。

（5）其他

其他一些因素也会导致数据异常，如设备停电、电压不稳、软件故障、计算机病毒、系统死机等。

2. 数据失真的处理

传感器与探伤设备误差导致的数据失真按照误差的性质可分为系统误差、随机误差和粗大误差。

（1）系统误差：是指在多次测量同一量值时，误差绝对值和符合保持不变或按一定规律变化，它是由系统本身引起的，如传感器的零点不准、传感器未调好、按一定规律变化的误差，如在实际监测过程中温度影响、时漂、零漂等造成的测量误差等。

系统误差在较短时间内没有明显表现，在长时间的监测过程中表现出与测量真值具有一定的规律性关系，可以根据其规律性在测量结果中用修正值来消除系统误差的影响。

例如传感器的温漂、时漂、零漂等引起的系统误差规律比较明显，可以采取不定时的传感器重新标定、实时监测过程中的温度补偿和数据分析过程中的温度修正等方法进行处理。零漂问题通常采用多项式拟合去除趋势项的方法修正。温漂处理则通过理论计算和实测拟合温度与其引起测量值变化之间的线性关系，采用类似于处理零漂的方法来消除温度引起的系统误差。

系统误差在探伤/监测数据误差中占比较大，且几乎全部保留在探伤/监测数据中，需尽可能识别并修正剔除。

（2）随机误差：随机误差是由许多随机干扰引起的导致同一测量参数多次测量结果不一致，误差绝对值和以不可预知的方式变化，但多次测量的误差总体上又服从统计规律。随机误差表现为较小的随机跳动即所谓的毛刺，出现比较频繁，可以采用统计的方法对其进行处理。常用的处理方法有中位值滤波、算术平均值滤波、滑动平均值滤波、指数平滑法滤波、线性二次指数平滑法滤波、限幅滤波、卡尔曼滤波等。中位值滤波对于变化缓慢的测量信号（如温度、挠度等）的滤波效果较好，对变化较快的测量信号如振动、应变、加速度等一般不易采用。算术平均值滤波对于正态分布的情况性能最优。滑动平均值滤波对周期性干扰有良好的去噪效果，对脉冲性干扰的滤波效果较差。指数平滑法滤波、二次指数平滑法在随机误差的滤波修正和趋势分析中应用较为广泛。限幅滤波对于脉冲干扰引起的误差滤波效果较好，适用于变化比较缓慢的监测参数，如温度、挠度等。卡尔曼滤波是一个最优化自回归数据处理算法，对于解决很大部分的问题，它是最优的。

（3）粗大误差：是超出了给定条件下预期的误差，误差值较大，明显歪曲测量的结果。可能是测量人员读错了结果（对于健康体检系统都是自动采集，因此不存在人工读错的问题），仪器设备有缺陷或测量系统受到强烈外界干扰（例如电压突变、机械冲击、电磁干扰、仪器故障等引起测试异常产生粗大误差）以及传感器在特殊环境条件（温度、湿度、气压等）下偶然失效。

分析结构健康体检数据，粗大误差往往以单点或多点较大的跳动出现，具有突发性，出现次数比较少，但数值往往较大，明显不能反映任何结构物理性质的变化，且它不满足一定的统计规律，因而不具有抵偿性，不能被彻底消除，只能在一定程度减弱。常用粗大误差处理方法有格鲁布斯（Grubbs）准则、3σ准则、罗曼诺夫斯基准则、狄克松（Dixon）准则等。其中3σ准则适用测量次数较多的测量列，测量次数较少时这种判别准则可靠性不高，但其使用简单，不需查表。后三种测量准则适用于测量次数较少而要求较高的场合的数据处理，但他们都需要查询各自准则的临界值表，其中格鲁布斯准则的可靠性最高。当然，利用这些准则剔除粗大误差是各自相对于某个精度而言，不同情况下采用不同准则的严格程度不同，没有一个适用于所有情况的通用准则。对于结构健康体检系统来说，静态测量数据样本点数较少，可以采用格鲁布斯准则判别粗大误差；对于动态测量数据（如加速度），样本点数较多，可以采用3σ准则进行粗差处理。

对于识别出的异常数据，通常可以剔除，当然，为了保证数据序列的完整性，需要对剔除后的数据点进行替代补偿，常用的方法有：

（1）直接用前一个正常数据代替；

（2）使用前N个正常数据的平均值代替；

（3）使用其前后两个正常数据的均值代替；

（4）用前后正常数据的加权平均值代替；

（5）根据数据的变化规律进行预测代替，如采用趋势线修复、建立时间序列和神经网络模型修复等。

3. 缺失数据处理

为保证信息的连续性，需要对缺失数据进行补充。常用的方法有用一个固定值代替（适用于缺失值较多时）、同一类别的均值（计算各类数据的均值来代替相应类别的缺失数据）、移动平均法、插值法、时间序列分析法。移动平均法是采用缺失时刻前一段时间内数据的平均或加权平均值、中位数等值作为缺失时刻的值。插值法是采用缺失时刻前和缺失时刻后的实测值进行线性、二次曲线或多次曲线内插，通常假定缺失时段值是缓慢有规律变化的。时间序列分析法是根据系统前期观测得到的数据，建立时间序列模型，研究数据规律，预测数据未来发展趋势，以此补充缺失数据。移动平均法、插值法适用于变化较慢的数据，对于较快变化的数据效果不佳。时间序列分析法与建立的模型的准确度有关，需要有大量的数据作样本和合适的算法。

4. 重复数据处理

由于传感器故障或软件异常，可能导致健康体检系统数据库中出现重复数据，这些重复数据对后续分析毫无作用，可以根据数据库中独一无二的标志号即时间来对同一时刻的多条重复数据进行删除处理。

（1）滤波与降噪

结构处于复杂的工作环境中，受到各种环境噪声干扰，为对结构的性能状况进行有效评估，必须对采集的数据进行滤波或降噪处理。滤波方法包括时域、频域和时频域滤波。

时域滤波方法是对采集的离散数据序列信号直接进行数学运算，常用的滤波或降噪技术有算术平均值滤波、加权平均值滤波、滑动平均滤波、中位值滤波、限幅滤波、指数平滑滤波、卡尔曼滤波等。

频域滤波是将时域的数值信号变换到频域，在频域内根据有用信号和噪声信号的不同频谱特征，设定阈值，去除噪声频谱保留有用信号，然后再将频域信号通过逆变换到时域信号的方法。如各种基于傅里叶变换的滤波器降噪即是常用的一种频域滤波方法。

频域方法只能考虑信号的频域信息，无法考虑信号的时间信息，不适合非线性非平稳信号，而结构健康体检系统采集的信号通常是非平稳的。对于非平稳信号，可以采用时频域的方法进行降噪处理，如短时傅里叶变换技术、小波变换技术和希尔伯特—黄变换技术（HHT）等。

（2）统计分析

采用基于MATLAB和LabVIEW等平台开发的专用软件，对探伤/监测数据进行统计分析，计算结果作为初级预警的输入。主要包括图8-20所示信息。

• 最值函数	• 协方差函数	• 预值计数
• 均值函数	• 协方差系数	• 峰值计数
• 方差函数	• 自相关函数	• 均值计数
• 标准差函数	• 自协方差函数	• 幅值计数
• 畸变度函数	• 自协方差系数	• 振幅计数
• 峰态函数	• 互相关函数	• 雨流计数

图8-20 统计分析结果

8.6.2 数据后处理

数据的后处理通常在结构安全评估服务器内完成，主要进行探伤/监测数据的高级分析，例如实时模态分析、结构各种特征量及与环境因素间的相关性分析、有限元模型修正、结构损伤识别、结构疲劳评估等，应根据数据分析的要求进行专项设计。由于这些方法常需占用一定的计算时间，这一过程往往离线进行，分析数据来自动态数据库和已备份的原始数据库。

8.6.3 中心数据库

数据库及其管理系统是整个系统的数据中枢，完成数据的交换、存储、查询、分析、评估与处理，数据库系统要求能够保障数据存储安全，系统能够长期不间断稳定工作，能够同时处理结构化及非结构化数据，能够完成数据的高速查询及视图的快速生成，支持网络分布式数据管理，支持Web数据访问，满足开放式数据库协议等。

通过建立系统的中心数据库子系统，统一管理与组织数据信息，给系统的维护与管理提供便利，也为各应用子系统提供可靠的分布式数据交换与存储平台，方便开发与使用。其主要功能包括：

（1）提供各类数据存储的工具与场所；

（2）提供数据分布式快速查询、编辑；

（3）提供保障数据一致性与同步性的工具；

（4）提供数据实时备份、清除与恢复的策略与工具；

（5）提供数据安全性及用户管理的工具；

（6）提供与异构数据库的接口。

数据库系统内容主要包括以下几个方面：

（1）探伤/监测设备信息：包括传感器及探伤设备信息、技术参数、品牌规格、安装位置、安装时间、安装照片、采样频率、警戒值、运行状况、维修记录等。

（2）各种探伤/监测信息：包括环境数据（风速风向、风压、温湿度、雨量等）、荷载数据（雪载、地震）、结构静动力响应数据（结构温度、位移、倾角、沉降、应变、加速度等）及各种探伤/监测数据经过处理后的信息。

（3）结构模型信息：包括结构设计资料、机电、附属工程等设计资料、施工监控信息和监控报告、竣工资料、荷载试验信息、基本设计参数、结构各阶段有限元模型等。

（4）评估预警信息：包括安全评估方法和结果，预警阈值，评估时的时间、参数、对象、结果和报告。

（5）用户信息：包括用户账号、密码、管理单位人员资料等。

数据库将面向多种应用系统，信息种类繁多，信息间的关系复杂。为了保证信息的一致性、同步性、存取的高效性，采用合适的数据库平台，进行数据库逻辑设计、物理设计，建立高效的数据库软件是关键技术。SQL Server关系型数据库具有独立于硬件平台、对称的多处理器结构、抢占式多任务管理、完善的安全性和稳定性，并具有易管理、易维护、使用方便的特点，在国内政府和企业具有广泛的应用，有大量经验丰富的管理人员，可以采用SQL Server开发建立中心数据库。

8.6.4　数据存储与管理

数据存储与管理是在数据全局管理框架下，制定适当的数据采集、传输、存储策略，通过与对应硬件设备进行协议交互并发出采集任务，完成从相应传感器读取数据，然后对这些数据进行复杂计算、转换并统计分析，为结构评估提供有用的数据。

1. 数据采集策略

数据采集策略很大程度上依赖于系统要求与数据库的容量。数据采样频率是数据采集系统设计中的一个重要问题，采样频率过高，将对数据采集、传输和存储系统的硬件性能的要求非常高，导致系统造价大幅度提高，若采样频率过低，将使采集的数据不能真实反映结构的振动特性。

结构健康体检系统的数据量巨大，需要考虑探伤/监测数据特点采用不同的采集存储策略，对于静态数据，可以采用原始数据全程连续采集的简单策略。对于动态数据采样频率很高的情况，实时采集和需要存储的数据量也会非常大，可以采用缓存技术进行延时存储，采用连续采集，定期上传分析数据，定期删除子站原始数据，远程保存全程分析处理后结果数据的采集策略。为探测结构在极端灾害状况如地震时结构的响应，可采用阈值触发采集方式，为结构灾害预警和灾后性能评估提供数据。数据传输在保障数据安全的前提下，采取冗余策略。

2. 数据存储策略

数据的高效存储可以减轻系统运行负担、提高运行效率，同时是数据安全的保障。健康体检系统在长期运营过程中，采集了海量的数据。采用基于联机分析处理的数据仓库能较好地处理海量的数据，能够自动、智能地将有用的信息和知识从待处理的数据中转化出来，帮助结构管理者实现对数据的归纳、分析和处理，为结构安全使用提供决策支持。但是，数据仓库不便于实时探伤/监测数据的处理，因此，可以采用数据仓库存储历史统计分析数据，而采用关系数据库存储一天或几天的实时探伤/监测数据。

为了突破系统文件大小的限制，加快对海量数据的存储查询管理，可以对海量数据的存储实施数据分组和分表技术，充分利用服务器多核处理优势，提高存储和查询的效率。数据库文件分组技术将数据表建立在不同的数据文件中，从而实现对数据的增、删、查、改等操作分散到不同的文件中和不同的磁盘上，提高性能。如果磁盘硬件上有磁盘冗余阵列（RAID）支持，并配置有单独内存的阵列卡，则可以获得更大性能的提升。基于分组技术的海量数据存储组织结构如图8-21所示。

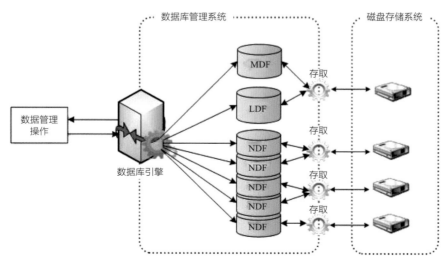

图8-21　基于分组技术的海量数据存储组织结构图

3. 数据备份与恢复策略

为了最大限度保障数据安全，预防在系统停机等特殊情况下的数据丢失，并能在系统遇到故障后，最短时间内对数据库系统进行恢复，应制定安全的数据库备份与灾难恢复策略，保证数据的安全可靠。数据库的备份是一个长期的过程，而恢复只在发生事故后进行，恢复是备份的逆过程，恢复程度的好坏很大程度上依赖于备份的情况。应针对不同的应用要求制定不同的数据备份计划，定期对数据库进行备份，以保证一旦发生故障，能利用数据库备份，尽快将数据库恢复到某种状态，并尽可能减少数据库的丢失。

可以采用分级数据备份策略，以数据库服务器上的完全备份和差异备份为第一级备份，以远程数据备份服务器上的压缩备份为第二级备份（图8-22），并将二级备份数据进行光盘刻录进行存档，然后清空二级存储空间，保证硬盘存储空间的持续可用，实现对所有数据进行双层保护。

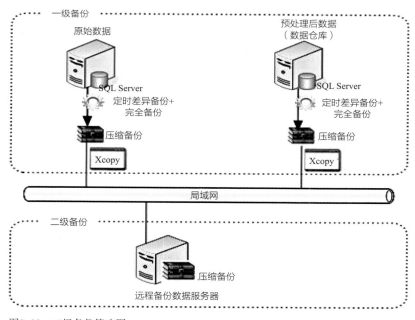

图8-22　二级备份策略图

一级备份采用数据库维护计划，如可以对所有数据进行一周一次的完全备份，每天一次的差异备份，并对备份数据采用压缩备份策略，将备份大小降低到原始备份文件的30%。在完全+差异方法下，完整的恢复操作首先恢复上周的完全备份。然后，差异方法不是覆盖每个增量备份，而是直接跳向最近的备份，覆盖积累的改变。这样，在做系统恢复时，只需在做完最近一次数据库备份的还原后，再用前一天的差异备份来还原就可以了。

二级备份利用Xcopy命令技术，将数据库服务器上备份的数据远程传输到另外一台备份服务器上。通过定制操作系统的计划任务，定期对服务器间的备份数据进行同步。或者通过刻录光盘异地保存和通过大容量移动存储设备来异地保存。一旦监控中心服务器发生灾难性事故，便可以通过异地的数据库备份来恢复数据，减小损失。

8.7 安全预警与评估

8.7.1 安全预警体系

结构健康体检与安全评估数字化系统的核心和最终目标是诊断评估结构的使用状态，通过对局部探伤数据和结构静力响应进行分析判断结构是否处于正常使用极限状态内，是否即将达到或超越服役极限状态（Serviceability Limit State，SLS，此状态下加载或卸载对结构不会产生结构损伤，结构使用正常。但当结构状态超越SLS指标时，结构则有可能产生损伤，结构使用异常）。同时结构进行损伤识别，利用局部探伤数据建立修正的结构有限元模型，进一步对结构性能及安全状态进行评估，并及时预警。因此，首先需要建立安全预警报警体系，对发生的可能威胁到结构安全状况的情况进行预警。

针对结构使用状态的预警报警体系可以根据探伤/监测参数的不同分为以下一些方法：局部探伤预警、结构响应预警、基准状态变化预警、趋势变化预警等。

局部探伤与结构响应预警可以通过在线预警方式实现，基于探伤监测数据的统计信息及数据分析，对监测点的环境参数和力学指标进行预警。基准状态变化预警和趋势变化预警通过离线分析方式实现，其中结构基准状态变化包括探伤状态和静动力状态，静力状态为剔除环境影响后的准恒载状态，动力状态为加速度幅值、结构频率、振型动力性能。

为更好地对结构使用状况进行管控，可以采用分级预警的方式，将预警分两级：黄色预警和红色预警。黄色预警表明监测指标超出一定的预警阈值（通常取极限预警阈值的一个百分比），结构的各个部分基本处于正常状态，但响应较大，有进一步发展至服役极限状态的趋势，需提醒管理单位应对环境、荷载与结构响应加强关注和跟踪观察。红色预警状态表明结构出现正常使用的极限状况，需警示结构管理单位及时查明报警的原因，采取适当的检查、应急管理措施以确保结构安全使用。相应的结构使用状态分为三种状态：

（1）结构使用正常状态

$S_m < S_{tj}$，（S_m为预警指标，S_{tj}为黄色预警阈值）表示结构使用正常。

（2）结构使用临界状态

$S_{tj} < S_m < S_{SLS}$，（S_{SLS}为红色预警阈值）黄色预警。

（3）结构使用退化状态

$S_{SLS} \leq S_m$，红色预警。

为准确判定结构使用状态，并确定监测指标的预警阈值，通常有以下几种方法来确定：

（1）设计计算值：

基于经修正后的有限元模型，计算在设计使用状态下结构的响应，计算出传感器监测位置相应参数的理论变化范围。如结构的损伤变形、应力等。另外有些监测参数也可以根据设计值来确定预警阈值，如设计风速、设计最高最低温度。

（2）基于探伤/监测数据的统计分析：

当某些受力复杂、理论模型与实际结构存在一定差别时，有限元计算结果很难精确计算被测参数，可以对参数长时间实际探伤监测结果进行统计分析，找到它的概率分布规律，确定具有一定置信度的统计值作为监测的预警阈值。

（3）规范值：

对于某些非结构参数的阈值可以采用规范规定的限值作为预警阈值。

（4）不确定值：

对于地震等特殊荷载作用，实测是对应的结构加速度响应，很难直接确定其阈值大小，可以根据探伤/监测数据进行离线分析，确定结构有无损伤发生。

多途径自动报警方法。当结构某一部位发生危险时，在监测系统界面上显示报警信息，同时可以将报警信息通过手机短信和电子邮件的方式及时告知相关人员，并及时处理。

8.7.2 结构安全评估

基于健康体检的结构安全评估的基本思路是，首先判断大型结构关键区域，依据关键区域的精准探伤信息，并结合整体监测数据，评定整体结构安全状态。

1. 模态参数识别

结构在长期使用下将发生性能退化或损伤，模态参数（模态频率、振型及阻尼比）是结构动力特性最直接的体现，可以作为结构有限元模型修正及损伤识别的基础数据，对处于工作环境状态下的实际土木结构受到风和地震等环境荷载作用时，往往无法获得结构系统的输入信息，因此必须采用环境激励下结构模态参数识别方法提取结构的模态参数，具体识别算法包括频域方法、时域方法及时频域的方法。

结构模态参数识别的频域法是指对结构响应和激励信号的傅里叶变换得到传递函数或频响函数识别出结构模态参数的方法。目前，该领域已发展有多种成熟的方法，主要分为单模态识别法、多模态识别法、分区模态综合法和频域总体识别法。对小阻尼且各模态耦合较小的系统，用单模态识别法可达到满意的识别精度，而对模态耦合较大的系统，必须用多模态识别法。

单模态识别方法只用一个频响函数就可得到主导模态的模态频率和模态阻尼比，而要得到该阶模态振型值，则需要频响函数矩阵的一列或一行元素，这样便得到主导模态的全部参数，将所有关心模态分别作为主导模态进行单模态识别，就得到系统的各阶模态参数。单模态识别法分为直接估计法和最小二乘圆拟合法。如峰值拾取法、频域分解法（FDD）。

多模态识别方法是在建立频响函数的理论模型过程中，将耦合较重的待识别模态考虑进去，用适当的参数识别方法去估算，它适用于模态较密或阻尼较大，各模态间互有重叠的情况。根据所选频响函数数学模型不同有两类方法：一类以频响函数的模态展式为数学模型，包括非线性加权最小二乘法、直接偏导数法；另一类以频响函数的有理分式为数学模型，包括Levy法、正交多项式拟合法等。对于大型结构，由于单点激励能量有限，在测得的一列或一行频响函数中，远离激励点的频响函数信噪比很低，以此为基础识别的振型精度也很低，甚至无法得到结构的整体振型。分区模态综合法将结构进行分区激励测试，在不增加测试设备的情况下可以较好地解决这一问题，而且方法比较简单实用，然而对于超大型结构仍难以激起整体有效模态。

频域总体识别法是建立在多输入多输出（MIMO）的频响函数估计基础之上，使用频响函数矩阵的多列元素进行识别。还有一种建立在SIMO频响函数估计之上的不完全的总体识别法，这种方法仍然只使用频响函数矩阵的一列元素，但识别模态频率和阻尼比时不是使用一个频响函数，而是同时使用多个频响函数以提高识别精度。由于仍然建立在单点激励基础上，故输入能量有限，且无法识别重根以及非常密集的模态。

频域分解法（Frequency Domain Decomposition，FDD）[278]是在传统频域方法（峰值法）的基础上发展起来的，克服了峰值法的局限性。频域分解法FDD通过对响应谱密度函数矩阵进行奇异值分解（SVD），将响应分解为单自由度系统的集合，分解后的每一个元素对应于一个独立的模态。该方法假定结构密集模态正交化，结构为小阻尼，输入为白噪声，如果满足上述条件，则参数识别结果是准确的；如果部分满足，则结果是近似的，但仍比峰值法准确。

增强频域分解法（Enhanced Frequency Domain Decomposition，EFDD）[277, 278]在频域分解法的基础上将每条谱线的响应互功率谱密度矩阵进行奇异值分解，得到各单自由度模态的自功率谱密度和各阶模态的振型，由功率谱密度在峰值附近的区间可确定模态的频率和阻尼。其操作简单，和峰值拾取法类似，只要拾取峰值即可。和峰值法不同的是，通过奇异值分解，EFDD方法能直接得到振型，识别密集模态。

频域空间域分解法（Frequency Spatial Domain Decomposition，FSDD）[279, 280]引入了增强型响应功率谱密度（Enhanced PSD）矩阵的概念解决上述问题。它通过前后乘以对应于第k阶特征频率的奇异向量，增强响应功率谱密度矩阵在第k阶特征频率，得到的功率谱密度函数更接近于一个单自由度系统。

最小二乘复频域（Least Square Complex Frequency-domain，LSCF）法对采用相关图法得到仅正时间延迟的相关函数进行傅里叶变换，得到仅有正频率的半功率谱，其表达式与频率响应函数的表达式相似。采用传统基于频响函数矩阵的频域模态参数识别方法均可应用于环境激励下结构模态参数识别。

有理正交多项式拟合法（Rational Fraction Orthogonal Polynomial，RFOP）[281, 282]的基本原理是以具有矩阵系数的有理分式来表示频响函数，采用Forsythe正交多项式来减少方程的病态性并解耦系统矩阵，通过最小二乘求解得到总体意义上的模态频率、阻尼比和模态振型。

多参考最小二乘复频域法（Polyreference Least-squares Complex Frequency-domain，P-LSCF）（LMS公司称其为PolyMAX法[283, 284]），采用与时域最小二乘复指数法类似的方法进行模态参数识别。首先构建包含频率、阻尼和振型参与信息的稳定图，随后通过最小二乘技术和用户选定的稳定轴确定模态振型。PolyMAX法的一个优点在于对于确定的系统阶数，系统稳定轴和参与因子非常稳定，因此可以用于特别难的参数识别问题，如高阶或高阻尼系统的参数识别。

频域法最大优点是利用频域平均技术，最大限度地抑制了噪声影响，使模态定阶问题容易解决，但也存在若干不足，如功率泄露、频率混叠、离线分析等。对于非线性参数需用迭代法识别，因而分析周期长；而且一般需要同时测量激励和响应信号以便求得频响函数或者能获取结构的自由振动响应或脉冲响应，对于大型土木结构，通常很难实施有效激振或获取激励信号，往往只能得到自然环境激励下的响应信号。

时域法基于线性结构振型叠加原理在时域内识别结构模态参数，一般不需要结构的输入响应，直接利用结构的响应信号进行识别。常用的有ITD法（Ibrahim Time Domain Technique）、STD法（Spare Time Domain Technique）、最小二乘复指数法（Least Square Complex Exponent，LSCE法）、多参考点复指数法（Polyreference Complex Exponent，PRCE法）、特征系统实现法（Eigensystem Realization Algorithm，ERA法）和ARMA时序分析法。基于环境激励下的NExT法、随机子空间法（Stochastic Subspace Identification，SSI）等。

ITD法直接使用结构自由响应或脉冲响应信号。其基本思想是使用同时测得的各测点的自由响应（位移、速度或加速度三者之一），通过三次不同延时的采样，构造自由响应采样数据的增广矩阵，构建特征方程，求解出特征对后再估算各阶模态参数。ITD法需要同时使用全部测点的自由响应数据，是其他多种时域识别法的基础。

STD法实际上是ITD法的一种新的解算过程，使ITD法的计算量大为降低，节省了内存和机时，而且有较高的识别精度，尤其对于误差的识别，可免除有偏误差。STD法对用户的参数选择的要求也大为减少。

最小二乘幅指数法基本思想是从系统的单个脉冲响应函数（IRF）出发，根据脉冲响应与极点和留数之间的关系，建立自回归模型（AR模型），使问题成为AR模型的参数估计，求出自回归系数，再构造一个关于极点的Prony多项式，求出极点与留数，从而求得系统的模态参数。可见，最小二乘复指数法是建立在单点激励的基础上的，输入能量有限，属于局部识别方法。

对于大型结构，使用单点激励无法得到有效的识别结果，多参考点复指数法基本思想与单点激励下的最小二乘复指数法相同，只是基于多输入多输出的脉冲响应矩阵进行识别，属于整体识别法。

特征系统实现法主要采用多输入多输出的脉冲响应函数矩阵为基本模型，它移植了自动控制理论中的最小实现理论，通过构造广义Hankel矩阵，利用奇异值分解技术，得到系统的最小实现，从而得到最小阶数的系统矩阵，求得系统的特征值与特征向量，从而识别系统的模态参数。

模态参数识别中的时间序列法是基于离散自回归模型的参数识别方法，通过被测试结构输出响应的时间序列，识别结构的模型参数，适用于白噪声激励下结构线性或者非线性参数识别，包括AR模型、MA模型和ARMA模型等识别方法。ARMA属SISO参数识别，直接使用随机激励和响应信号，利用差分方程和Z变换，分别建立强迫振动方程与ARMA模型、传递函数与ARMA模型的等价关系，由ARMA模型识别模态参数。

NExT法基本思想是在白噪声激励下，线性系统两个响应点之间的互相关函数和脉冲响应函数具有相同的数学表达式，求得两个响应点之间的互相关函数后，即可利用前述基于脉冲响应函数的时域模态参数识别方法，用响应的相关函数替代脉冲响应函数进行模态参数识别。

随机子空间法以时域状态空间方程为基本模型，将输入项和噪声项合并，并假定为白噪声，利用白噪声的统计特性进行计算，得到卡尔曼滤波状态序列，然后应用最小二乘计算系统矩阵，完成识别过程。

时域模态参数识别法的主要优点是可以只使用实测响应信号，无需对信号进行傅里叶变换，因而可以对连续使用的结构实施在线参数识别，测试设备比较简单，节省测试时间与费用。但是，由于不使用平均技术，结构响应信号中包含噪声干扰，如何从识别的模态中分辨和剔除噪声（虚假）模态，得到正确的结构自身模态是时域法需要研究解决的问题。

时域和频域参数识别方法仅单纯在时域或频域内进行，实际工程结构在一定程度上具有非线性与时变特性，其结构响应是非平稳的，在时域或频域都无法描述结构不同频率分量的分布与变化情况时，而基于小波变换和HHT变换等时-频分析的模态参数识别方法，在时频域内对信号进行分析处理时，能更好地反映信号的时变谱特征。

另外，基于时-频分析的模态参数识别方法无需激励信号，仅基于结构的输出响应，具有较强的抵抗噪声能力。

时-频分析方法中以小波变换进行识别的研究较多，一般将响应信号用连续小波展开，由分解的小波系数幅值和相位与模态频率和阻尼比的关系识别结构的模态频率和阻尼，由各点响应信号的小波系数之比与振型的关系计算结构的振型。也由采用离散小波变换的识别方法，通过对结构的响应进行离散正交小波变换，并在不同的小波空间重构离散运动方程以识别结构的模态参数。对于结构环境激励响应，也可以联合采用NExT法和随机减量法得到结构的互相关函数或自由响应信号，然后运用小波变换技术进行参数识别。小波变换的端点效应与参数选择是需要注意处理的问题。

黄谔[77]提出了Hilbert-huang变换时频分析技术，通过经验模式分解（EMD）对各种线性非线性信号进行分解，将信号分解为一个个具有单一振动模式的固有模式函数（IMF）和趋势项，对每一个IMF进行希尔伯特变换得到希尔伯特谱，从而获得信号的时频特性。基于EMD方法和随机减量技术（RDT），提出了从环境激励响应数据中提取结构模态参数的方法。该方法通过EMD分解带噪声的结构加速度响应以确定每阶模态的响应，然后利用RDT技术获得自由振动模态响应，最后利用Hilbert变换从自由振动模态响应中识别出结构的自振频率和阻尼比及振型。当然EMD分解技术是基于经验的，还存在一些不足，如端点效应、模式混叠、筛选停止条件以及理论基础。

其他时频分析的参数识别方法还有基于Gabor变换的参数识别方法，通过对结构响应信号进行Gabor展开与重构，单频特征振动可从复杂的响应信号中分离出来，由这些特征振动信号可进一步提取系统的模态参数。

二维时频分布是另一种时频分析工具，能直观地表示信号能量在时频平面内的变换，也可以用来进行模态参数识别，常用的如Wigner-vill分布、Cohen类时频分布，Wigner-vill分布对多分量信号会产生交叉项，对分析结构产生干扰，而Cohen类时频分布能抑制交叉项，通过对响应信号进行Cohen类时频变换，根据得到的时频图信息在时域内用Chebyshev滤波器进行滤波，可以得到单模态信号的幅值包络和相位信息用于参数识别。因为滤波器设计给分析工作带来不便，也可以根据互时频变换分解叠加信号的原理直接基于Cohen类时频谱图进行参数识别。对响应信号进行Cohen类变换得到自、互时频分布，由自Cohen类时频分布的幅值与平均幅值（或互Cohen类时频分布的相位差与平均相位差）的最小平方的极值模态频率，由不同测点的自Cohen类变换的幅值比得到振型，振型分量的正负号由互Cohen类变换的相位差确定。

2. 结构损伤识别

依据关键区域探伤信息，结合整体结构监测数据，判断整体结构损伤状况。结构损伤识别，一直是监测系统中具有挑战性的研究课题，一般认为与正常结构比较时，损伤结构将在某些方面产生了异常现象，这些现象表现在表征结构特性的各种特征参数上，这些特征包括静态及动态特征等。结构损伤识别即是对结构进行检测与评估，以确定结构是否有损伤存在，进而判断损伤的位置和程度，以及结构当前的状况、使用功能和结构损伤的变化趋势等。传统健康监测技术中的损伤识别方法结合本书中所介绍的关键区域健康精准体检，将有效提高整体结构损伤识别的精度和效率。传统的整体结构损伤识别方法可以分为基于模型的识别方法和不基于模型的识别方法。

（1）基于模型的识别方法

基于模型的识别方法为被监测结构建立相应的数学模型，其建模方法一般采用有限单元法，基于模型对结构损伤前后的响应进行分析，提取各种特征指标进行对比，对结构损伤情况进行诊断。基于模型的损伤识别方法物理意义直接明确，有助于精确地标定结构的损伤程度和位置。大致可分为3种：

1）列举结构可能发生的各种损伤情况，将结构实测分析结果与各种损伤状况特征指标进行对比分析，两者最接近的即为识别结果。实际工程中很难列举并获得结构各种损伤状态的特征指标，因此很难实现。

2）指纹识别法，即通过比较结构损伤前后的特征指纹变化识别损伤，包括静力指纹法（可采用结构刚度、结构单元刚度、位移、应变、残余力、材料参数等来构建损伤指标）和动力指纹法［可采用频率、振型、振型曲率、刚度及柔度矩阵、柔度曲率、模态应变能、应变模态振型、MAC、COMAC、传递函数（频响函数）、里兹向量等来构建损伤指标］。

3）有限元模型修正法，建立结构有限元模型，通过结构实际监测的模态参数、加速度时程、频响函数等，修正模型的敏感性参数（包括结构刚度、边界条件等），使得修正后的模型的响应结果与实测值相吻合，反向识别出刚度、质量、阻尼以及荷载变化，从而判别结构损伤状况。模型修正法属于数学上的反演问题，具体算法包括：

①基于动力的有限元模型修正：采用结构动力测试结果作为基准，修正有限元模型使之与测试结果相符，主要包括矩阵型修正方法、设计参数型修正方法和基于频响函数的修正方法。矩阵型有限元模型修正直接修正有限元模型的质量和刚度矩阵，它可以比较准确地再现非完备的模态测试参数，但是破坏了矩阵的稀疏性和对称性，无法确保模型的物理意义。设计参数型修正选取模型的物理参数作为修正变量，能确保修正后结构的物理意义，但修正变量的选择是关键，通常通过灵敏度分析来优化选择，增加了较多工作量，而且选择不同参数可能会使修正问题出现病态，如迭代不收敛或修正结果不唯一等问题。这两种方法都要先对结构进行模态参数识别，识别精度受噪声干扰较大。基于频响函数的模型修正技术可以避免这个问题。

②基于静力的有限元模型修正：静力测试结果比较精确，受噪声干扰较小，采用静力测试数据进行有限元模型修正，即在弹性范围内对结构的位移或应变等静力参数进行测量，对静力参数的计算值与测量值间的残差进行分析，来实现对结构的有限元模型修正。

③联合静动力的有限元模型修正：为了克服单独运用静力或动力测试数据进行有限元模型修正的不足，可以联合采用静动力测试的结果进行模型修正，其关键技术问题包括静动力测点的优化布置、联合目标函数的构建及权重的选取、修正参数的选择和多目标的优化算法。

④基于响应面方法的有限元模型修正：基于有限元的模型修正需要不断地调用有限元模型进行迭代计算，而且修正的参数较多，计算量巨大，不利于工程应用，基于响应面法的有限元模型修正通过有限次的有限元计算，拟合结构响应与参数之间的响应面模型，用响应面模型代替有限元模型进行模型修正，计算效率大大提高。

（2）不基于模型的识别方法

不基于模型的识别方法的特点是不使用结构模型，直接通过分析、比较结构振动响应的时程数据或者相应数据的谱分析来进行结构损伤识别。无模型识别方法可分为时域识别方法、频域识别方法以及时频分析方法。常用的时域方法有ARMA（自回归滑动平均）时间序列法、自相关函数和扩展的卡尔曼滤波算法等。频域分析方法常用的有傅里叶谱分析、多谱分析（信号高次矩的傅里叶变换）、倒谱分析等。时频分析方法包括小波分析、Wigner–Ville分布以及HHT变换法等。

结构损伤是一种局部现象，小波变换具有强大的局部化性能，非常适合于分析和识别结构响应中的局部损伤信息。通过用小波变换工具对结构响应的时域信号进行分析和处理，提出各自基于信号的指标，如小波熵、小波包能量谱等对结构进行损伤识别和定位。该方法不需要结构模型即可识别结构损伤，仅根据当前结构的响应信号进行分析处理，属于非对比的损伤检测方法，这对于已服役多年的结构工程，特别是没有原始的或完好状态的结构模型和动力学参数的结构来说，具有较高的实用价值。

HHT变换法是美籍华人Norden E. Huang近年来提出的一种适合非线性、非平稳信号的时频分析方法，基于HHT的Hilbert谱比小波谱能更清晰描述信号的时频特征分布。HHT首先对信号进行EMD分钟，得到一系列本征模式函数（IMF），然后对IMF进行Hilbert变换得到Hilbert谱。通过HHT对结构损伤前后响应信号进行对比分析，可以实现损伤的识别和定位。虽然HHT方法在处理非线性和非平稳信号方面优势明显，但是EMD是基于经验的，缺乏严格的数学证明，分解中还存在一些不稳定性，如端点效应问题、频率混叠问题、分解截止条件问题等需要更好的解决。

不基于模型的识别方法最大的优点是不需要建立复杂的数学模型，减少了理论和计算的工作量，同时也避免了由建模带来的误差。但是它过分依赖监测信号的准确性。测量误差与噪声对识别结果有很大的影响。而且不基于模型的识别方法及采用的指标一般不直接与结构本身的物理参数发生联系，因而难以实现结构损伤的定量识别。

（3）基于动力指纹的损伤识别法

结构损伤意味着结构物理参数的改变，而物理参数的改变必然引起结构动力特性的改变。通过对结构的振动进行实时监测获取动力响应，对其进行分析处理可以识别结构损伤情况。对结构进行振动测试费用低廉，不需要中断结构运营，具有很大的优越性。基于动力特性的结构损伤识别的关键问题之一在于选取一个可测的、对结构局部损伤敏感的动力指标用于损伤的判定。常用指标如下：

1）模态频率：结构发生损伤，其质量和刚度均发生变化。通常结构质量变化很小，损伤识别时仅考虑结构的刚度降低。这时，结构的固有模态频率降低，阻尼比增大。因此可以通过比较结构损伤前后固有频率的变化来识别结构损伤。固有模态频率最容易通过结构模态参数识别得到，且识别精度较高。然而，结构各阶模态频率反映的是结构整体动力特性，对结构局部损伤不敏感。高阶频率比低阶频率对损伤敏感，但很难准确识别大型土木结构的高阶频率，且噪声往往属于高频成分，对识别结果影响很大。而且结构不同位置的损伤可能引起相同的频率变化，如对称结构对称位置发生的损伤引起结构频率变换完全相同，因而很难进行损伤定位。

2）模态振型：相对于频率，振型的变化对损伤更为敏感。因此可以基于振型变化进行损伤识别，如MAC、COMAC。利用MAC能够判别出结构损伤前后的动态特性的变化，利用COMAC可以进一步判别损伤位置。而振型曲率的变化对结构损伤更敏感，可以用损伤前后振型曲率变化的绝对值来判断损伤位置，同时，振型曲率变化大小和损伤程度有关，损伤越大，曲率变化越大，因此可以识别损伤程度。

3）残余力向量：是另一种损伤动力指纹，残余力向量中非零元素的位置反映了与该位置相连的单元可能发生了损伤。该方法的好处是只需要知道结构完好状态下的刚度矩阵、质量矩阵和发生损伤后结构的模态参数，而不需要知道损伤后结构刚度质量矩阵的变化。

4）柔度矩阵：结构损伤会导致结构柔度的增加，因此，结构柔度矩阵的变化可作为损伤识别的依据。由于结构的高阶模态难以准确获得，因此，很难得到较准确的结构刚度矩阵，而柔度矩阵是刚度矩阵的逆矩阵，各阶振型随着相应频率的增大对柔度矩阵的贡献迅速减小，因此前几阶模态振型就可形成较准确的柔度矩阵；而且，相对于刚度矩阵来说，柔度矩阵对结构质量的变化不敏感，因此，利用柔度矩阵进行损伤识别具有一定的优越性。然而，一般得到的结构柔度矩阵的元素很少，直接用它进行损伤识别容易受到噪声的干扰。

5）传递函数（频响函数）：不同位置不同类型结构损伤会引起结构传递函数的变化，也可以基于传递函数进行损伤识别。

6）能量法：主要有能量传递法和应变能法。能量传递法是基于能量传递比的变化来识别损伤，能量传递比在损伤处或靠近损伤处较大，而在远离损伤处较小，它既可以识别损伤与否，也可以对损伤进行定位，比结构固有频率更敏感，并且不基于结构有限元模型。应变能法是利用结构损伤前后应变能的变化进行损伤识别，这种方法需要同时用到模态参数和结构有限元模型，但是结构高阶模态很难获得，误差也较大。

（4）基于智能算法的损伤识别方法

1）神经网络法：人工神经网络（Artificial Neural Network）法通过模拟人的大脑神经元模型建立数学网络模型，通过特征选取或者根据不同状态下结构的反应，对结构损伤相对敏感的参数被网络输入向量选择后，再输出所选择结构的损伤状态，从而建立损伤状态与输入参数之间的映射关系。通过已知的特征样本数据对网络模型进行训练，不断改变网络连接权值及拓扑结构，使网络输出接近期望的输出，训练后的网络可用于对未知样本数据的分析。人工神经网络法对于结构的表观特性并不关注其研究，而且对于这种特性要求不高，这就使它成为一种代表未知模型系统的强有力工具。神经网络也无须等待识别系统的先验知识，可以采用同样的方法识别线性结构和非线性结构。土木结构中多采用多层BP网络进行结构损伤识别，BP网络结构简单，学习、训练算法较为成熟，但是收敛速度慢、容易收敛到局部最小。

2）遗传算法：损伤识别问题很多都可以转化为数学优化求解问题，遗传算法是一种全局优化方法，具有自组织、自适应和自学习能力，可以根据环境变化自动发现环境特性和规律，因此可以解决复杂的非结构化问题；算法具有并行性，非常适合大规模并行运算；搜索范围广，大大减少了陷入局部最优解的可能性；在求解各类问题时只需要定义目标函数，无需梯度等其他传统信息。

（5）安全评估方法

结构安全评估可以从功能性评估和结构承载能力评估两个方面进行。

1）功能性评估

功能性评估主要是确保结构在各种作用下不至于发生影响正常使用的过度变形、裂缝等缺陷。功能性评估方法较多，常规的方法有：常规综合评价法、模糊综合评估法、神经网络法、专家评估系统及层次分析法。

①常规综合评价法

该方法采用加权算术平均、加权几何平均以及综合算术与几何平均的混合评估方法。这些方法简单，应用范围广，是一种经典的评估方法。然而，对于很难用定量方法描述的事物，该方法容易引起人们对其可靠性的怀疑。

②模糊综合评估法

结构的状态参数很难明确确定界限，如混凝土裂缝多少、破损程度，对于这类边界不清、不易定量的参数，可以借助模糊数学的一些概念，引入模糊集合来描述。采用模糊聚类分析将模糊集分为不同水平的子集，由此判别结构安全等级最可能属于的子集。模糊综合评价法较好地解决了结构参数的模糊性与评估算法的确定性这一矛盾，能较好地对结构状况进行确定性评估，但该方法也有一些问题：如结构评估状态量众多，模糊运算法则的选择，隶属度的确定，参评人员主观上的不确定性和随机性导致模糊关系矩阵的建立十分困难。

③神经网络及遗传算法

人工神经网络通过建立模拟人脑神经元模型建立网络模型，通过大量输入输出样本数据的学习，学习结果通过网络连接权值存储下来，随后可以用于新样本数据的分析。BP网络以其结构简单、工作状态稳定、非线性映射能力强等优点成为常用的网络结构。遗传算法是基于达尔文的"适者生存"的遗传和进化理论提出的一种全局优化算法，神经网络法及遗传算法的结合弥补了BP网络收敛速度慢和易局部收敛的缺点。然而，实际结构各种使用状况的训练样本很难取得，而依靠模型得到的训练样本误差太大。这是应用神经网络法需要解决的问题。

④专家评估法

结构工程领域专家往往可以结合个人专业知识、经验水平对测量结果对结构病害情况进行诊断，专家评估法就是用具有相当于专家知识和经验水平的计算机系统对结构状况进行评价。在结构设计、施工过程中，均存在一些不确定性的因素，许多因素难以用数值计算解决，采用基于专家系统的诊断方法很有效，然而无法实现在线评估，并且人为因素也会影响评估结果。

⑤层次分析法

层次分析法（AHP）是美国匹兹堡大学 T.L.saaty 教授根据人类的决策思维方式提出的一种多指标综合评估的定量评价方法，是一种定性与定量分析相结合的方法。在结构安全评估中，层次分析法将影响结构状态的安全性指标按由粗到细、由整体到局部的原则分解为不同层次的详细指标，通过两两比较的方式或者专家取值确定层次中诸指标的相对重要性，其依据专家征询和鉴定实践确定各因素间权重分配系数，然后将各权重与相应的指标值综合起来评判结构的状态，最终得出结构安全等级。传统的层次分析法中权重是不变的，这种的做法具有一定的片面性。因而又有变权层次分析法，其基本思想是：根据因素状态值的变化使因素的权重随之变化，更好地体现相应因素在决策中的作用。层次分析法思想深刻、形式简单，适合大型复杂结构的安全评估。

2）承载能力评估

承载能力评估主要针对结构各主要构件的承载能力、构件结构性损伤进行评估，确保结构不发生倒塌，保护人员不受到伤害。承载能力评定的方法大致可分为经验法、荷载试验法、设计规范法、承载能力的计算机有限元模拟、基于动力的评估以及以可靠度理论为基础的评估方法。

①基于调查的经验方法

此方法是由有经验的工程师对既有结构进行全面检查评分，并依此对材料质量、损伤程度等进行评价。此法应用简单，但结论的可信程度取决于评定者的自身经验和判断，结果比较主观粗糙。

②荷载试验法

这是通过现场试验对既有结构承载能力进行评估的方法。在结构现场进行荷载试验，建立结构的实际受力模型，进而根据这个模型确定结构的实际承载能力。利用现场试验，可获得一部分结构的确定信息，降低结构评估中的不确定性，该方法成本较高，时间较长，可能引起结构损伤。

③设计规范法

此法是指基于已有的各种规范对结构进行安全评定。如《危险房屋鉴定标准》《民用建筑可靠性鉴定标准》《工业厂房可靠性鉴定标准》《既有建筑物结构检测与评定标准》《公路旧桥承载能力鉴定方法》《公路桥梁技术状况评定标准》《公路桥梁承载能力检测评定规程》等。

④承载能力的计算机有限元模拟

这类方法是通过建立结构有限元模型，考虑结构的几何和非线性及材料非线性，对模型进行有限元数值分析，求解结构的承载能力，关键问题是如何用有限元来模拟结构真实的状况。

⑤基于可靠度理论的评估方法

对于既有结构，其作用效应和结构抗力等影响土木结构安全的诸多因素多是在一定范围内波动的随机变量或随机过程，若采用定值法来估计随机变量不定性的影响，显然与实际情况不吻合，可以采用可靠度评估理论，更加客观、实际地对既有结构承载能力及剩余使用寿命进行评估，并给出可靠性能的定量数值。可靠性评估的基本方法首先是针对危险构件的主要受力形式列出极限状态方程，通过大量现场实测资料和试验数据统计得到结构的实际荷载和抗力的统计参数，计算构件和整个结构的失效概率来确定土木结构的失效概率并推算剩余使用寿命。

8.8 用户界面交互系统

结构健康体检系统面向多用户，无论是现场的技术人员，还是维护的管理者和决策者，都需要及时了解结构各方面的状况；同时各个子系统分别在不同的硬件和软件环境下运行，如何保证不同功能的子系统在物理上、逻辑上和功能上的相互连接和协同工作，需要一种结构合理、联系和控制各子系统在用户意识指导下高效、有序运行，最终完成和实现大型结构局部探伤、整体诊断评估、安全预警功能。该功能通过用户界面交互系统实现，它是用户与安全监测系统的交互平台。通过该子系统实现将各种数据实时按需求向用户展示，并且接受用户对系统的控制与输入。

8.8.1 系统功能

用户界面交互系统提供的主要功能有：

（1）探伤/监测界面：利用该界面进行现场和远程探伤/监测数据立体查询，包括数字化结构模型展示，通过GIS平台，展示本系统涵盖范围内的地貌、结构物以及传感器布设等信息，并可以实现查询、统计、分析、定位等功能，该功能具体使用WEB GIS展示。

（2）系统控制功能：通过该系统实现现场和远程系统控制，设置系统的各种运行参数，对整个健康体检系统进行自动化的管理和配置，协调其他各个子系统进行工作，也能够进行日常的数据以及报告的录入、输出等工作。

（3）静态资料管理：提供和结构相关的信息进行管理的功能，主要包括结构的设计资料、施工资料、竣工资料以及本健康体检系统的设计实施资料（如测点布置、传输设计等）和其他与系统和结构有关的资料，全部纳入静态数据管理中进行管理，通过用户界面向用户展示并提供数据查询与录入功能。

（4）探伤/监测数据与预警显示：进行现场和远程的探伤/监测数据（包括历史数据和实时数据）显示与查询功能，提供对探伤/监测的各种数据和初步分析处理结构的显示与查询，数据的采集和实时展示的功能，主要包括实时数据的展示、传感器及相关设备工作情况的查看等。

（5）报告报表生成与查询：通过界面系统向用户提供各种数据统计分析结果、报表的查看及接收用户的交互式查询请求。

8.8.2 系统的设计

系统常用有B/S（浏览器/服务器系统，Browser/Server）和C/S（客户端/服务器系统，Client/Server）两种架构，B/S系统模式中采用的HTTP协议是一种无连接协议，系统不保存每次处理的状态信息，对于要求在客户端进行复杂处理的情况显得力不从心；而C/S模式由于要在客户端安装软件，大大限制了其实用性和适用性，也不利于系统的维护和升级。考虑两种模式的优缺点，结构健康体检系统可以采用图8-23所示客户机/服务器系统（Client/Server，C/S）和扩展浏览器/服务器系统（Browser/Server，B/S）两种系统模式相结合的形式，兼顾C/S和扩展B/S两种系统结构的优点。

在结构现场数据采集传输系统、监控中心的数据处理与管理系统之间的通信采用C/S结构，这样不但可以满足系统数据采集的实时性要求，同时分担数据库服务器的任务，使得数据库服务器对在线实时数据具有较高的处理能力和快速时间响应，包括智能预警分析、结构安全评估和自动报告报表都以C/S的结构运行在服务器的后台，有效弥补了B/S结构中浏览器端处理能力不足的缺点。

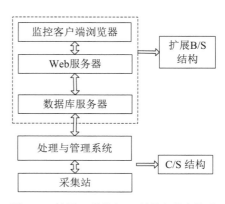

图8-23　扩展B/S结构与C/S结构相结合的系统构架图

在Web服务器、数据库服务器和监控客户端之间则采用扩展的B/S结构，实现远程Web访问系统，简化了客户端，无需像C/S架构那样在不同的客户机上安装不同的客户应用程序，而只需安装通用的浏览器软件，降低了系统对客户端的配置要求。简化了系统的开发和维护，提高了系统的互操作性、开放性，易于对程序进行升级和更新，系统的开发者无须再为不同级别的用户设计开发不同的客户应用程序，而只需把所有的功能都实现在服务器上，并就不同的功能为各个组别的用户设置权限就可以了。

用户界面系统主要包括交互应用层、逻辑层。

交互应用层主要是人机交互，体现的是用户与系统之间的互动。设计和实现时要充分考虑用户的使用习惯与感受，要为用户提供方便高效的探伤/监测数据、报告与报表的查询、评估分析输入输出与控制界面。同时应遵循国家或软件行业已有标准，采用实用、安全、可靠、先进的技术，保障系统的可扩充性、易维护性、开放性和统一性。

具体来讲，用户界面交互系统包括如下功能模块：

1. 系统主界面

是用户开始使用本系统、了解本系统的窗口，用于系统而形象地展示区域内所涉及管理的结构、位置，测点信息，关键数据及系统主要功能模块，在主界面可以方便用户切入相应的功能模块。

2. 结构探伤/监测

实现结构探伤信息和结构受力、变形、振动、温度场等实时数据监测。数据内容不断更新，更新频率视监测项目采样频率而定。通过实时探伤/监测数据反映出结构受力、变形现状，并对异常情况进行实时预警提示。同时提供数据分析、报警查询、历史数据查询、数据下载等交互功能。

3. 阈值报警

阈值报警模块中的阈值报警系统以系统服务的形式运行在服务器端的后台，根据采集的多种类型的结构探伤响应数据对结构状况进行判定，将报警信息添加到数据库中。前台界面向用户展示系统内的报警信息，并提供相应的报警处理预案和报警处理接口；用户也可以查询阈值，管理员用户可以通过阈值设置界面进行系统内部阈值的修改，并将其保存到数据库中。

4. 趋势分析

趋势分析模块采用数理统计的方法，对结构健康体检数据进行时间序列趋势分析，展示研究对象在一定时期内的变动过程，寻找和分析物理特征的变化规律和发展趋势。通过原始线、分钟线、小时线、日线、月线、年线的趋势分析形式对结构健康体检系统中长期积累下来的大量等时间间隔的时序数据进行趋势分析，可以挖掘出被监测结构参数和环境参数之间的关系，发现结构参数与环境参数的异常变化，为验证数据采集设备的可靠性提供科学依据。

单参数趋势分析模块包括前台界面展示部分和后台运行的数据处理与分析模块。数据处理与分析模块将处理后的数据存储到数据库中，前台界面按照用户输入的查询条件将数据分析结果以图表的形式进行显示。模块中不仅提供单测点和多测点的时序趋势分析，还提供有样本统计功能，可以分析某一时间段各个探伤/监测数据的分布情况。同时在界面上可以通过参数选择对不同的探伤监测项目的数据进行趋势分析。

5. 报表报告

结构探伤监测点众多，每天会产生大量的探伤/监测数据，如何从海量的数据中获取有效的、关键的数据形成数据报告是非常重要的，数据报告报表的制作是一项复杂而繁琐的工作，为方便用户统计不同时间范围内的数据报告报表，系统需要提供监测点数据处理、统计分析，形成各种报告报表（如系统运行状况报告、当前结构的数据分析报告以及用户关心事件的报表报告、日报表、周报表、月报表、年报表等）的生成、编辑、导入导出、打印等功能。

6. 系统管理

实现对系统和用户进行管理，如实现现场和远程系统控制，设置系统的各种运行参数。对不同的用户分配不同的使用权限，管理员用户具备最高权限，可以对其他用户的权限进行设置、查看用户使用日志并对网络中在线用户进行管理。

8.9 本章小结

目前结构健康体检及健康监测技术是研究热点之一，也取得了一定的成果与进展，但是实际的工程应用中还面临很多需要完善解决的问题，未来需要在以下方面做进一步的研究：

1. 结构健康体检与监测系统的概念设计

结构健康体检与监测系统要关注结构全寿命期的运营安全与维护，设计时应更加注重对结构后期的养护和管理提供支持。

2. 关键区域确定与传感器优化布设技术

健康体检与监测系统造价非常高，要探伤/监测与结构退化相关的所有部位和参数是不可能的，因此如何以有限的探伤/监测尽量多地获取与结构退化与安全性真正相关的信息，如何选择关键区域和优化测点布置需要深入研究。

3. 更多高性能传感器的研究开发

传统的健康监测系统，重整体测量轻局部测量，且局部探伤装置探测范围较小，例如本书介绍的压电探伤范围大概为0.6~1m，探伤/监测部位和范围比较小，不利于后期的结构局部损伤诊断与安全评估。对局部探伤，如结构裂缝、疲劳等需要开发新的、有效便捷的传感技术。

4. 无线传感技术的研发

本书中介绍的局部探伤技术能无线传输，但传输距离有限。多数传统健康监测系统采用有线传输，现场安装布线非常复杂耗时，有时还需在结构上打孔，如果采用无线传感技术，并提高无线传输的功效将大大方便现场施工，提高效率。无线传感器技术需要解决现场用电，降低数据噪声及丢包等各种问题。

5. 系统的稳定性、可靠性和耐久性研究

土木工程结构寿命长达上百年，结构健康体检系统相比于传统健康监测系统的优势在于前者是一种体外探测技术，不需要内埋传感器。本书中所述局部探伤设备采取体外探测方式，可在不同结构上重复使用，可方便的更换与维护。

6. 健康体检与施工监控相结合

结构建设使用全寿命健康体检理论要求将施工监控与运营体检结合起来，施工监控可以得到大部分恒载引起的初始内力及变形的绝对值，这对于结构健康体检、关键区域探伤、模型修正、安全评估、预警阈值的设定具有非常重要的作用。

7. 系统的开放性和兼容性

健康体检系统中本书所介绍的局部探伤技术结合传统健康监测系统将更为有效。有时候也需要采用传统人工检查的方式进行识别，健康体检系统应该为人工检查信息留有接口。同时，随着国家智能化、数字化城市的战略发展，未来会有更多的结构建立健康体检系统，需要将多座结构的健康体检管理纳入一个系统，统一维护管理，这就要求系统具有较好的开放性和兼容性。

8. 结构安全评估和预警技术

结构健康体检的核心技术之一是结构的安全评估和预警，如何更好地利用海量探伤/监测数据分析评估结构的性能及安全状态，这一领域还面临许多需要解决的

问题。当前大数据技术、人工智能技术的飞速发展为我们提供了新的武器，需要科研和工程技术人员进一步的继续努力。

9. 健康监测标准的完善与推广

进一步完善和推广结构健康体检/监测系统的设计原则和规范，建立我国相关的技术规范和标准，指导设计和运营。

索 引

参考文献

[1] Hao S. I–35W Bridge Collapse. Journal of Bridge Engineering，ASCE，2010：608–614.

[2] Lifshitz J M，Rotem A. Determination of Reinforcement Unbonding of Composites by a Vibration Technique. Journal of Composite Materials，1969（3）：412–423.

[3] Cawley P，Adams R D. The Location of Defects in Structures from Measurements of Natural Frequencies. Journal of Strain Analysis，1979，14（2）：49–57.

[4] Morassi A，Rovere N. Localizing a Notch in a Steel Frame from Frequency Measurements. Journal of Engineering Mechanics–ASCE，1997，123（5）：422–432.

[5] Stubbs N，Osegueda R. A Global Damage Detection in Solids–Experimental Verification. Modal Analysis：International Journal of Analytical and Experimental Modal Analysis，1990，5（2）：81–97.

[6] Stubbs N，Osegueda R. A Global Mon–Destructive Damage Evaluation in Solids. Modal Analysis：International Journal of Analytical and Experimental Modal Analysis，1990，5（2）：67–79.

[7] Gardner–Morse M G，H D R. Modal Identification of Cable–Stayed Pedestrian Bridge. Journal of Structural Engineering，1993，119（11）：3384–3404.

[8] Allemang R J，Brown D L. A Correlation Coefficient for Modal Vector Analysis. Proceedings of the 1st International Modal Analysis Conference，1988：110–116.

[9] Levine N A J，Ewins D J. Spatial Correlation of Mode Shapes，the Coordinate Modal Assurance Criterion（Comas）. Proceedings of the 6th International Modal Analysis Conference，1988：690–695.

[10] Ndambi J M，Vantomme J，Harri K. Damage Assessment in Reinforced Concrete Beams Using Eigenfrequencies and Mode Shape Derivatives. Engineering Structures，2002，24（4）：501–515.

[11] Pandey A K，Biswas M，Samman M M. Damage Detection from Changes in Curvature Mode Shapes. Journal of Sound and Vibration，1991，145（2）：321–332.

[12] Ratcliffe C P. Damage Detection Using a Modified Laplacian Operator on Mode Shape Data. Journal of Sound and Vibration，1997，204（3）：505–517.

[13] Yao G C, Chang K C, Lee G C. Damage Diagnosis of Steel Frames Using Vibrational Signature Analysis. Journal of Engineering Mechanics, 1992, 118 (9): 1949–1961.

[14] Yam L Y, Leung T P, Li D B, et al. Theoretical and Experimental Study of Modal Strain Analysis. Journal of Sound and Vibration, 1996, 191 (2): 251–260.

[15] Shi Z Y, Law S S, Zhang L M. Structural Damage Detection from Modal Strain Energy Change. Journal of Sound and Vibration, 1998, 218 (5): 825–844

[16] Shi Z Y, Law S S, Zhang L M. Structural Damage Detection from Modal Strain Energy Change. Journal of Engineering Mechanics–ASCE, 2000, 126 (12): 1216–1233.

[17] Stubbs N, Kim J T. Damage Localization in Structures without Baseline Modal Parameters. AIAA Journal, 1996, 34 (8): 1644–1649.

[18] Wang M L, Xu F L, Lloyd G M. A Systematic Numerical Analysis of the Damage Index Method Used for Bridge Diagnostics. Proceedings of Spie–the International Society for Optical Engineering, 2000 (3988): 154–164.

[19] Pandey A K, Biswas M. Damage Detection in Structures Using Changes in Flexibility. Journal of Sound and Vibration, 1994, 169 (1): 3–17.

[20] Doebling S W, Farrar C R. Computation of Structural Flexibility for Bridge Health Monitoring Using Ambient Modal Data. Proceeding of 11th ASCE Engineering Mechanics Conference, 1996: 1114–1117.

[21] Zhao J, Dewolf J T. Sensitivity Study for Vibrational Parameters Used in Damage Detection. Journal of Structural Engineering, 1999, 125 (4): 410–416.

[22] 董聪, 丁辉, 高嵩. 结构损伤识别和定位的基本原理与方法. 中国铁道科学, 1999, 49 (3): 89–94.

[23] 宋汉文, 王丽炜, 王文亮. 有限元模型修正中若干重要问题. 振动与冲击, 2003 (4): 70–73.

[24] Baruch M, Bar–Itzhack I Y. Optimal Weighted Orthogonalization of Measured Modes. AIAA Journal, 1978, 17 (8): 927–928.

[25] Berman A, Nagy E J. Improvement of Large Analytical Model Using Test Data. AIAA Journal, 1983, 21 (8): 1168–1173.

[26] Kabe A M. Stiffness Matrix Adjustment Using Mode Data. AIAA Journal, 1985, 23 (9): 1431–1436.

[27] Chen J C, Kuo C P, Garba J A. Direct Structural Parameter Identification by Modal Test Results. Aiaa Journal, 1983, 9 (8): 1481–1486.

[28] Zimmerman D C, Kaouk M. Structural Damage Detection Using Minimum Rank Update Theory. Journal of Vibration and Acoustics, 1994, 116 (2): 222–231.

[29] Fox R L, Kapoor M P. Rates of Change of Eigenvalues and Eigenvectors. AIAA Journal, 1968, 6 (12): 2426–2429.

[30] Ojalvo I U. Efficient Computation of Modal Sensitivities for Systems with Repeated Frequencies. AIAA Journal, 1988, 26 (3): 361–366.

［31］Sutter T R，Camarda C J，et al. A Comparison of Several Methods for the Calculation of Vibration Mode Shape Derivatives. AIAA Journal，1988，26（12）：1506–1511.

［32］Nelson R B. Simplified Calculation of Eigenvector Derivatives. AIAA Journal，1976，24（14）：1201–1205.

［33］Lim K B，et al. Re-examination of Eigenvector Derivatives. Journal of Guidance，Control and Dynamics，1987，10（6）：581–587.

［34］Jaishi B，Ren W X. Damage Detection by Finite Element Model Updating Using Modal Flexibility Residual. Journal of Sound and Vibration，2006，290（1–2）：369–387.

［35］Ricles J M，Kamaika J R. Damage Detection in Elastic Structures Using Vibratory Residual Forces and Weighted Sensitivity. AIAA Journal，1992，30（9）：2310–2316.

［36］Messina A，et al. Structural Damage Detection by a Sensitivity and Statistical-based Method. Journal of Sound and Vibration，1998，216（5）：791–808.

［37］Sohn H. A Bayesian Probabilistic Approach for Structure Damage Detection. Earthquake Engineering and Structural Dynamics，1997（26）：1259–1281.

［38］张立涛，李兆霞，费庆国. 基于加速度时域信息的结构损伤识别方法研究. 振动与冲击，2007，26（9）：138–141.

［39］Halevi Y，Bucher I. Model Updating Via Weighted Reference Basis with Connectivity Constraints. Journal of Sound and Vibration，2003，265（3）：561–581.

［40］Kim H M，Bartkowicz. A Two-step Structural Damage Detection Approach with Limited Instrumentation. Journal of Vibration and Acoustics，1997，119（2）：258–264.

［41］Law S S，et al. Structural Damage Detection from Incomplete and Noisy Modal Test Data. Journal of Engineering and Mechanics，1998，124（11）：1280–1288.

［42］Lim T W，Kashangaki T A L. Structural Damage Detection of Space Truss Structure Using Best Achievable Eigenvectors. AIAA Journal，1994，32（5）：1049–1057.

［43］Schultz M J，Pai P F，et al. Frequency Response Function Assignment Technique for Structural Damage Identification. Proceedings of 14th International Modal Analysis Conference，1996.

［44］Vladimir N Vapnik. 统计学习理论. 北京：电子工业出版社，2009.

［45］Vapnik V N. The Nature of Statistical Learning Theory. Berlin：Springer，2000.

［46］孙卫泉. 基于支持向量机的梁桥损伤识别［D］. 成都：西南交通大学，2008.

［47］付春雨，单德山，李乔. 基于支持向量机的静力损伤识别方法. 中国铁道科学，2010，31（5）：47–53.

［48］单德山，周筱航，杨景超，等. 结合地震易损性分析的桥梁地震损伤识别. 振动与冲击，2017，36（16）：195–201.

［49］Farooq M，Zheng H，Nagabhushana A，et al. Damage Detection and Identification in Smart Structures Using Svm and Ann. Smart Sensor Phenomena，Technology，Networks，And Systems Integration，2012.

［50］Hasni H，Alavi A H，Jiao P，et al. Detection of Fatigue Cracking in Steel Bridge Girders：a Support Vector Machine Approach. Archives of Civil and Mechanical Engineering，2017，17（3）：

609–622.

［51］Ren J Y，Su M B，Zeng Q Y. Railway Simply Supported Steel Truss Bridge Damage Identification Based on Deflection. Information Technology Journal，2013，12（17）：3946–3951.

［52］Venkatasubramanian V，Chan K. A Neural Network Methodology for Process Fault Diagnosis. Journal of Aiche，1989，35（12）：1993–2002.

［53］Suresh S，et al. Identification of Crack Location and Depth in a Cantilever Beam Using a Modular Neural Network Approach. Smart Materials and Structures，2004（13）：907–915.

［54］Luo H，Hanagud S. Dynamic Learning Rate Neural Network Training and Composite Structural Damage Detection. AIAA Journal，1997（35）：1522–1527.

［55］徐宜桂，史铁林. 基于神经网络的结构动力模型修改和破损诊断研究. 振动工程学报，1997（1）：8–12.

［56］韩小云，刘瑞岩. 基于神经网络和模糊综合评判的梁故障诊断研究. 国防科技大学学报，1996（1）：17–22.

［57］郭杏林，陈建林. 基于神经网络技术的结构损伤探测. 大连理工大学学报，2002，42（3）：269–273.

［58］Hinton G，Salakhudinov R. Reducing the Dimensionality of Data with Neural Networks. Science，2006，313（5786）：504–507.

［59］张鑫. 深度学习在风机叶片结构损伤识别中的仿真研究［D］. 兰州：兰州理工大学，2016.

［60］李贵凤. 基于深度学习的桥梁健康监测数据分析关键技术研究［D］. 重庆：重庆交通大学，2018.

［61］谭超英. 深度学习法在桥梁健康诊断中的应用研究［D］. 重庆：重庆交通大学. 2017.

［62］Mares C，Surace C. An Application of Genetic Algorithms to Identify Damage in Elastic Structures. Journal of Sound and Vibration，1996，195（2）：195–215.

［63］Meruane V，Heylen W. An Hybrid Real Genetic Algorithm to Detect Structural Damage Using Modal Properties. Mechanical Systems & Signal Processing，2011，25（5）：1559–1573.

［64］Hao H，Xia Y. Vibration–based Damage Detection of Structures by Genetic Algorithm. Journal of Computing in Civil Engineering，2002，16（3）：222–229.

［65］He R S，Hwang S F. Damage Detection by an Adaptive Real–parameter Simulated Annealing Genetic Algorithm. Computers and Structures，2006，84（31–32）：2231–2243.

［66］易伟健，刘霞. 基于遗传算法的结构损伤诊断研究. 工程力学，2001，18（2）：64–71.

［67］郭惠勇，张陵，蒋建. 基于遗传算法的二阶段结构损伤探测方法. 西安交通大学学报，2005，39（5）：485–489.

［68］邹大力，屈福政. 基于修正模态的混合遗传算法结构损伤识别. 大连理工大学学报，2005，45（3）：362–365.

［69］Al–Khalidy A，et al. Health Monitoring Systems of Linear Structures Using Wavelet Analysis. Proceedings International Workshop in Structural Health Monitoring：Current Status and Perspectives. Stanford University，Stanford，Calif，1997：164–175.

［70］Hou J L，Jankowski L，Ou J P. A Substructure Isolation Method for Local Structural Health Monitoring. Structural Control and Health Monitoring，2011，18（6）：601–618.

［71］Liew K M，Wang Q. Application of Theory for Crack Identification in Structures. Journal of Engineering Mechanics，1998，124（2）：152–157.

［72］Wang Q，Deng X M. Damage Detection with Spatial Wavelets. Solids and Structures，1999（36）：3443–3468.

［73］Ovanesova A V，Suarez L E. Application of Wavelet Transforms to Damage Detection in Frame Structures. Engineering Structures，2004（26）：39–49.

［74］Pataias S，Staszewski W J. Damage Detection Using Optical Measurements and Wavelets. Structural Health Monitoring，2002，1（1）：5–22.

［75］Yam L H，et al. Vibration–based Damage Detection for Composite Structures Using Wavelet Transform and Neutral Identification. Composite Structures，2003（60）：403–412.

［76］郭健. 基于小波分析的结构损伤识别方法研究［D］. 浙江：浙江大学，2004.

［77］Huang N E，et al. A New Spectral Representation of Earthquake Data：Hilbert Spectral Analysis of Station Tcu129，Chi–Chi，Taiwan，21，September 1999. Bulletin of the Seismological Society of America，2001，91（5）：1310–1338.

［78］Zhang C R R. Applications of Non–Stationary，Nonlinear Data Processing and Analysis in Earthquake Engineering. The 4th International Conference on Nonlinear Mechanics，Shanghai，2002：721–727.

［79］Yang J N，et al. Hilbert–huang Based Approach for Structural Damage Detection. Journal of Engineering Mechanics，2004（130）：85–92.

［80］Lin S L，et al. Damage Identification of a Benchmark Building for Structural Health Monitoring. Smart Materials and Structures，2005，14（3）：162–169.

［81］Park K C，Reich G W，Alvin K F. Structural Damage Detection Using Localized Flexibilities. Journal of Intelligent Material Systems and Structures，1998，9（9）：911–919.

［82］Reich G W，Park K C. Experimental Application of a Structural Health Monitoring Methodology. Proceedings of Spie，in Smart Structures and Materials，2000（3988）：143–153.

［83］Weng S，Zhu H P，Xia Y，et al. Damage Detection Using the Engineering Parameter Decomposition of Substructural Flexibility Matrix. Mechanical Systems and Signal Processing，2013，34（1–2）：19–38.

［84］Koh C G，Shankar K. Substructural Identification Method without Interface Measurement. Journal of Engineering Mechanics，2003，129（7）：769–776.

［85］Yun C B，Lee H J. Substructural Identification for Damage Estimation of Structures. Structural Safety，1997，19（1）：121–140.

［86］Yun C B，Bahng E Y. Substructural Identification Using Neural Networks. Computers and Structures，2000，77（1）：41–52.

［87］Li J，Law S S，Ding Y. Substructural Damage Identification Based on Response Reconstruction in Frequency Domain and Model Updating. Engineering Structures，2012，41（3）：270–284.

［88］张青霞，侯吉林，等. 基于子结构虚拟变形的损伤识别方法. 工程力学，2013，30（12）：176-182.

［89］雷鹰，毛亦可. 部分观测下基于子结构的大型结构损伤诊断法. 工程力学，2012，29（7）：180-185.

［90］林湘，吴子燕，邓子辰. 基于子结构的非线性参数系统动力反演方法研究. 计算力学学报，2009，26（1）：15-19.

［91］张坤. 不完备测点结构损伤与荷载的同时识别算法研究［D］. 哈尔滨：哈尔滨工业大学，2010.

［92］Jazwinski A.H. Stochastic Processes and Filtering Theory. New York：Academic Press，1970.

［93］周丽，吴新亚，尹强，等. 基于自适应卡尔曼滤波方法的结构损伤识别实验研究. 振动工程学报，2008，21（2）：197-202.

［94］杜飞平，谭永华，陈建华. 基于改进广义卡尔曼滤波的结构损伤识别方法. 地震工程与工程振动，2010，30（4）：109-114.

［95］雷鹰，李青. 基于扩展卡尔曼滤波的框架梁柱节点地震损伤识别. 土木工程学报，2013，46（增刊）：251-255.

［96］Yeo I，et al. Statistical Damage Assessment of Framed Structures from Static Response. Journal of Engineering Mechanics，2000，26（4）：414-421.

［97］Katafygiotis L S，et al. Bayesian Modal Updating by Use of Ambient Data. AIAA Journal，1971，39（2）：271-278.

［98］Sohn H，et al. Structural Health Monitoring Using Statistical Process Control. Journal of Structural Engineering，2000（126）：1356-1363.

［99］Dilena M，Morassi A. The Use of Antiresonances for Crack Detection in Beams. Journal of Sound and Vibration，2004，276（1-2）：195-214.

［100］Keisuke K，Shiro B. Measurement of Strain Distribution Using Piezoelectric Polymer. Jsme International Journal，Series A，1999，42（1）：11-16.

［101］Wang DH，Huang SL. Health Monitoring and Diagnosis for Flexible Structures with Pvdf Piezoelectric Film Sensor Array. Journal Intelligent Material Systems and Structures，2000，11（6）：482-491.

［102］石荣，李在铭，黄尚廉. 桥梁动态应变的压电传感器和远程监测的研究. 仪器仪表学报，2002，23（4）：369-372.

［103］郑旭峰，肖沙里，谭霞，等. 压电传感技术在桥梁振动检测中的研究与应用. 压电与声光，2003，25（1）：71-74.

［104］禹智涛，韩大建. 既有桥梁可靠性的综合评估方法. 公路工程，2003，28（3）：8-12.

［105］马福恒. 复杂结构混凝土坝的安全综合分析和评价模型及应用［D］. 南京：河海大学，1998.

［106］Coudert O，Madre J C. Metaprime：an Iterative Fault Tree Analyzer. IEEE Transactions on Reliability，1994，43（1）：121-127.

［107］Rauzy A. New Algorithms for Fault Trees Analysis. Reliability Engineering and System Safety，

1993，40（3）：203-211.

［108］Dutuit Y，Rauzy A. Efficient Algorithms to Assess Component and Gate Importance in Fault Tree Analysis. Reliability Engineering and System Safety，2001，72（2）：213-222.

［109］Andrews J D，Dunnett S J. Event Tree Analysis Using Binary Decision Diagrams. IEEE Transactions on Reliability，2008，49（2）：230-238.

［110］Bobbio A，Portinate L，Minichino M，et al. Improving the Analysis of Dependable Systems by Mapping Fault Trees into Bayesian Networks. Reliability Engineering and System Safety，2001，71（3）：249-260.

［111］周忠宝. 基于贝叶斯网络的概率安全评估方法及应用研究［D］. 长沙：国防科技大学，2006.

［112］Bakir P G，Reynders E，Roeck G D. Sensitivity-based Finite Element Model Updating Using Constrained Optimization with a Trust Region Algorithm. Journal of Sound and Vibration，2007（305）：211-225.

［113］Mottershead J E，Link M，Friswell M I. The Sensitivity Method in Finite Element Model Updating：a Tutorial. Mechanical Systems and Signal Processing，2011（25）：2275-2296.

［114］Mottershead J E，Friswell M I. Model Updating in Structural Dynamics：a Survey. Journal of Sound and Vibration，1993（167）：347-375.

［115］Perera R，Ruiz A. A Multistage Fe Updating Procedure for Damage Identification in Large-scale Structures Based on Multiobjective Evolutionary Optimization. Mechanical Systems and Signal Processing，2008（22）：970-991.

［116］Weng S，et al. Improved Substructuring Method for Eigensolutions of Large-scale Structures. Journal of Sound and Vibration，2009（323）：718-736.

［117］Klerk D De，Rixen D J，Voormeeren S N. General Framework for Dynamic Substructuring：History，Review，and Classification of Techniques. AIAA Journal，2008（46）：1169-1181.

［118］Weng S，et al. Substructure Based Approach to Finite Element Model Updating. Computers and Structures，2011（89）：772-782.

［119］Bathe K J，Wilson E L. Numerical Methods in Finite Element Analysis. Prentice-Hall Inc. Englewood Chiffs，New Jersey：Wiley. 1989.

［120］Weng S，et al. Inverse Substructure Method for Model Updating of Structures. Journal of Sound and Vibration，2012，331（25）：5449-5468.

［121］Ewins D J. Modal Testing：Theory，Practice and Application. 2th Ed. Baldock，England：Research Studies Press，2000.

［122］Doebling S W，Peterson L D. Experimental Determination of Local Structural Stiffness by Disassembly of Measured Flexibility Matrices. Journal of Vibration and Acoustics，1998（120）：949-957.

［123］Nelson R B. Simplified Calculation of Eigenvectors Derivatives. Aiaa Journal，1976（14）：1201-1205.

［124］Yam L H，Li Y Y，Wong W O. Sensitivity Studies of Parameters for Damage Detection of

Plate-like Structures Using Static and Dynamic Approaches. Engineering Structures, 2002, 4（11）: 1465-1475.

［125］Zhu H P, Xu Y L. Damage Detection of Mono-coupled Periodic Structures Based on Sensitivity of Modal Parameters. Journal of Sound and Vibration, 2005, 285（1-2）: 365-390.

［126］Yang Q W. A Mixed Sensitivity Method for Structural Damage Detection. Communications in Numerical Methods in Engineering, 2009, 25（4）: 381-389.

［127］冯新, 李国强, 范颖芳. 几种常用损伤动力指纹的适用性研究. 振动、测试与诊断, 2004, 24（4）: 277-280.

［128］吴子燕, 何银, 简晓红. 基于损伤敏感性分析的传感器优化配置研究. 工程力学, 2009, 26（5）: 239-244.

［129］蔡建国, 王蜂岚, 健冯, 等. 新广州站索拱结构屋盖体系连续倒塌分析. 建筑结构学报, 2010, 31（7）: 103-109.

［130］张沛霖, 张仲渊. 压电测量. 北京: 国防工业出版社, 1983.

［131］Liang C, Sun F P, Rogers C A. Coupled Electro-Mechanical Analysis of adaptive Material Systems — Determination of the Actuator Power Consumption and System Energy Transfer. Journal of Intelligent Material Systems and Structures, 1994, 5（1）: 12-20.

［132］Xu Y G, Liu G R. A Modified Electro-Mechanical Impedance Model of Piezoe-lectric Actuator-sensors for Debonding Detection of Composite Patches. Journal of Intelligent Material Systems and Structures, 2002, 13（6）: 389-396.

［133］Zhou S, Liang C, Rogers C A. Integration and Design of Piezoceramic Elements in Intelligent Structures. Journal of Intelligent Material Systems and Structures, 1995, 6（6）: 733-742.

［134］Ai D M, Zhu H P, Luo H. Sensitivity of Embedded Active PZT Sensor for Concrete Structural Impact Damage Detection. Construction and Building Materials, 2016（111）: 348-357.

［135］Annamdas V G M, Soh C K. Three Dimensional Electromechanical Impedance Model I: Formulation of Directional Sum Impedance. Journal of Aerospace Engineering, ASCE, 2007（20）: 53-62.

［136］Giurgiutiu V, Rogers C A. Recent Advancements in the Electro-Mechanical（E/M）Impedance Method for Structural Health Monitoring and Nde. Proceedings of Spie Conference on Smart Structures and Integrated Systems, San Diego, California, March, Spie, 1998（3329）: 536-547.

［137］Tseng K K H, Naidu A S K. Non-parametric Damage Detection and Characterization Using Piezoceramic Material. Smart Materials and Structures, 2001, 11（3）: 317-329.

［138］Park G, Kabeya K, Cudney H H et al. Removing Effects of Temperature Changes from Piezoelectric Impedance-Based Qualitative Health Monitoring. Proceedings of the Spie-the International Society for Optical Engineering, 1998（3330）: 103-114.

［139］Koo K Y, Park S, Lee J J, et al. Automated Impedance-based Structural Health Monitoring Incorporating Effective Frequency Shift for Compensating Temperature Effects. Journal of Intelligent Material Systems and Structures, 2009（20）: 367-377.

［140］Sepehry N，Shamshirsaz M，Abdollahi F. Temperature Variation Effect Compensation in Impedance–based Structural Health Monitoring Using Neural Networks. Journal of Intelligent Material Systems and Structures，2011，22（17）：1975–1982.

［141］康宜华，武新军，杨叔子. 磁性无损检测技术中的磁化技术. 无损检测，1999，21（5）：206–209.

［142］康宜华，李久政，孙燕华，等. 漏磁检测探头的选择及其检测信号特性. 无损检测，2008，30（3）：131–135.

［143］金建华，康宜华. 用集成霍尔元件定量检测缺陷漏磁场的特点. 无损检测，1998，20（2）：34–38.

［144］朱红秀，吴淼，刘卓然. 确定电磁超声换能器钢管检测最佳磁化强度的试验研究. 无损检测，2004，26（6）：297–298.

［145］陈慧. 大型桥梁缆索的无损检测技术研究［D］. 南京：南京航空航天大学，2011.

［146］高玉，骆嘉龄. 用于超声无损检测的光导纤维与电磁声换能器一体化装置. 试验技术与试验机，1992，32（1）：45–48.

［147］谷昆仑，骆英，李忠芳. 结构损伤检测中Opcm换能器的特性. 无损检测，2009，3L（9）：681–684.

［148］孙燕华，伍剑波，康宜华. The MFL Testing Methods for Welded Pipes.测试科学与仪器：英文版，2011，2（4）：330–332.

［149］唐钰昇，林阳子. 钢管混凝土系杆拱桥检测难点及技术分析. 公路交通科技：应用技术版，2015，（3）：224–225.

［150］商涛平，童寿兴，王新友. 混凝土表面损伤层厚度的超声波检测方法研究. 无损检测，2002，24（9）：373–374.

［151］张奕淦. 用ANSYS分析钢筋混凝土梁的应力. 广东科技，2005，（7）：75–77.

［152］武新军，贲安然，徐江. 桥梁缆索金属损伤无损检测方法. 无损检测，2012，34（4）：12–16.

［153］康宜华，宋凯，杨建桂，等. 几种电磁无损检测方法的工作特征. 无损检测，2008，30（12）：928–930.

［154］林明焰. 大跨度预应力钢大梁UT检测探讨. 无损探伤，1999，（4）：7–10.

［155］Vienna. Guidebook on Structural Health Monitoring of Concrete Structures. International Atomic Energy Agency，2002.

［156］Zhang X N，Jia M X. Non–Destructive Inspection Method and Application Research of Steel Corrosion in Concrete Structures. Applied Mechanics and Materials，2013（438–439）：497–500.

［157］Verma S K，Bhadauria S S，Akhtar S. Review of Nondestructive Testing Methods for Condition Monitoring of Concrete Structures. Journal of Construction Engineering，2013.

［158］Keiller A P. A Preliminary Investigation of Test Methods for the Assessment of Strength of in Situ Concrete. Technical Report 511，London，1982.

［159］Farhidzadeh A，Ebrahimkhanlou A，Salamone S. A Vision–based Technique for Damage

Assessment of Reinforced Concrete Structures. Spie Smart Structures and Materials + Nondestructive Evaluation and Health Monitoring, San Diego, California, 9–13 March 2014, 90642H–90642H–9.

[160] Song G L. Equivalent Circuit Model for Ac Electrochemical Impedance Spectroscopy of Concrete. Cement and Concrete Research, 2000, 30 (11): 1723–1730.

[161] Macdonald D D, Mckubre M C H, Macdonald M U. Theoretical Assessment of Ac Impedance Spectroscopy for Detecting Corrosion of Rebar in Reinforced Concrete. Corrosion, 1988, 44 (1): 2–7.

[162] Karhunen K, Seppanen A, Lehikoinen A, et al. Electrical Resistance Tomography Imaging of Concrete. Cement and Concrete Research, 2009, 40 (1): 137–145.

[163] Lataste J F, Sirieix C, Breysse D, et al. Electrical Resistivity Measurement Applied to Cracking Assessment on Reinforced Concrete Structures in Civil Engineering. Ndt & International. 2003, 36 (6): 383–394.

[164] Sun Y H, Liu S W, Deng Z Y, et al. Magnetic Flux Leakage Structural Health Monitoring of Concrete Rebar Using an Open Electromagnetic Excitation Technique. Structural Health Monitoring, 2017, 17 (2): 121–134.

[165] Liu S W, Sun Y H, Ma W J. 2017. A New Method of Shm for Steel Wire Rope and Its Apparatus. Structural Health Monitoring–Measurement Methods and Practical Applications. Intech.

[166] Sun Y H, Kang Y H. An Opening Electromagnetic Transducer. Journal of Applied Physics, 2013, 114 (21): 214904.

[167] Sun Y H, Liu S W, Li R, et al. A New Magnetic Flux Leakage Sensor Based on Open Magnetizing Method and its On-line Automated Structural Health Monitoring Methodology. Structural Health Monitoring, 14 (6): 583–603.

[168] Fernandes B. Development of a Magnetic Field Sensor System for Nondestructive Evaluation of Reinforcing Steel in Prestressed Concrete Bridge Members. University of Toledo, Toledo, Oh. 2012.

[169] Yin X, Hutchins D A, Diamond G G, et al. Non-destructive Evaluation of Concrete Using a Capacitive Imaging Technique: Preliminary Modelling and Experiments. Cement and Concrete Research, 2010, 40 (12): 1734–1743.

[170] 房营光, 方引晴. 城市地下工程安全性问题分析及病害防治方法. 广东工业大学学报, 2001, 18 (3): 1–5.

[171] 李世武, 田晶晶, 沙学锋, 等. 基于模糊综合评价和BP神经网络的车辆危险状态辨识. 吉林大学学报, 2011, 41 (6): 1609–1613.

[172] 杨惠林. 祁家大山隧道病害原因分析及加固方案. 公路, 2004 (8): 187–190.

[173] 张明轩. 建筑工安全管理影响因子及评价模型研评估研究 [D]. 北京: 中国矿业大学, 2009.

[174] 金倩. 建筑工程项目安全管理评价与创新研究 [D]. 武汉: 武汉理工大学, 2010.

［175］张乃超．建筑工程施工安全评价体系研究［D］．西安：西安理工大学，2010．

［176］安和生．基坑工程施工安全风险评估研究［D］．湖南：湖南大学，2012．

［177］许程洁．基于事故理论的建筑施工项目安全管理研究［D］．哈尔滨：哈尔滨工业大学，2008．

［178］梁吉．基于模糊评判方法的铁路隧道施工风险评价研究［D］．杭州：浙江大学，2010．

［179］兰继斌，徐扬，霍良安，等．模糊层次分析法权重研究．系统工程理论与实践，2006（9）：107-112．

［180］郭金玉，张忠彬，孙庆云．层次分析法的研究与应用．中国安全科学学报，2008，18（5）：148-153．

［181］王岩，黄宏伟．地铁区间隧道安全评估的层次模糊综合评判法．地下空间，2004，24（3）：301-422．

［182］聂智平，朱少华，赵白文．关于某隧道群病害原因分析及结构安全性评估．华中科技大学学报（城市科学版），2003，20（3）：42-45．

［183］吴涛．安全评估方法在轨道交通中的应用．城市轨道交通研究，2002（3）：52-55．

［184］王玉枝，袁安峰．试验设计中对交互作用的处理．岩北京联合大学学报（自然科学版），2012，24（4）：86-88．

［185］张吉广，蒙培奇．港口安全评价的Ahp-模糊综合评判方法．港口装卸，2002（5）：24-27．

［186］许树柏．使用决策方法-层次分析法原理［D］．天津：天津大学，1988．

［187］高辉，李慧民．工程质量风险的模糊层次分析．西北建筑工程学院学报，2002，19（1）．

［188］罗鑫，夏才初．隧道病害分级的现状及分析．地下空间与工程学报，2006，2（5）：877-880．

［189］吴江滨，王梦恕．用层次分析法确定隧道病害分级中各影响因素的权重//第一届全国建筑研究生学术论坛论文集［A］．中国南京，2003．

［190］黄波，吴江敏．运营隧道状态的综合评价．世界隧道，2000（1）：58-60．

［191］侯岳衡，沈德家．指数标度及其与几种标度的比较．系统工程理论与实践，1995，15（10）：43-46．

［192］熊立，梁裸，王国华．层次分析法中数字标度的选择与评价方法研究．系统工程理论与实践，2005，25（3）：72-79．

［193］彭小平．种种因素分析法的局限性及若干改进想法．科学评价，2011（5）：83-86．

［194］谢小庆，王丽．因素分析［D］．北京：中国社会科学出版社，1989．

［195］吕跃进，张维，曾雪兰．指数标度与1～9标度互不相容及其比较研究．工程数学学报，2003，20（8）：77-81．

［196］汪树玉，刘国华，李富强，等．因素分析法在观测数据处理上的应用．水利学报，1998（5）：28-32．

［197］罗鑫．公路隧道健康状态诊断方法及系统的研究［D］．上海：同济大学，2007．

［198］汪浩，马达．层次分析标度评价与新标度方法．系统工程理论与实践，1993，13（5）：24-26．

［199］何金平，李珍照，施玉群．大坝结构实测性态综合评价巾的权重问题．武汉大学学报（工

学版），2001，34（3）：13–17.

［200］唐元义，胡清峰，骆有德. 层次分析法的一种新标度法. 鄂州大学学报，2005，12（6）：40–41，48.

［201］石建，郭跃华. 基于指数标度的层次分析法及其应用. 南通工学院学报（自然科学版），2004，3（4）：4–7.

［202］王莲芬，许树柏. 层次分析法引论. 北京：中国人民大学出版社，1990.

［203］Iwasaki A，Todoroki A，Sugiya T，et al. Damage Diagnosis for Shm of Existing Civil Structure with Statistical Diagnostic Method. Proceedings of the Spie–the International Society for Optical Engineering，2004，5394（1）：411–418.

［204］Neaupane K M，Adhikari N R. Prediction of Tunneling–induced Ground Movement with the Multi–layer Perception. Tunnelling and Underground Space Technology，2006，21（2）：151–159.

［205］Kazuaki K，Minoru K，Tsutomu T，et al. Structure and Construction Reinforcement Method Using Thin Steel Panels. Nippon Steel Technical Report，2005（92）：45–50.

［206］Suwansawat S，Einstein H H. Artificial Neural Networks for Predicting the Maximum Surface Settlement Caused by Epb Shield Tunneling. Tunnelling and Underground Space Technology，2006，21（2）：133–150.

［207］徐林牛，王新平. 通渝隧道围岩变形的神经网络预测. 公路，2004（3）：145–148.

［208］李明，陈洪凯. 隧道健康动态评价模型与应用. 重庆大学学报，2011，32（2）：142–148.

［209］朱宏平，张源. 基于自适应BP神经网络的结构损伤检测. 力学学报，2004，2（3）：110–116.

［210］韩常领，夏才初，卞跃威，等. 甲洞隧道健康状态的模糊综合评价. 公路，2008：250–253.

［211］梁保松，曹殿立. 模糊数学及其应用［D］. 北京：科学出版社，2007.

［212］李俊松. 基于影响分布区的大型基坑近接建筑物施工安全风险管理研究. 地下空间与工程学报，2010，6（1）：201–207.

［213］韩国波. 基于全寿命周期的建筑工程施工质量监管模式及方法研究［D］. 北京：中国矿业大学，2013.

［214］张传燕. 桥梁施工安全管理及评价系统的研究［D］. 重庆：重庆大学，2008.

［215］尚宾宾. 基于模糊综合评价的高铁工程风险评估研究［D］. 石家庄：石家庄铁道学院，2016.

［216］焦玲. 模糊综合评价法在拱桥健康诊断中的应用研究［D］. 重庆：重庆交通大学，2008.

［217］林文剑. 安全评价方法在建筑施工中的应用［D］. 重庆：重庆大学，2007.

［218］张瑾. 基于实测数据的深基坑施工安全评估研究［D］. 上海：同济大学，2008.

［219］郭艳红，秦旋，林格. 基于全生命周期的建筑节能多级模糊综合评价. 建筑科学，2009，25（8）：9–15.

［220］Shang L，Tan L，Yu C，et al. Bridge Structural Health Evaluation Based on Multi–Level Fuzzy Comprehensive Evaluation. Bridge Structural Health Evaluation，2011（124）：661–668.

［221］Zhang S L，Zhang D L，Dong X M，et al. Safety Analysis of Subsea Tunnel Operation Management System Based on Fuzzy Comprehensive Evaluation Method. International Conference on Engineering and Business Management，2010：3892–3896.

［222］Liu G C. Assessment of Urban Sustainable Development Using Fuzzy Comprehensive Evaluation. Ecological Economy，2006，2（4）：373–384.

［223］周忠宝. 基于贝叶斯网络的概率安全评估方法及应用研究［D］. 长沙：国防科学技术大学，2006.

［224］Hinton G E，Osindero S，Teh Y W，et al. A Fast Learning Algorithm for Deep Belief Nets［J］. Neural Computation，2006，18（7）：1527–1554.

［225］Liu C，Cao Y，Luo Y，et al. Deep Food：Deep Learning–based Food Image Recognition for Computer–aided Dietary Assessment［C］. International Conference on Smart Homes and Health Telematics，2016（9477）：37–48.

［226］Codella N，Cai J，Abedini M，et al. Deep Learning，Sparse Coding，and Svm for Melanoma Recognition in Dermoscopy Images［C］. International Workshop on Machine Learning in Medical Imaging，2015（9352）：118–126.

［227］Wu R，Yan S，Shan Y，et al. Deep Image：Scaling Up Image Recognition［J］. Computer Vision and Pattern Recognition，2015（1501）：02876.

［228］Cha Y，Choi W，Buyukozturk O. Deep Learning–based Crack Damage Detection Using Convolutional Neural Networks［J］. Computer–aided Civil and Infrastructure Engineering，2017，32（5）：361–378.

［229］Zeng X，Ouyang W，Wang M，et al. Deep Learning of Scene–specific Classifier for Pedestrian Detection［C］. European Conference on Computer Vision，2014（8691）：472–487.

［230］Sirinukunwattana K，Raza S E A，Tsang Y，et al. Locality Sensitive Deep Learning for Detection and Classification of Nuclei in Routine Colon Cancer Histology Images［J］. IEEE Transactions on Medical Imaging，2016，35（5）：1196–1206.

［231］Yu D，Hinton G E，Morgan N，et al. Introduction to the Special Section on Deep Learning for Speech and Language Processing［J］. 2012，20（1）：4–6.

［232］Tan M，Santos C，Xiang B，et al. Lstm–based Deep Learning Models for Non–factoid Answer Selection［J］. Computation and Language，2016（1511）：04108.

［233］Young T，Hazarika D，Poria S，et al. Recent Trends in Deep Learning Based Natural Language Processing［J］. IEEE Computational Intelligence Magazine，2018，13（3）：55–75.

［234］Krizhevsky A，Sutskever I，Hinton G E. Image Net Classification with Deep Convolutional Neural Networks［C］. International Conference on Neural Information Processing Systems. Curran Associates Inc，2012：1097–1105.

［235］Matthew D Z，Rob F. Visualizing and Understanding Convolutional Networks［C］. European Conference on Computer Vision，2014：818–833.

［236］Simonyan K，Zisserman A. Very Deep Convolutional Networks for Large–scale Image Recognition［C］. International Conference on Learning Representations，2015.

［237］Szegedy C，Liu W，Jia Y，et al. Going Deeper with Convolutions［C］. IEEE Conference on Computer Vision and Pattern Recognition，2015：1-9.

［238］He K，Zhang X，Ren S，et al. Deep Residual Learning for Image Recognition［C］. IEEE Conference on Computer Vision and Pattern Recognition，2016：770-778.

［239］虎旭林，魏星，任克亮. 岩质边坡可靠性的神经网络估计. 宁夏大学学报（自然科学版），2001，22（3）：290-292.

［240］瞿伟廉，陈伟. 多层及高层框架结构地震损伤诊断的神经网络方法. 地震工程与工程振动，2002，22（1）：43-48.

［241］孙宗光，高赞明，倪一清. 基于神经网络的损伤构建及损伤程度识别. 工程力学，2006，23（2）：18-22.

［242］徐敏，陈国良，周心权. 高层建筑火灾风险的神经网络评价. 湘潭矿业学院学报，2003，18（3）：69-72.

［243］贾旭阳. 基于BP神经网络的高层建筑施工安全评价［D］. 大连：大连理工大学，2015.

［244］Rafiei M H，Adeli H. A Novel Unsupervised Deep Learning Model for Global and Local Health Condition Assessment of Structures［J］. Engineering Structures，2018（156）：598-607.

［245］Shafer G. A Mathematical Theory of Evidence. Princeton U P，Princeton，Nj，1976，20（1）. 10-40.

［246］Zhang J，Tu G. A New Method to Deal with the Conflicts in the D-S Evidence Theory. Statistics and Decision. 2004（7）：21-22.

［247］李娜，董海鹰. 基于D-S证据理论信息融合的轨道电路故障诊断方法研究. 铁道科学与工程学报，2012，9（6）：107-112.

［248］孙锐. 基于D-S证据理论的信息融合及在可靠性数据处理中的应用研究［D］. 成都：电子科技大学，2012.

［249］姜洲，黄艳华，吴贤国，等. 基于云模型和D-S证据理论的尾矿库失稳溃坝警情评价模型及应用. 水电能源科学，2016（10）：47-51.

［250］姜忻良，崔奕，赵保建. 盾构隧道施工对临近建筑物的影响. 天津大学学报，2008，41（6）：725-730.

［251］董增寿，邓丽君，曾建潮. 一种新的基于证据权重的D-S改进算法. 计算机技术与发展，2013，23（5）：58-62.

［252］胡资斌. 基于云物元理论的变压器绝缘状态评估的研究［D］. 北京，华北电力大学，2012.

［253］Das B. Fuzzy Logic-based Fault-type Identification in Unbalanced Radial Power Distribution System. IEEE Transactions on Power Delivery，2006，21（1）：278-285.

［254］Lei M，Peng L，Shi C. Calculation of the Surrounding Rock Pressure on a Shallow Buried Tunnel Using Linear and Nonlinear Failure Criteria. Automation in Construction，2014，37（37）：191-195.

［255］Li D，Cheung D，Shi X，et al. Uncertainty Reasoning Based on Cloud Models in Controllers. Computers and Mathematics with Applications，1998，35（3）：99-123.

［256］李国锋. 空间数据挖掘技术研究［D］. 西安：西安电子科技大学，2005.

[257] De L I. Mining Association Rules with Linguistic Cloud Models. 2000（1394）：0045.

[258] 柳炳祥，李海林，杨丽彬. 云决策分析方法. 控制与决策，2009，24（6）：957–960.

[259] 吴贤国，陈晓阳，丁烈云，等. 地铁隧道施工临近建筑物安全风险等级评价. 施工技术，2011，40（338）：78–80.

[260] 蔡文，杨春燕，林伟初. 可拓工程方法. 北京：科学出版社，1997.

[261] 汪培庄. 模糊集与随机集落影. 北京：北京师范大学出版社，1985.

[262] 游克思，孙璐，顾文钧. 变权综合评价法在山区道路安全评价中应用. 系统工程，2010，28（5）：85–88.

[263] 金爽，周修研，肖程宸. 基于变权理论的电力工程建设项目代建工作的后评价. 华东电力，2010，28（2）：178–182.

[264] 商梅梅，张宝生，王连杰，等. 国际油气勘探开发项目风险研究——基于变权理论. 技术经济与管理研究，2011（11）：11–14.

[265] 侯立群，赵雪峰，欧进萍，等. 结构损伤诊断不确定性方法研究进展. 振动与冲击，2014，33（18）：50–58.

[266] Cigada A，Moschioni G，Vanali M，et al. The Measurement Network of the San Siro Meazza Stadium in Milan：Origin and Implementation of a New Data Acquisition Strategy for Structural Health Monitoring. Experimental Techniques，2010，34（1），70–81.

[267] Iwaki H，Shiba K，Takeda N. Structural Health Monitoring System Using Fbg–based Sensors for a Damage–tolerant Building. International Society for Optics and Photonics，2003：392–399.

[268] Iwaki H，Yamakawa H，Mita A. Health Monitoring System Using Fbg–based Sensors for a 12–Story Building with Column Dampers. Proc. Spie，International Society for Optics and Photonics，2001.

[269] Habel W R，Hofmann D，Kohlhoff H. Complex Measurement System for Long–term Monitoring of Pre–stressed Railway Bridges of the New Lehrter Bahnh of in Berlin. International Society for Optics and Photonics，2002：236–241.

[270] 宋秀青. 简介加利福尼亚理工学院建筑结构健康状态的实时监测和性能评估系统. 国际地震动态，2006，（4）：42–44.

[271] 李东升，张莹，任亮. 结构健康监测中的传感器布置方法及评价准则. 力学进展，2011，41（1）：39–50.

[272] Kammer D C，Brillhart R. Optimal Sensor Placement for Modal Identification Using System–Realization Methods. Journal of Guidance，Control，and Dynamics，1996，19（3），729–731.

[273] Meo M，Zumpano G. On the Optimal Sensor Placement Techniques for a Bridge Structure. Engineering Structures，2005，27（10），1488–1497.

[274] 邹红艳，郑建勇. 基于GPS同步时钟的统一校时方案. 电力自动化设备，2004，24（12）：59–61.

[275] 董甲东，贺鹏，郑春香. 基于局域网时间同步算法与误差分析. 微型电脑应用，2002，18（12）：37–39.

［276］宋妍，朱爽．基于NTP的网络时间服务系统的研究．计算机工程与应用，2003，（36）：147-149.

［277］Brincker R，Ventura C E，Andersen P. Damping Estimation by Frequency Domain Decomposition. Proceedings of Sipe the International Society for Optional Engineering，2001（4359）：698-703.

［278］Brincker R，Zhang L，Andersen P. Modal Identification from Ambient Responses Using Frequency Domain Decomposition. Proceedings of the 18th Imac，San Antonio，Texas，Usa，2000.

［279］Zhang L，Wang T，Tamura Y. Frequency-spatial Domain Decomposition Technique with Application to Operational Modal Analysis of Civil Engineering Structures. Proceeding of the 1st Iomac，Copenhagen，Denmark，2005.

［280］王彤，张令弥．运行模态分析的频域空间域分解法及其应用．航空学报，2006，27（1）：62-66.

［281］Formenti D L，Richardson M H. Parameter Estimation from Frequency Response Measurements Using Rational Fraction Polynomials // Proceedings of Spie-the International Society for Optical Engineering，2002：167-181.

［282］Richardson M H. Global Frequency & Damping Estimates from Frequency Response Measurements. Proceedings of the 23th Imac，Los Angeles，CA，USA，1986.

［283］Peeters B，Auweraer H V D. Polymax：a Revolution in Operational Modal Analysis. Proceeding of the 1st Iomac，Copenhagen，Denmark，2005.

［284］Peeters B，Auweraer H V，Guillaume P，et al. The Polymax Frequency-domain Method：a New Standard for Modal Parameter Estimation. Shock and Vibration，2004，11（3），395-409.

［285］Jiles D C. Review of Magnetic Methods for Nondestructive Evaluation（Part 2）［J］. NDT International，1990，23（2）：83-92.

［286］Doppelbauer M. The Invention of the Electric Motor 1800-1854［J］. Philosophical Magazine，1822：59.

［287］Michalowicz J C. Origin of the Electric Motor［J］. Electrical Engineering，1948，67（11）：1035-1040.

［288］Oersted H C. Experiments on the Effect of a Current of Electricity on the Magnetic Needle［M］. C. Baldwin，1820.

［289］武新军，袁建明，黄琛，等．轮式永磁吸附管道爬行机器人［P］. CN201090892，2008-07-23.

［290］胡宏伟，彭凌兴，李雄兵，等．一种用于外露式管道电磁超声自动检测爬行器［P］. CN203431506U，2014-02-12.

［291］孙静．混凝土结构模糊评估体系与判别系统的研究［D］. 南京：河海大学，2005.

［292］束兵．中小型水库土石坝安全度的模糊综合评价［D］. 合肥：合肥工业大学，2006.

［293］邓聚龙．灰色系统理论教程．武汉：华中理工大学出版社，1990.

［294］Saunders C，Stitson M O，Weston J，et al. Support Vector Machine. Computer Science，2002，

1（4）：1–28.

［295］张文修. 遗传算法的数学基础. 西安：西安交通大学出版社，2000.

［296］韩力群. 人工神经网络理论、设计及应用（第二版）. 北京：化学工业出版社，2007.

［297］宋晓秋. 模糊数学原理与方法. 北京：中国矿业大学出版社，1999.

［298］Lu R S，Lo S L，Hu J Y. Analysis of Reservoir Water Quality Using Fuzzy Synthetic Evaluation. Stochastic Environmental Research and Risk Assessment（SERRA），1999，13（5）：327–336.

［299］刘铁民，张兴凯，刘功智. 安全评价方法应用指南. 北京：化学工业出版社，2005.